CHARLIE RAMÈNE SA SCIENCE

Nous tenons à remercier André Adoutte,
disparu prématurément, et Agnès De Graëve.

A.F. & G.L.

ANTONIO FISCHETTI & GUILLAUME LECOINTRE

CHARLIE RAMÈNE SA SCIENCE

VUIBERT · CHARLIE HEBDO

DES MÊMES AUTEURS

ANTONIO FISCHETTI

Initiation à l'acoustique.
Belin, 2001. Deuxième édition, 2004.

L'angoisse du morpion avant le coït. Dessins de Charb.
Albin Michel, 2002 et « Pocket », 2004.

Charlie saute sur les sectes. Dessins de Tignous.
Hors série de Charlie Hebdo, 2004.

GUILLAUME LECOINTRE

Avec Jean Dubessy,
Intrusions spiritualistes et impostures intellectuelles en sciences.
Syllepse, 2001. Deuxième édition, 2003.

Avec Jean Dubessy et Marc Silberstein,
Les matérialismes (et leurs détracteurs).
Syllepse, 2004.

Avec Hervé Le Guyader,
Classification phylogénétique du vivant.
Belin, 2001. Troisième édition, 2005.

Collectif, sous la direction de Guillaume Lecointre,
Comprendre et enseigner la classification du vivant.
Guides pédagogiques Belin, 2004.

Illustrations de couverture : Charb & Tignous

Couverture : Arnaud Martin
Maquette, composition & mise en page :
Nicolas Christitch & Jean-Luc Walet

ISBN 2 7117 7159 8

Sommaire

Table des matières

2
QUAND SCIENCE RIME AVEC SOCIÉTÉ

3
QUAND SCIENCE RIME AVEC RÉSULTATS

... nous les bêtes

4
QUAND SCIENCE RIME AVEC APPLICATIONS

La technoscience

L'écologie

AVANT-PROPOS

Nombreux sont ceux qui apprennent avec étonnement l'existence d'une chronique « science » dans Charlie Hebdo. *Le journal est surtout connu pour ses dessins politiques. Il est vrai qu'à* Charlie, *la tradition est d'être davantage poil à gratter que brosse à reluire. Seulement, la science, nous l'aimons. Et puis, dans* Charlie Hebdo, *à y regarder de plus près, on pratique autant l'analyse que la satire. Pour autant, il serait dommage de se contenter de décrire les dernières découvertes, quand des tas d'autres journaux et de revues le font très bien. À* Charlie, *on préfère regarder la science sous ses aspects politiques, sociaux, philosophiques. Ou bien parler de ce dont on parle rarement ailleurs : ses méthodes. Ou plus simplement, de ce qui nous fait marrer. Mais sans jamais perdre de vue que la science est un facteur de progrès et un facteur d'émancipation contre tous les obscurantismes.*

Quand nous étions gosses, le monde naturel, celui des roches, des planètes, des animaux, celui qui ne nous a pas attendus pour exister, ce monde-là nous fascinait. On se posait plein de questions dessus. Il y avait des adultes ou des livres tout prêts à nous expliquer le pourquoi et le comment des choses (dans la mesure du possible), et d'autres qui se débarrassaient de nos questions incessantes par des réponses expéditives faisant intervenir soit le bon sens, soit l'ordre divin ; autrement dit la transcendance. Les premiers nous émerveillaient tandis que les seconds nous laissaient sur notre soif de comprendre. Le bon sens m'enseigne que la Terre est plate, et que le Soleil tourne autour. Le recours à la transcendance fournit toujours la même réponse à tout et, donc, n'explique rien. Il ne nous a pas fallu attendre l'âge de l'acné juvénile pour nous méfier du bon sens et prendre le recours à Dieu pour de la paresse intellectuelle, un renoncement à l'intelligence. On avait lu Rahan, *nous ! Tandis que certains continuaient de s'émerveiller pour le mystère et donc d'être déçus dès qu'un mystère était expliqué ; nous, nous étions fascinés par la beauté des démonstrations et des astuces mises en œuvre par les hommes pour comprendre. C'était parti ! Nous aimions déjà la science !*

L'acné juvénile passée, ayant consommé notre lune de miel avec la science par les titres de docteurs « es sciences », nous nous lamentâmes de constater que, sur les principaux canaux de diffusion de l'information de masse, la science était toujours travestie. Le gouffre grandissait entre la science que nous pratiquions dans nos laboratoires et l'image qui en était livrée à la société. Tandis que la rigueur nous obligeait à recommencer quinze fois la même expérience, la science de la télé, dans sa rigueur toute mercantile, vendait du dentifrice et des cosmétiques à l'ADN (de sperme de saumon, mais ces dames ne le savent pas) sans la moindre démonstration de l'efficacité affichée. Dans le registre des arnaques, il est même arrivé à la science d'être maquée aux pires escrocs : les prétendues bactéries martiennes au vote des crédits de la NASA, une certaine génétique à Staline et l'anthropologie nazie à Hitler. Mais de là à réduire systématiquement la science à une boîte à outils à la botte des puissants, aux magouilles carriéristes, à la compétition sociale et au m'as-tu-vu, à la bombe atomique ou à la machine à laver… il y a des années-lumière que trop franchissent en un clin d'œil. On lui reproche d'être vendue aux capitalistes ou aux marxistes (c'est selon), d'être aride, austère, difficile d'accès, exigeante. Les amphis scientifiques se vident. Nous nous désolions de voir la science rejetée pour des motifs qui ne la concernaient pas, ou de la voir spoliée à peu de frais, imitée par des charlatans en mal de reconnaissance, ou par des illuminés de sectes à prétentions « scientifiques » comme les raëliens ou les scientologues. En somme, la science est trop souvent prise pour ce qu'elle n'est pas, et jamais comprise pour ce qu'elle est : une démarche rationnelle et expérimentale de la découverte du monde réel. Un acte de création, contrôlé en interne par une certaine éthique du débat contradictoire dont l'expérience reste l'arbitre, et par un maximum de rigueur et de transparence. Quel ne fut pas notre soulagement lorsque Alan Sokal et Jean Bricmont proposèrent, dans un livre resté fameux [1], quatre définitions courantes du mot « science », qui permettent au public de ne plus jeter les tubes à essais avec l'eau du bain-marie. Ce sont ces définitions qui ont guidé le plan de ce livre.

Premièrement, la science peut être entendue comme démarche rationnelle et expérimentale de la découverte et de l'explication du monde réel. Il s'agit de ses méthodes et des mécaniques de la preuve. Elles fabriquent du savoir objectif, c'est-à-dire du savoir vérifiable par des observateurs indépendants. C'est ainsi qu'on fait référence à la « démarche scientifique ».

Deuxièmement, la science peut être également perçue comme institution : une société d'hommes et de femmes avec leur éthique, leurs codes, leurs pratiques sociales ; et des scientifiques dans la société. C'est cette science qu'il fau-

dra disséquer pour comprendre pourquoi une masse énorme des publications scientifiques spécialisées est si peu originale, ou comprendre comment Élisabeth Teissier a pu soutenir une thèse en Sorbonne. Ce genre de débats renvoie à la notion de « communauté scientifique ».

Troisièmement, la science peut être aussi comprise comme un ensemble de résultats, de connaissances dont disposent des hommes à un moment donné de leur histoire. On parle, par exemple, de la « science chinoise » au XVIIIe siècle.

Enfin, la science peut être vue à travers ses applications directes; sous forme d'outils, bons ou mauvais, commercialisés ou non, plus ou moins utiles à notre bien-être, souvent à haute valeur technologique. Ça va du stimulateur cardiaque au téléphone portable en passant par la bombe atomique, l'ordinateur personnel ou le chien robot. C'est cette « science » qui fait le « progrès ».

Les principaux motifs de rejet de la science procèdent de la même manière: on rejette la science au sens premier parce que l'on a des reproches à faire à l'une des trois autres sciences. On rejette la démarche rationnelle de la découverte du monde (sens premier) parce qu'elle a servi à fabriquer des bombes atomiques ou des armes chimiques (sens quatrième). On oublie de dénoncer au passage les volontés politiques qui ont piloté la science dans ces directions, et les quelques individus – scientifiques, techniciens, ingénieurs – qui ont accepté en toute conscience de réaliser ces projets. Parce qu'elle a échoué à nous soulager, on rejette la médecine rationnelle et expérimentale, pour se jeter dans les officines des premiers charlatans venus, sans s'interroger sur l'impact de l'organisation économique de la médecine libérale, sur le temps d'écoute des patients et l'efficacité des prescriptions. On rejette toute légitimité à l'approche rationnelle du monde (sens premier) parce que la société des chercheurs (sens deuxième) est entachée de carriérismes et de luttes de pouvoir qui entravent l'éthique affichée du débat et de la validation scientifiques. Tous pourris! On rejette la démarche scientifique (sens premier) parce qu'elle produit des résultats changeants (sens troisième), sans s'interroger sur la différence entre le temps de stabilisation des savoirs scientifiques et celui des scoops successifs dont ont besoin les journaux pour assurer leur « une » et survivre dans un contexte de compétition. Bref, on rejette la démarche scientifique à cause de ce que la société en fait; et on se trompe de cible.

Si, historiquement, l'approche scientifique du monde réel apparaît comme un gain de civilisation, rien n'est jamais acquis définitivement. Des lobbies pseudo-scientifiques – devenus lobbies politiques puissants par l'argent qu'ils drainent, tels l'institut de la découverte à Seattle ou bien l'Université interdisciplinaire de Paris – retournent à des explications divines du monde (le « dessein intelligent ») et/ou font appel aux spiritualités pour l'expliquer. Ils font carrière en imitant la science de manière de plus en plus sophistiquée, sous couvert d'humanisme, pour, en fait, légitimer scientifiquement des lois conservatrices et accélérer le retour du religieux dans la science et l'éducation. Le public sera pris au piège s'il n'est pas solidement formé aux disciplines distordues et aux procédures scientifiques de validation. Lorsque cette formation manque, les plus jeunes d'entre nous gobent n'importe quoi trouvé sur Internet et croient que la validité d'une assertion sur le monde est une affaire de vote. La réfutation d'une théorie est prise pour une atteinte à la liberté d'opinion. La science, c'est pas cool parce que ça ne se passe pas comme à la télé. Des politiques prennent publiquement position sur des théories scientifiques sans la moindre compétence et remettent en cause leur enseignement. Dans le même temps, d'autres s'emploient à priver les laboratoires de leur politique scientifique pour la faire à leur place. Il leur faut brider ce cheval fou qu'est la recherche fondamentale, qui ne court même pas droit dans le couloir de la course à l'économiquement rentable.

C'est contre tous ceux-là que nous allons ramener notre science, celle de Charlie Hebdo, *pour combattre l'obscurantisme, les juteuses récupérations ou tromperies idéologiques, commerciales ou religieuses de la science. Même si c'est contre le sens du vent d'un siècle qu'on nous promet d'être tout à la fois libéral, techno-irrationnel et religieux.*

Antonio Fischetti et Guillaume Lecointre
Août 2005

A. Sokal et J. Bricmont, *Impostures intellectuelles,* Odile Jacob, 1997, p. 202.

1

Quand science rime avec méthode

La science comme démarche rationnelle et expérimentale de la découverte du monde réel

Il suffit de discuter un peu autour de soi, pour découvrir que pour beaucoup de gens, la différence n'est pas toujours très claire entre science et pseudo-science. Certaines personnes sont même persuadées que tout se vaut, que la science est une foi comme une autre, que certaines théories scientifiques sont des religions, et qu'une expérience de laboratoire n'a pas plus de légitimité qu'un « savoir » de rebouteux, tous deux relevant d'une convention sociale. Pour justifier ce point de vue, ces personnes prétendent qu'un grand nombre de phénomènes échappent à la démarche rationnelle. Et pour compléter la confusion, on voit même éclore des sectes qui tentent de se parer d'un vernis pseudo-scientifique. Bref, cette opinion est tellement répandue qu'elle demande des éclaircissements.

Si l'on s'intéresse aux récupérations de la science, qu'elles soient religieuses, idéologiques ou mercantiles, on est forcé de s'intéresser à ses limites. Donc à son périmètre, et à ce qu'il y a dedans. Comment la science produit-elle ses affirmations? Qu'est-ce qui fait qu'un discours peut être qualifié de scientifique? Sujet sensible, incroyablement sensible. Tentez de définir la science et vous serez immédiatement accusé de scientisme, de « positivisme naïf »; vous devenez le méchant qui cloisonne les savoirs. Il faudrait donc que la science reste un truc flou pour qu'elle puisse servir à la plus grande diversité des causes. Y compris celles qui lui sont incompatibles, comme par exemple celles des dogmes et des vérités révélées, où le scepticisme initial à toute question sur le monde est annulé car tout est écrit d'avance. Où il est dit parfois que la démarche scientifique doit se spiritualiser. Qui donc peut créer une expérience avec des esprits et de surcroît susceptible d'être reproduite par des observateurs indépendants? Qu'il nous explique.

Définir la science, c'est un service rendu au citoyen, un acte de salubrité publique. À l'heure où le citoyen se soucie de protéger ses enfants des multiples sectes, un peu de culture scientifique ne peut pas être totalement inutile pour échapper aux mirages scientistes de certaines d'entre elles, ou aux discours violemment anti-scientifiques d'autres. Loin de cloisonner les savoirs, définir ce que différentes productions intellectuelles – littéraires, musicales, graphiques, techniques, scientifiques, etc. – ont de particulier, identifier leur architecture propre permet au contraire d'accroître la qualité de leurs interactions. Un dialogue entre arts et sciences sera d'autant plus intéressant qu'on aura compris quelles règles régissent le discours artistique et quelles règles régissent le discours scientifique. Cela permet tout simplement de penser. Car il n'y a pas de pensée sans définitions de mots, sans cadres conceptuels.

On rencontre beaucoup de philosophes et de sociologues qui refusent toute définition de la science. Nous avons vu des conférences où, devant les lycéens, à toute tentative de cerner la science par le scientifique était opposée une relativisation par l'histoire ou la sociologie. Par exemple, si un scientifique explique le fonctionnement actuel de la science, le sociologue relativiste (1) pensera le contredire en allant dénicher des pratiques contradictoires dans les siècles passés. Du coup, les étudiants sont perdus : quels critères de validité sont en cours ? Entre collègues, on peut pinailler à l'infini pour relativiser les critères de scientificité à travers l'histoire ou la philosophie. Mais les lycéens, eux, ont besoin de cadres pour penser. Donnons leur d'abord ces cadres ; on relativisera après. Cet exercice qui consiste à empêcher la science de se définir dans ses méthodes et pratiques d'aujourd'hui mène tout simplement les lycéens à l'impossibilité de penser. C'est un échec, même du point de vue relativiste (qui n'est pas le nôtre), car on relativise d'autant mieux que ce qui est relativisé est bien compris.

Alors, la science, c'est quoi ? La définition voit au moins deux versions, l'une restreinte aux sciences expérimentales et l'autre plus large, étendue à la rationalité. Penchons-nous d'abord sur la première.

Au labo, les scientifiques posent une question dont ils ne connaissent pas la réponse. Mais toutes les réponses possibles ne sont pas également plausibles : il y a des hypothèses en concurrence. Les chercheurs inventent les moyens d'interroger le réel par une expérience dont le résultat favorisera l'une des hypothèses et en invalidera d'autres. Ils rédigent leur protocole de manière la plus claire possible pour que d'autres observateurs puissent contrôler les affirmations. Après évaluation par des collègues, le tout est publié dans une revue scientifique spécialisée destinée à la communauté scientifique concernée. Une connaissance est considérée comme objective lorsqu'elle a été vérifiée par des observateurs indépendants. Des sociologues aux géologues en passant par les physiciens ou les psychologues, tous les scientifiques sont à la recherche de phénomènes répétables dans le monde réel et se prêtent aux vérifications de leurs pairs. En ce sens, la démarche scientifique se démarque de celle des gourous et charlatans de tout poil. Allons plus loin dans son exploration.

La science est d'abord réaliste: indépendamment de nous, il existe un monde qui nous est extérieur. Ce réalisme est matérialiste. Matérialisme et spiritualisme s'opposent depuis l'Antiquité grecque. Le premier postule que tout ce qui existe est matière ou propriété de celle-ci. Le second qu'il existe deux substances, la matière et l'esprit, ce dernier étant immatériel par définition. Le matérialisme scientifique ne gère pas d'entités immatérielles de type esprit, élan vital, fantômes, anges, etc. Il ne s'agit pas d'une philosophie, mais d'une posture méthodologique qui ne dépend pas d'une description donnée de la matière. Lors d'une expérience, mes rapports au réel ne dépendent pas de telle ou telle formule décrivant la matière au plus petit niveau possible, ni même des mots ou des métaphores posées dessus. Le matérialisme scientifique est davantage un rapport au réel qu'un discours particulier sur la matière. Enfin, la science se fonde sur la rationalité et la logique.

Le travail de la science, comprise comme une approche rationnelle et expérimentale du monde réel, génère des connaissances objectives. Les connaissances objectives sont celles dont les expériences ont été reproduites et les résultats vérifiés par des observateurs indépendants. Pour que cela soit possible, il faut quatre conditions: scepticisme initial (le doute, moteur de la question), rationalité, matérialisme, transparence. Ces propriétés ne sont pas négociables: ce sont les conditions méthodologiques de la science. Détruisez seulement l'une d'entre elles et la science s'écroule. Quelle serait la validité d'un résultat s'il était dicté d'avance, avant même l'expérience? C'est pourtant ce que pratiquent couramment les créationnistes, qui se proposent de prouver scientifiquement la littéralité du texte biblique! Quel résultat pourrait-il être reproduit si l'expérience souffrait d'un défaut de rationalité? La moindre erreur de calcul serait détectée par d'autres chercheurs qui en rigoleraient! Quelle expérience reproductible fait-elle intervenir les esprits dans son déroulement? Il faudrait fournir le protocole qui permettrait à d'autres chercheurs de convoquer les mêmes esprits afin de pouvoir vérifier le résultat! Le seul recours à la matière est bien l'un des piliers de l'universalité de la démonstration scientifique. Enfin, quel résultat pourrait-il être reproduit si l'expérience qui le soutient était décrite dans une langue inconnue, ou même incomplètement décrit? Les chercheurs doivent être clairs dans l'exposé des expériences. L'universalité de la validité des résultats scientifiques tient à l'universalité de la logique et à celle du matérialisme.

Que faire des mathématiques là-dedans? On présente souvent les mathématiques comme la science par excellence. Elle n'en est que le langage. En effet, les mathématiciens, s'ils ont montré leur efficacité pour décrire le réel, le dépassent aussi largement. Il existe en mathématiques beaucoup d'objets abstraits qui existent par nécessité logique mais qui n'ont aucune correspondance dans le monde réel. Les mathématiques imprègnent les sciences expérimentales mais les outrepassent largement. Elles seraient alors scientifiques selon une seconde définition, élargie, de la science. Selon cette définition, est scientifique tout discours qui n'est pas doté d'une contradiction interne. Cette définition tend à mettre en équation science et rationalité, et inclut alors les mathématiques et la philosophie. On ne peut faire plus large!

Au cours des dix années passées à écrire sur la science dans Charlie Hebdo, *nous avions une conscience constante des enjeux qui consistaient à traiter du cœur méthodologique de la science. Car c'est lui qui conditionne tout le reste. Comment fustiger les charlatans, comment expliquer un changement de résultat sans s'intéresser à la scientificité?*

---

1 La position relativiste consiste à postuler que toutes les affirmations sur le monde sont également valides pourvu qu'elles soient considérées dans la culture qui les a produites. Cette position refuse toute portée universelle aux affirmations scientifiques. Certes, les découvertes scientifiques sont dépendantes de l'histoire et de la société qui les produisent, mais seulement dans une certaine mesure (voir la deuxième partie).

RAISON CONTRE RAISON D'ÉTAT

Le rationalisme affirme que tout phénomène de l'Univers relève d'un ensemble de causes et de lois accessibles à la raison humaine, laquelle fonde ses affirmations sur un calcul logique. Depuis Galilée et Descartes, le champ d'action privilégié de la raison est celui des sciences. Mais que fit-elle dans le champ politique? La raison fut prônée comme clé de voûte de l'organisation de l'État à partir du XVIIIe siècle. En érigeant la raison comme vertu, les philosophes (Voltaire, Diderot, Condorcet) s'opposaient aux aberrations de l'Ancien Régime, fondé sur l'inégalité de droit et la tradition, et régi par la superstition, la corruption, l'arbitraire d'un pouvoir royal absolu. John Saul, dans *les Bâtards de Voltaire* (Payot, 1992), affirme que les Lumières, puis les révolutionnaires, se trompèrent lorsqu'ils crurent que la raison était porteuse d'une valeur morale qui devait mener les hommes vers le bonheur. La suite de l'Histoire, très vite, allait montrer la naïveté de cette vision. En effet, ces deux derniers siècles regorgent d'hommes d'État amoraux qui se sont servis de la raison non pas pour le bien de tous, mais pour servir leurs intérêts ou leurs délires (Bonaparte). On découvre alors que la raison n'est pas une force morale initiatrice de liberté, mais un outil de gestion, une méthode d'administration des sociétés occidentales, quoi qu'il y ait en amont: stalinisme, nazisme… ou social-démocratie. Le choix personnel de la ligne politique est d'ordre historique, éthique, voire passionnel, et la raison n'est que l'outil qui le sert. En aval, le bonheur des administrés n'est pas toujours au rendez-vous.

Quelle que soit la couleur du régime, le technocrate

moderne dirige au moyen d'une raison instruite de dossiers, consultations et statistiques divers. Il détient un pouvoir immense dès lors que la raison s'auto-justifie et s'auto-entretient, jusqu'à ne plus servir qu'elle-même. Trop souvent, il trouve des solutions en rapport au pouvoir qu'elles confortent, et non pour résoudre les problèmes des citoyens. La raison s'enferme dans l'abstraction et oublie, dans la gestion d'un système aussi complexe que nos sociétés occidentales, des valeurs élémentaires telles que l'humanisme, le bon sens, l'écoute et la participation du citoyen, valeurs que Saul propose de réintroduire dans les méthodes de gestion des États. Autant dans certaines lettres de lecteurs de *Charlie Hebdo* que dans le gros livre de Saul résonne la haine du technocrate... Ses méfaits sont liés à des problèmes d'échelle, de communication, d'éducation des élites... Mais faut-il pour autant rejeter la raison à l'échelle de l'individu ?

La réponse est non. Il faut dissocier la raison de l'éthique et du politique, et ne pas la réduire au mauvais usage qu'en font certains. Parce qu'elle est indissociable de la logique, la raison est la base même d'un esprit critique pertinent. Cette arme, dont se servit si bien Voltaire contre l'absurdité politique de son époque, n'a-t-elle pas été par lui-même utilisée et revendiquée comme un outil de liberté ? La meilleure chance qu'un enfant devienne un adulte libre, c'est une école laïque et gratuite où, il faut l'espérer, le savoir, la raison et l'esprit critique sont encore des valeurs positives. Contre le décervelage des religions, des sectes pompeuses de comptes en banque, de TF1, des dictatures, la raison et le savoir restent les meilleures clés de la liberté individuelle. À l'échelle de l'État, la raison est utilisée pour le meilleur et pour le pire. À l'échelle de l'individu, elle le protège... éventuellement contre l'État !

G. L.

UN PHILOSOPHE PEU COMPLAISANT

Il est des livres courageux qui donnent envie d'aller serrer la main de leur auteur. Celui-ci est du philosophe Jacques Bouveresse, que vous ne risquez pas de voir parmi les mondains. Le livre s'intitule *Prodiges et vertiges de l'analogie*, aux éditions Raisons d'agir. Sa lecture donne effectivement le vertige : on imagine mal à quel point certains philosophes dits « postmodernes » se sont éloignés de la pertinence élémentaire. Pour faire court : se sont foutus de votre gueule. Certes, la question des critères du non-sens en matière de littérature et de philosophie est particulièrement délicate, et Bouveresse est bien placé pour le savoir. Mais Bouveresse prend comme point d'appui ce qu'il est désormais convenu d'appeler « l'affaire Sokal », et l'excellent livre qui suivit, *Impostures intellectuelles* d'Alan Sokal et Jean Bricmont où, justement, les deux physiciens disposaient de critères

de pertinence très clairs, c'est-à-dire les concepts de leurs propres sciences, la physique et les mathématiques, pour juger des usages qui en étaient faits chez certains penseurs « postmodernes ». Et là, ça fit très mal : comme l'écrit Bouveresse, « Sokal et Bricmont ont le sentiment de ne pas comprendre des choses qu'ils devraient comprendre et ils trouvent en face d'eux des gens qui comprennent ce qu'ils ne devraient pas comprendre ». En fait, il s'avéra que les auteurs critiqués par Sokal et Bricmont n'avaient rien compris aux concepts qu'ils manipulaient. Lors de la polémique qui s'ensuivit, aucun des auteurs critiqués ne défendit rationnellement son texte sur le fond. Comme d'habitude, Sokal et Bricmont ne récupérèrent que de basses injures et des procès d'intention et furent traités d'envieux assoiffés de pouvoir.

Partant de cette polémique exemplaire, en défendant Sokal et Bricmont, Bouveresse va à contresens d'une certaine forme de relativisme-libéralisme intellectuel qui revendique la liberté totale de création et d'expression, fût-elle au prix de la logique, tout en niant la liberté de jugement (*sic*). En effet, nous vivons dans un monde où toute critique est une atteinte à la liberté de pensée, où ce qui donne raison à un intellectuel, c'est le verdict du marché plutôt que la critique réelle où le domaine du jugement reste gouverné par la croyance, les conventions sociales et les cotations médiatiques, et où la réussite sociale est le critère du vrai. Bouveresse dénonce et décortique d'une plume aiguisée les approximations logiques engendrées par le carriérisme et une forme de marchandisation de la pensée contemporaine, qui font passer des virtuoses de la manipulation de la métaphore et du raisonnement analogique pour des philosophes, dont l'interdisciplinarité bancale semble les autoriser à utiliser un obscur jargon sans que personne ose revendiquer la clarté due. Si l'arrivisme social a tué le syndicalisme (lisez Michael Moore), le journalisme (lisez Serge Halimi ou Noam Chomsky), s'il pollue une partie des sciences sociales (lisez Sokal et Bricmont) ou d'autres sciences, il a déjà bien gangrené la pensée contemporaine.

Méfiez-vous donc de quelqu'un qui ne se donne pas la peine d'être intelligible. Bouveresse cite John Locke : « Il n'y a que l'obscurité qui puisse servir de défense à ce qui est absurde. » Face à moins informé que soi, l'abus de pouvoir c'est l'obscurité, pas l'effort de clarté.

G. L.

QUATRE BONNES RAISONS D'ÊTRE ATHÉE

On n'est pas athée pour des raisons scientifiques. Car la science expérimentale n'a aucune légitimité dans les questions métaphysiques[1]. On trouve les bonnes raisons d'être athée dans le simple exercice de la rationalité critique sur des questions dites « cosmiques ».

1. Pourquoi y a-t-il quelque chose plutôt que rien? Le sommet de la crétinerie érigée en question cosmique. « Rien » ne nous est pas donné à contempler, comment voulez-vous que je réponde à cette question? Je contemple ce qu'il y a à voir, et mes questions pertinentes commencent là. Avant, l'imagination n'est pas sanctionnée par le réel, alors on peut dire n'importe quoi, dans le plus petit effort de l'esprit. Les religions ne s'en privent pas.

2. Pourquoi j'existe, et pourquoi moi plutôt qu'un autre? Même critique que précédemment: c'est moi qui suis là, et pas un autre. Mais là, c'est l'angoisse du nombril. L'homme philosophiquement immature fait son caprice égocentrique en exigeant d'avoir été choisi, sans avoir fait le moindre petit effort pour le mériter. Comme il n'a pas été foutu de se créer une raison d'exister, il faut que celle-ci lui vienne de l'extérieur. Une faille que les religions exploitent à fond. Voyons les choses en face. Deux battements de flagelle de spermatozoïde en moins, et c'est un autre con de spermato qui aurait décroché la queue du mickey, et j'aurais eu une autre gueule. Mon père n'aurait pas glissé sur une peau de banane ce jour-là, il n'aurait pas rencontré ma mère, qui, elle, venait de rater son train. Mon existence tient à une série incroyable de contingences qui n'arrêtent pas de se tricoter depuis quinze milliards d'années. Je m'en fous, ce qui compte, c'est ce que je fais de ma vie et le respect que je porte à celle des autres. Quand je pense que des universitaires croient que tout était réglé d'avance dans l'Univers pour que nous advenions! La téléologie est la forme mondaine du caprice infantile. Comme le dit mon pote, la probabilité d'un événement passé est de un. Hi, hi, hi!

3. Qu'y a-t-il après la mort? Cette question, c'est l'autoroute des religions. Pour calmer l'angoisse, les hommes ont inventé la plus grosse escroquerie intellectuelle de tous les temps: la séparation entre le corps et l'esprit. Ah, l'esprit! Immatériel par définition (c'est le pape qui l'a dit!), il est susceptible de monter au ciel si t'es sage. Pratique! Désolé, JP2, mais un truc immatériel, je gobe pas. La perception, la conscience réflexive, la pensée sont les fonctions d'un système nerveux. Quand on casse la roue d'un vélo, tu n'imagines pas « la rotation » s'élevant au ciel avec ses petites ailes dans le dos. Comme il ne saurait y avoir de rotation en dehors de la roue qui l'effectue, il n'y a pas de pensée, ni conscience, ni perception sans cerveau où elles s'effectuent. Les fonctions cessent avec le décès de l'organe. Y a rien après. Quoi, comment je le sais ? Bah, première raison : si j'altère physiquement mon cerveau (en ne dormant pas ou en buvant un coup de trop), je n'arrive plus à penser, conscience et perception déraillent. Les trois fonctions dépendent donc de l'état physique de mon organe. Si je l'altérais encore plus, elles n'opéreraient donc plus du tout. Deuxième raison : aucune donnée empirique pour dire qu'il y a quelque chose après. Ce qui nous amène au point suivant.

4. Dieu n'est pas incompatible avec une explication scientifique du monde, alors pourquoi l'exclure ? Ben, toute affirmation non appuyée par une donnée empirique est gratuite, et donc superflue. Quand on peut dire tout et n'importe quoi, les anges, les esprits, les hommes invisibles, le dieu X, le dieu Y, on ne dit rien. Là intervient le principe de parcimonie, utilisé dans les enquêtes policières, dans les reconstitutions historiques, quand on cherche le porte-monnaie qu'on a perdu, et aussi partout dans les sciences : ne pas faire plus d'hypothèses que le strict nécessaire, sinon on délire. Comment les religions ont-elles pu conforter leur délire, alors ? Par le pouvoir sur autrui ! Le recours à Dieu vous engage à renoncer à l'usage de la raison et à vous soumettre. Hé, j'entends les œcuméniques me crier : « Les athées, vous êtes minoritaires, alors allez-y mollo ! » Désolé : comme d'habitude dans l'histoire de l'humanité, c'est pas les plus nombreux qui ont raison ! L'attitude spiritualiste et religieuse est primitive, elle calme quand l'instruction fait défaut ou quand le courage manque. La religion est une béquille de toutes les pauvretés. Et la majorité des habitants de la Terre reste pauvre. Ah, pour conclure, retournons à ce cher Diderot, matérialiste athée, qui écrivait en 1754 : « Il n'y a qu'une vertu, la justice ; qu'un devoir, se rendre heureux ; qu'un corollaire, de ne pas se surfaire la vie, et de ne pas craindre la mort. » Le matérialisme athée : une philosophie de la liberté, du bonheur et de la responsabilité.

G. L.

1. Voir J. Dubessy, G. Lecointre, M. Silberstein, *Les Matérialismes (et leurs détracteurs)*, Syllepse, 2004.

DE QUOI LA SCIENCE NOURRIT-ELLE LA PHILOSOPHIE ?

Récemment, *Charlie Hebdo* proposait quatre raisons d'être athée. L'article était ambigu : il commençait par affirmer qu'on n'est pas athée pour des raisons scientifiques, parce que la science n'a aucune légitimité dans les questions métaphysiques. Cependant, les quatre bonnes raisons d'être athée vous étaient délivrées dans la rubrique « science ». Avec le philosophe Yvon Quiniou, on peut aller plus loin dans la réflexion sur les rapports entre science, athéisme et matérialisme, grâce à un excellent petit livre aux éditions Pleins Feux : *Athéisme et matérialisme aujourd'hui*.

Les sciences dans leurs méthodes de travail pratiquent une abstinence métaphysique, un athéisme étymologique : on travaille sans dieu (x). Il ne s'agit pas d'un athéisme affirmatif qui entendrait prouver la non-existence de Dieu. L'athéisme de méthode ne démontre ni ne soutient un athéisme métaphysique, car il forcerait la science à légiférer dans et sur la totalité absolue de l'être, « or, tout énoncé à ce propos est rigoureusement indécidable sur le plan de la connaissance scientifique ou du savoir ».

Il n'en va pas de même pour le matérialisme. La science est matérialiste dans ses méthodes. Rappelons-le, le matérialisme pose 1. l'objectivité de la matière (qui existe indépendamment de l'homme : c'est le réalisme matérialiste), 2. que l'homme est matière et 3. que tout phénomène naturel relève de la matière. Il s'oppose au spiritualisme qui affirme une existence séparée de l'esprit, immatériel (c'est le dualisme). Le matérialisme procède à l'unification de l'être sous la catégorie matière (la pensée est une forme de la matière). Selon Quiniou, au lieu d'être une position spéculative s'opposant à d'autres spéculations, le matérialisme est devenu aujourd'hui une position philosophique scientifiquement soutenue. La science constitue pour la philosophie une contrainte théorique qui, certes, impose ses résultats propres, mais aussi et surtout transfère tout spécialement son pouvoir de contrainte concernant le matérialisme. La science impose une ontologie matérialiste. Sa principale courroie de transmission n'est pas la physique de la matière, comme beaucoup le croient. Les bouleversements qui affectent le concept scientifique de matière ne modifient en rien la catégorie philosophique de matière telle qu'elle intervient dans la relation matière-pensée, n'en déplaise au physicien Bernard d'Espagnat et aux spiritualistes (il faudra d'ailleurs y revenir). Non, la courroie, c'est la biologie, à la fois à travers la théorie de l'évolution, qui offre une origine naturelle de l'homme et de la morale, et cette

partie de la neurobiologie qui ancre la fonction « penser » dans son substrat matériel.

Un matérialisme métaphysique est imposé par la science, tandis qu'un athéisme métaphysique ne l'est pas. Peut-on être alors un matérialiste convaincu et croire en Dieu ? Selon Quiniou, oui : « L'interrogation sur une origine divine éventuelle de l'être matériel demeure ouverte. [...] On peut [...] toujours ajouter Dieu, comme créateur de la nature, par un acte de croyance spécifique, lequel est hors de la science. » Il faut donc découpler dualisme et déisme, et Quiniou laisse ouverte et même légitime la question proprement philosophique de Dieu. Pour moi, non en tant que scientifique, mais à titre personnel, je trouve ce recours inutile et de peu d'intérêt ; mais peut-être alors suis-je « scientiste », et même, pire, frappé de « cécité métaphysique définitive ». En revanche, en tant que scientifique, je suis d'accord avec Quiniou sur ce que peut dire la science, qui ne saurait fonder un athéisme métaphysique. Et c'est la raison pour laquelle les « quatre bonnes raisons d'être athée » étaient le fruit d'un rationalisme critique exercé à titre personnel et non pas le résultat de la science expérimentale en action.

G. L.

L'OBJECTIVITÉ, ÇA SE SOIGNE

La science est l'activité qui produit de la connaissance objective. Les faits objectifs sont ceux qui sont reproductibles, c'est-à-dire vérifiables par autrui. En même temps, toute production scientifique est un acte de création: la création d'une affirmation contrôlable. Une grande partie du public est choquée par l'emploi du mot « création » dans ce contexte. Car nous sommes éduqués à recevoir la connaissance toute cuite, directement dans le bec. La connaissance, ça tombe d'en haut et ça ne se discute pas. À force d'ignorer comment on fabrique la connaissance, celle-ci finit par émaner en quelque sorte d'une transcendance, ou bien des objets eux-mêmes. Un jour, un collègue présenta devant un parterre d'écoliers un fossile récemment découvert, et nomma l'objet. Un écolier demanda: « Comment avez-vous découvert qu'il s'appelait comme cela? » Le premier biais, c'est que nombre de scientifiques pas moins naïfs continuent à s'imaginer que l'on peut définir des disciplines scientifiques par rapport aux objets qu'elles étudient (par exemple, l'entomologie est la science qui étudie les insectes), comme si ces objets étaient porteurs en eux-mêmes de leur signification et déterminaient l'aptitude des scientifiques à se comprendre entre eux. Cette vision est erronée: ce qui fait que les scientifiques se comprennent entre eux, c'est avant tout la façon dont ils prouvent, et non pas les choses qu'ils regardent. Le fait scientifique, ça se fabrique. Je veux dire qu'il n'y a pas de faits possibles sans théorie autour, et sans une certaine mécanique de la preuve. C'est banal, mais c'est très important. Une dent humaine fossilisée dans un terrain inhabituel est un fait extraordinaire si l'on a en tête toute l'anatomie comparée des dents et la stratigraphie. Sinon, ça n'est qu'un vulgaire caillou. (Attention, cela ne veut pas dire que la connaissance objective n'a pas de portée universelle… Nous y reviendrons.) Les faits assurent la cohérence d'une théorie, tandis que la théorie investit l'appréhension du fait. Malheureusement, dans la bouche du public, le mot « théorie » est souvent péjoratif, assimilé à un délire, car seul le fait est noble. Par conséquent, un imposteur habile a recours aux seuls « faits ». Le mot est d'autant plus martelé que l'on veut vous empêcher d'identifier toute la construction théorique ou la représentation du monde qu'il y a derrière!

Le deuxième biais, c'est que toute décision arbitraire dans un protocole expérimental est considérée comme subjective par le quidam, et rejetée. Mais l'objectivité c'est quoi au juste? Tout acte de création est arbitraire, c'est-à-dire le produit de la seule volonté. Mais il est objectif s'il est transparent, c'est-à-dire explicite et justifié dans la publication destinée à

le faire connaître. Suffisamment explicite et justifié pour qu'il puisse être reproduit par autrui, et sa conclusion finalement testée. L'objectivité de la procédure se décline selon plusieurs motifs. L'objectivité de la question posée et des hypothèses à tester tient à la clarté de leur formulation et au scepticisme. Ensuite, rappelons que tout protocole scientifique travaille sur une petite partie du monde réel, ce qu'on appelle un échantillon. L'objectivité de l'échantillonnage tient à sa transparence et à sa justification. L'objectivité du protocole expérimental tient à sa rigueur rationnelle et à sa transparence. L'objectivité de la déduction tient à l'exercice de la logique. Enfin, l'objectivité du résultat de l'expérience est acquise lorsque autrui l'aura vérifié. Une connaissance objective n'acquiert pas ce statut immédiatement. Il lui faut un peu de temps après sa première production pour que des vérifications remportent l'assentiment d'observateurs indépendants. La science est un vaste scepticisme organisé. Finalement, sur toute la ligne, on voit que rien n'émane du transcendant et tout n'est que création.

G. L.

AU LABO, NI DIEU NI MARX

Le matérialisme désigne une attitude théorique ayant recours exclusivement au comportement de la matière pour expliquer la totalité des phénomènes physiques et psychiques. Il n'y a pas d'autre univers réel que l'univers matériel. Initiée dès l'Antiquité grecque, cette pensée s'affirme avec force au XVIIIe siècle et fonde les sciences expérimentales modernes. Celles-ci progressent grâce à trois éléments. 1. La rationalité : l'usage rigoureux de la logique permet aux interlocuteurs d'échanger des arguments intelligibles et de s'accorder sur des méthodes. 2. Des règles du jeu communes, c'est-à-dire des modalités suivant lesquelles une connaissance peut laisser place à une autre. Ces règles ont changé au cours du temps ; aujourd'hui, on parle surtout de réfutationnisme. Le matérialisme : il permet la mise en place des expériences. L'expérience est l'action sur le monde matériel qui permet de vérifier les théories énoncées et de créer de nouvelles expériences. Le dialogue scientifique est fondé sur la reproductibilité des expériences. Matérialisme et dialogue scientifique sont donc co-substantiels. L'expérimentation et son matérialisme ont joué un rôle capital dans l'émancipation de l'esprit humain face aux dogmes religieux et à la soumission absolue aux textes anciens. Ces trois éléments ont permis aux sciences de fournir les éléments d'une explication du monde dotés d'une cohérence interne et d'une puissance méthodologique bien supérieures aux explications globales fournies par les religions.

Brisez l'un de ces trois piliers, et c'est l'universalité et la pertinence des sciences qui s'écroulent. Cependant, certains scientifiques et intellectuels religieux entendent ruiner le matérialisme afin de refaire l'alliance entre science et spiritualité. Leur stratégie consiste à le confondre avec le matérialisme dialectique qui accompagne le marxisme. C'est l'amalgame de Phillip E. Johnson[1] que répètent Jean Staune[2] et les membres de l'Université interdisciplinaire de Paris. Ainsi, les scientifiques conscients de leur matérialisme sont accusés de faire de l'« idéologie[3] ». Ridicule ! Si Marx et Engels ont construit le matérialisme dialectique comme une hypothèse pour expliquer le devenir de l'humanité, le matérialisme des sciences leur préexistera toujours et gardera toujours son indépendance !

Une autre stratégie consiste à exploiter les frontières actuelles de la science, l'espace fécond où tests et réfutations s'opèrent. Ainsi, le cardinal Poupard, dans son exercice récent de récupération de la science par le Vatican[4], prétend que c'est dans cette zone de doute que le scientifique doit laisser parler sa foi. C'est au nom de cette zone que l'UIP proclame la mort du matérialisme, la naissance d'une nouvelle « science » spirituelle où une autre dimension (Dieu ?) aurait sa place[5].

Par exemple, la matière à l'échelle des particules élémentaires n'est intelligible qu'en termes de phénomènes énergétiques qui échapperaient au sens commun. Ce dualisme et plus généralement tout questionnement d'un physicien sur ce qu'est la matière font entrer les religieux en transe et crier que le matérialisme n'est pas fondé puisque la matière fait encore l'objet de débats. Mais heureusement qu'il y a débat ! Alors on parle de la « déchosification » de la matière[5] pour évoquer un « autre niveau de réalité ». Le matérialisme, en tant que voie nécessaire et anti-dogmatique de la connaissance, condition méthodologique de la science, est un outil d'émancipation de l'esprit humain. Le contraire, donc, d'une « idéologie ».

G. L.

1. *The Political Crisis of Scientific Materialism*, First Things, 1997.
2. J. Staune, L'évolution condamne Darwin, *Le Figaro Magazine*, 26 octobre 1991.
3. Cf. J. Staune, Petit voyage au cœur de l'obscurantisme scientifique, *Nouvelles Clés*, décembre 1997, et P. Van Eersel, Du rififi chez les théoriciens de l'évolution, *Nouvelles Clés*, automne 1997.
4. *Après Galilée, science et foi : un nouveau dialogue*, Desclée de Brouwer, 1994.
5. *Nouvelles Clés* n° 12, hiver 1997.

LA FOI À LA POUBELLE!

Des tas de sectes racontent que la science est en « surévolution » et que le scientifique, dans son appréhension du monde, doit s'ouvrir à la spiritualité, à l'« inconnu », et quitter les sentiers étroits de la rationalité. Le cardinal Poupard, porte-voix rubicond du Vatican, recommande au scientifique dans le doute, sur le front de la genèse des connaissances, de laisser parler sa foi. Quant aux escrocs de l'UIP, dans *Convergences* n° 5, ils nous expliquent page 4 qu'il y a des trous dans nos connaissances et qu'au bord il y a le Christ. Expliquez-nous donc comment la foi s'intègre dans une démarche scientifique… Dans le dictionnaire, on trouve: « *Foi: le fait de croire à un principe par une adhésion profonde de l'esprit et du cœur qui emporte la certitude.* » On comprend tout de suite que, lorsqu'on en est au stade de la foi, il n'y a plus besoin d'expérience scientifique. La spiritualité est tout ce qui relève de l'esprit et est dégagé de toute matérialité. Elle est aux antipodes de la science, en ce sens qu'elle nie la nécessité d'un recours exclusif aux réalités matérielles de ce monde pour établir des vérités. Or, le recours aux expériences sur le monde matériel est la seule garantie de leur reproductibilité, critère fondamental des sciences expérimentales. Introduite comme élément de construction d'une quelconque affirmation sur le monde réel, la spiritualité rend donc cette affirmation non testable scientifiquement.

Lorsque l'on porte une oreille aux discours mystiques, la foi peut être soit source d'hypothèses à tester, soit elle-même méthode d'investigation. Dans le premier cas, la foi est corruptrice, puisque cette « certitude » ne tolère le test de l'expérience scientifique que s'il la conforte. Alors les expériences sont refusées sur le seul motif des résultats qu'elles donnent, ou bien truquées. En revanche, l'expérimentateur scientifique se prépare à accepter n'importe quel résultat, pourvu que sa mise en place soit rigoureuse. Car une affirmation scientifique est une affirmation fondée sur une expérience que l'on peut reproduire. L'agnosticisme et la transparence de la procédure suivie sont les deux mamelles de l'objectivité scientifique.

Lorsqu'elle se propose d'être intégrée à la méthode scientifique, la foi rend l'expérience non testable. Pourquoi? Parce que la foi est fille de l'endoctrinement ou de la révélation. Pour être outil de la science, elle nécessiterait que tous les expérimentateurs potentiels aient subi le même itinéraire mystique personnel avant même d'avoir commencé l'expérience, pour que celle-ci puisse être reproduite. Ce qui est déjà perdu d'avance: tous les hommes de ce monde ne se réclament pas de la même foi, loin de là. Et si cela était possible, cela annulerait finalement la nécessité d'une

réitération de l'expérience. Il manque à la spiritualité et à la foi deux propriétés essentielles pour prétendre être outil ou objet de la science : structuration et universalité de leur contenu. L'universalité de la science tient à l'universalité des réalités matérielles de ce monde et à celle de la logique. Les certitudes produites par la foi sont non testables et se passent totalement de la nécessité d'être sanctionnées par le test de l'expérience scientifique. On ne mélange pas serviettes et torchons : chez le scientifique, la foi est absente ou bien reste au placard.

G. L.

À propos, lisez l'excellent livre de J.-P. Gouteux : *La foi : une histoire culturelle du mal*, L'Harmattan, 1998.

L'INDUCTION : LA SCIENCE SELON MADAME SOLEIL

L'astrologie, la graphologie, la morphopsychologie (et j'en passe...) ont des noms de science mais n'en sont pas. Les savoirs qui les fondent – en supposant qu'ils soient fiables et rigoureux dans l'enregistrement des faits qu'ils revendiquent, ce qui est déjà très discutable – ne reposent que sur des raisonnements inductifs. Je m'explique. Les connaissances humaines sont fondées sur des inférences. Une inférence est une opération qui permet de passer des prémisses à des conclusions. On distingue classiquement les inférences démonstratives et les inférences non démonstratives. Les premières comportent l'idée de nécessité logique et utilisent des règles qui rendent la conclusion valide ou non. Ce sont les déductions, dont l'armature logique permet la démonstration. Les secondes comportent l'idée de probabilité. Ce sont les inductions. L'induction est une généralisation d'une propriété à une classe d'objets à partir d'un nombre limité d'observations.

Par exemple, si l'on observe de nombreuses personnes du signe astrologique du Poisson dans des circonstances variées, et si l'on constate que tous ceux qui ont été observés sont sans exception de sombres crétins, alors toutes les personnes du signe du Poisson sont de sombres crétins. L'induction n'utilise pas de règles logiques, si bien qu'il est impossible de savoir si les conclusions sont valides ou non. En effet, les arguments logiquement valides sont caractérisés par le fait que, si leur prémisse est vraie, alors la conclusion est forcément vraie. Au contraire, le fait que les prémisses d'une inférence inductive soient vraies n'implique pas que la conclusion l'est : la logique n'interdit pas que la prochaine personne du signe du Poisson que j'observerai soit d'une lumineuse et joviale intelligence. Comme l'a démontré le logicien Rudolf Carnap, l'emploi de statistiques sophistiquées ne comble pas l'absence d'assise logique des inférences inductives.

Si l'induction ne peut pas se justifier sur le plan de la logique, elle ne peut pas non plus se justifier par l'enregistrement de ses propres succès. Il est aberrant de dire que le principe de l'induction marche à tous les coups puisqu'il a marché dans tel et tel cas. Le philosophe David Hume a montré dès le XVIIIe siècle qu'il s'agit là d'un argument circulaire puisqu'il utilise exactement le même type d'argument inductif que celui qu'il lui est nécessaire de justifier. En partant des doutes de Hume, Karl Popper ruine totalement l'inductivisme dès 1935. La véritable connaissance scientifique

n'est possible que par les inférences hypothético-déductives[1], qui utilisent la logique pour leurs démonstrations. La déduction se définit et se juge par la rigueur de sa forme logique, quel qu'en soit le résultat. C'est parce que le dialogue scientifique porte sur cette rigueur que les résultats de la science peuvent évoluer. En effet, un interlocuteur de bonne foi peut admettre un changement de résultat s'il est montré que la méthode qui y parvient est meilleure. En revanche, l'induction ne se définit et ne se juge que par le résultat auquel elle parvient, ce qui ruine toute condition de dialogue. Les interlocuteurs peuvent toujours se balancer leurs résultats à la figure: ils n'ont pas d'arguments.

Les sciences ne peuvent pas se passer de l'enregistrement régulier des faits, ni de généralisation. L'induction est fondamentale et très utile mais elle ne suffit pas. Il faut l'armature logique d'une démarche hypothético-déductive pour qu'une science acquière sa puissance démonstrative. Les parasciences n'ont jamais démontré les mécanismes par lesquels les prémisses (être né sous telle combinaison des astres) sont liées aux conclusions (avoir tel trait de caractère, avoir de la chance côté cœur cette semaine). Toute prédiction ou lecture du passé dans les astres, la forme de l'écriture, la forme du visage, les lignes de la main, et autres tirages de cartes restent non démontrés et même sans fondements empiriques : elles n'ont même pas passé l'examen d'une induction sophistiquée, à savoir la validation statistique.

G. L.

SCIENCE, VAUDOU, MÊME COMBAT ?

Notre société technicienne tient la science en haute estime. Pis, elle lui a donné une autorité (et donc un pouvoir) que quasiment rien ne saurait limiter. Quelques philosophes ont cependant dénoncé cette hégémonie. Le champion de la critique de la science, tant dans son fonctionnement intime que dans son rôle social, est bien Paul Feyerabend. Son livre passionné et provocateur *Contre la méthode*, paru en 1975, a eu beaucoup de succès. Parce qu'il se propose d'esquisser « une théorie anarchiste de la connaissance », il a été salué dans les milieux libertaires, mais sans suffisamment de recul. L'auteur fait un constat stimulant et souvent exact sur le fonctionnement et la place de la science contemporaine. Mais ses conclusions épistémologiques sont sujettes à de graves dérapages, et ont été critiquées avec beaucoup de finesse par Alain Chalmers. Résumons d'abord les principales conclusions de Feyerabend.

Au vu de l'histoire des sciences, et contrairement à ce que voudraient établir les positivistes, il ne serait pas possible de dégager une méthode universelle et an-historique qui puisse définir l'activité scientifique. Plusieurs écoles de pensée scientifique ont recherché des règles unificatrices de la science. Malgré leurs différences, elles se sont voulues toutes hégémoniques (et donc toutes positivistes) et auraient toutes échoué, selon Feyerabend. Prenons un seul exemple, celui de l'épistémologie la mieux admise de nos jours, celle du philosophe Karl Popper.

La thèse centrale de Popper est la suivante : on ne prouve jamais la justesse d'une théorie scientifique, on peut seulement démontrer qu'elle est fausse, c'est-à-dire la réfuter. C'est de cette manière que la science avance.

On peut aussi concevoir l'histoire des sciences comme celle de la survie des théories les plus « aptes », c'est-à-dire qui ont passé avec succès les tests les plus rigoureux. Mais, selon Feyerabend, il est très difficile d'appliquer ce critère à certains champs de la connaissance qui passent classiquement pour des sciences. On se doute peu à quel point, dans les faits, la science fonctionne comme un patchwork de règles au sein desquelles le mythe trouve sa place, ainsi qu'une foule d'autres paramètres extra-scientifiques qui viennent influencer les prises de décision des chercheurs (ressources en crédits, carrière, autorité d'auteurs, politique scientifique des États influencée par des critères économiques ou de mode, etc.). La distinction entre contexte de découverte et contexte de justification, entre termes d'observation et termes théoriques, ne jouerait aucun rôle dans la pratique scientifique. La science pure n'existerait pas. Le rationnel ne pourrait

être universel et l'irrationnel ne pourrait être exclu. Séparer la science de la non-science serait non seulement artificiel, mais encore nuisible à l'avancement de la connaissance. Or, pour celui-ci, tout est bon, selon Feyerabend. En somme, en se faisant briller plus qu'elle ne le mérite, en faisant miroiter une méthode universelle qui n'existerait pas, la science ne serait donc qu'une gigantesque imposture.

Alors, peut-on admettre que « tout est bon » pour la connaissance, en mettant sur un pied d'égalité, comme voudrait le faire Feyerabend, raison scientifique, sorcellerie, vaudou, magie, astrologie, etc. ?

G. L.

SCIENCE ET ANARCHIE

La semaine dernière, nous étions restés sur la proposition dite « anarchiste » de Paul Feyerabend: « tout est bon » pour la connaissance (*Contre la méthode*, « Point Sciences », Seuil, 1988). L'historien et philosophe des sciences Alan Chalmers a repris les constats de Feyerabend sans aboutir à ce scepticisme radical. Dans un très bon livre de vulgarisation (*La fabrication de la science*, La Découverte, 1991), Chalmers admet l'absence de méthode scientifique universelle et intemporelle. Mais il propose une définition de la science en relativisant le critère poppérien de réfutation, dominant de nos jours. Rappelons d'abord ce que dit Popper.

Selon Popper, une science avance non pas par accumulation de confirmations, mais par destruction d'une théorie rendue fausse (« falsifiée ») par un fait contradicteur. C'est la réfutation, ou « falsification », au sens philosophique du terme. Une théorie reste scientifique tant qu'elle demeure ouverte à cet exercice. Chalmers est tout à fait d'accord avec la logique poppérienne, mais il souligne que son application trop stricte pose problème. Par exemple, si l'on examine l'histoire de la physique, le poppérisme strict échoue à classer cette discipline comme science. Cela parce que les théories physiques se sont souvent « arrangées » avec de petits faits contradicteurs sans pour autant remettre en cause tout leur édifice. Finalement, la contradiction enfin expliquée est devenue, à terme, compatible avec la théorie. En somme, la physique n'est science qu'aux yeux d'un poppérisme « doux », tel que le prône Chalmers, qui admet de petites « anomalies », le temps qu'elles se résolvent ou qu'elles deviennent de puissants falsificateurs. Réfuter trop vite tout l'édifice comprend le risque de découvrir que le fait falsificateur n'en valait pas la peine. Popper lui-même admettait le besoin de garder des anomalies dans les théories pour faire avancer les connaissances.

Ainsi, Chalmers oppose au relativisme forcené de Feyerabend une méthode scientifique, un poppérisme doux, avec une valeur particulière apportée au pouvoir prédictif des théories lorsque ces prédictions sont confirmées par les faits.

Mais ce n'est pas tout. Chalmers déplace le critère de scientificité. Selon lui, une science se définit plus par son objectif que par sa méthode. Un domaine de la connaissance est science s'il est fécond, s'il est porteur d'un accroissement de connaissance, s'il permet d'atteindre l'objectif de la science. Celui-ci est de produire des énoncés généraux et réfutables. Ainsi, on remplace la certitude par la croissance des connaissances.

La science doit donc être évaluée du point de vue de sa contribution à l'amélioration du savoir, et fonctionner selon un poppérisme adouci. Ces principes sont parfaitement incompatibles avec les systèmes de pensée fondés sur la croyance. Ils réduisent donc à néant les prétentions scientifiques des eugénistes, des sorciers, des astrologues, des homéopathes, des téléologistes, de tous ceux qui confondent théorie falsifiable (moteur de la croissance) avec la croyance, avec leurs intérêts économiques, sociaux ou religieux. Non, la science n'est pas une imposture, mais elle doit se préserver des imposteurs qui se servent d'elle. Contrairement à ce que voudraient croire certains « anarchistes de la connaissance », se préserver de ce genre d'abus de confiance n'est pas incompatible avec les idéaux libertaires.

G. L.

MAL DIRE LA NATURE

L'observation de la nature et de ses phénomènes finit toujours par amener des « pourquoi ». Pourquoi certaines espèces animales commettent-elles des infanticides ? Pourquoi avons-nous un menton ? Pourquoi le cerf mâle a-t-il des bois ? Derrière les « pourquoi » du quidam peuvent se cacher différentes attentes, et les réponses à ces questions sont truffées de pièges. Tout d'abord, pour bien y répondre il faut cerner de quel « pourquoi » il s'agit. Il y a le pourquoi qui appelle les causes et celui qui appelle les raisons. Énoncer une cause, c'est émettre une hypothèse que l'on va pouvoir tester. On répond au « pourquoi » par une expérience. Le chat tue la souris parce que l'hypoglycémie induit un comportement de chasse. On pourra mesurer la glycémie de chats chassants, ou affamer des chats et observer leur comportement. La chaîne des causes est infinie. En revanche, on répond au « pourquoi » par une finalité. Derrière ce « pourquoi » se cache une quête de sens. Pour y répondre, pas besoin d'expérience car l'énoncé de la raison n'est pas une hypothèse, c'est une redescription de ce qui est à expliquer dans un cadre finaliste, lequel a pour but de rendre la chose intelligible, sensée. Le chat tue la souris pour manger. La chaîne des raisons est nécessairement finie. La raison est contenue dans le fait à expliquer, mais la cause ne l'est pas. Si l'on commet une confusion entre les deux, on risque de faire s'énoncer la science là où elle n'a rien à dire.

Nombre de scientifiques tombent dans ce piège en employant des métaphores finalistes pour décrire les causes de l'existence d'un fait naturel. Au lieu de dire « seules les populations de souris dont le nombre de petits par génération est important et la longévité réduite ont survécu jusqu'à ce jour », ils disent « pour survivre, les souris ont choisi une stratégie reproductive qui maximise le nombre de petits et réduit la longévité ». Le premier énoncé permet de rassembler des données sur les fardeaux qui pèsent sur la vie des souris et de construire des modèles d'évolution. On voit mal comment on pourrait documenter une « mise en stratégie » chez ces souris. Curieusement, l'utilisation du mot « stratégie » est très répandue en biologie évolutive, alors que toute la théorie sous-jacente implique l'absence de prédestination, de destin, de toute volonté dont la portée irait au-delà de l'individu, et bien sûr de toute volonté transcendante. En fait, ces métaphores ne portent pas à conséquence dans la pratique scientifique, parce que les scientifiques les prennent comme telles. Elles sont juste utilisées pour vulgariser les causes. Mais, auprès du public, elles trahissent le raisonnement.

Autre piège dans lequel tombent les scientifiques, c'est lorsqu'ils mettent le mot « nature » comme sujet du verbe. La nature a donné une trompe à l'éléphant. La nature fait bien les choses, elle a prévu que l'image tombe pile-poil sur la rétine ! La nature, c'est ce qu'on doit expliquer. Si ce qui est à expliquer s'explique par lui-même, on n'a rien dit, ni même rien pensé. Enfin, le dernier piège, plus sophistiqué celui-là, c'est l'adaptationnisme naïf. Nous sommes les seuls primates pourvus d'un menton. On a dit que les mâles de notre espèce ont un gros menton pour séduire les femelles ; et même qu'avec la barbe t'emballes mieux. On a mis tout et n'importe quoi au chapitre de la sélection sexuelle. Ces raisonnements sont insuffisants parce qu'ils ne font que prendre un petit bout de l'organisme déconnecté du reste et cherchent à y trouver une cause unique elle aussi isolée. Notre menton peut s'expliquer par une contrainte architecturale qui résulte de la diminution du volume des dents chez notre espèce. La chaîne des causes prend alors une autre piste. La prochaine fois que vous entendrez un scientifique parler d'évolution, évacuez les fins et les scénarios non testables.

G. L.

LES PIÈGES DE LA RÉTROSPECTIVE

L'histoire est-elle une science? Ce qui est sûr, c'est que certaines sciences fonctionnent comme l'histoire. En histoire, ce n'est pas avec des tubes à essais que l'on prouve. La preuve est une pièce à conviction, qui n'apparaît probante et décisive que dans un certain contexte. C'est parce que cette pièce à conviction s'harmonise avec des pièces voisines, formant un tout cohérent, qu'elle est preuve. En histoire, ou lors d'une enquête policière, on met en cohérence des observations d'aujourd'hui (des effets) pour reconstituer des faits passés. La force d'une « démonstration » se mesure au degré de cohérence des observations et des faits à reconstituer. Rien à voir avec une démonstration expérimentale du type hypothèses-expériences-déductions. Tu peux ranger tes tubes à essais, ton bec Bunsen et tes éprouvettes. Sans machine à remonter le temps, certains scientifiques reconstituent, comme le font les historiens, un déroulement historique: celui de l'Univers, celui du passé de la Terre, celui du passé des espèces. Ils pratiquent la mise en cohérence d'observations faites sur le monde d'aujourd'hui. Ils savent bien que si tu prends l'Univers à un moment donné, celui-ci est riche d'événements de tout poil: à un temps *t*, on est incapable d'attribuer des importances relatives aux événements. L'importance donnée à un événement n'est qu'une illusion de l'observateur placé dans le futur, une qualité totalement extérieure au fait ou à l'objet. Pour expliquer l'événement, on aura besoin de fouiller dans le passé et en extirper les causes. On n'explique pas un événement par son futur.

L'importance donnée à un événement n'est que le sceau d'un point de perspective, aveu de subjectivité. Nous sommes dans le péril constant de n'accorder sans le savoir de la valeur qu'aux événements qui nous concernent. Si nous en sommes conscients, tout va bien. Le problème est que beaucoup de scientifiques attribuent de l'importance à des événements passés plus qu'à d'autres en croyant être objectifs. Par exemple, dans l'évolution de la vie, on nous bassine avec la « sortie des eaux » des vertébrés en nous montrant cette espèce de grosse salamandre qu'est l'*Ichtyostega*. Parce qu'il s'agit de notre sortie des eaux. On parle très peu de ceux qui sont sortis des eaux avant nous (plantes vertes, insectes, crustacés...), ni des retours à l'eau (baleines, manchots, phoques...). Mais, le pire, ce sont ces recherches qui prétendent trouver objectivement des lois décrivant un tempo universel des événements « importants » dans le déroulement historique, qu'il s'agisse de l'évolution de la vie ou bien du développement d'un embryon. Leurs auteurs[1] avaient déjà, en 1999, appliqué une loi mathématique (dite « log-périodique ») à une série de dates d'événements

de l'évolution de la vie, jugés « importants ». Ni la formule mathématique, ni le choix des événements n'étaient justifiés. Ils en tiraient une « loi de l'évolution » décrivant la succession temporelle des événements majeurs, le prochain devant avoir lieu dans 800 000 ans. Du vide, puisqu'on ne sait toujours pas ce qu'est un événement important, ni sa signification, ni comment on le sélectionne. Aujourd'hui, ils s'attaquent au déroulement du développement embryonnaire humain[2]. Celui-ci est une chaîne parfaitement continue d'événements. Ils en choisissent certains, et font passer la même loi sur les dates correspondantes. Comment les choisir, objectivement ? La seule justification donnée, c'est qu'ils sont « des innovations majeures » qui « correspondent à un consensus général parmi les embryologistes ». Même argument d'autorité qu'en 1999, qui économise une vraie discussion de fond. Autre problème, c'est que la loi log-périodique n'est pas justifiée : en quoi son utilisation est-elle pertinente dans ce contexte biologique là ? C'est, une fois de plus, le règne du « ça marche », terreau de toutes les impostures intellectuelles : on ne sait pas pourquoi « ça marche », mais on le publie. Qu'est-ce qu'on a expliqué ? Rien ! Qu'est-ce qu'on a décrit ? Le nombril des auteurs !

G. L.

1. J. Chaline, L. Nottale, P. Grou, voir *Charlie Hebdo* n° 378, 15 septembre 1999, p. 6.
2. R. Cash, J. Chaline, L. Nottale, P. Grou, Développement humain et loi log-périodique, *Comptes rendus de l'Académie des sciences*, 2000, 325 : 1-7.

PARAPSYCHOLOGUES, LES FAUSSAIRES DE LA SCIENCE

Cette semaine, j'étais au Salon des « arts divinatoires, sciences parallèles et médecines naturelles ». Parmi toutes les réflexions que peut inspirer ce genre de salon, l'une de celles qui me vient prioritairement à l'esprit concerne le rapport entre science et charlatanerie. C'est étrange cette manie qu'ont les théories ésotériques ou les médecines douces d'entretenir un rapport schizophrénique avec la science. D'un côté, elles la rejettent pour délit de « rationalisme », mais, de l'autre, elles ne cessent de singer son langage.

Leur quête de respectabilité les mène à piller tous les domaines scientifiques. L'Histoire, par exemple, surtout égyptienne : si vous vendez une huile quelconque, affirmez qu'elle a été « inventée par les pharaons », et si vous vendez des aimants, n'oubliez pas de préciser que l'Égypte a été le « berceau du magnétisme ». Il y a aussi la psychologie : les textes de Freud sont sabotés et transformés en absurdes recettes d'interprétation des rêves. La physique aussi est revisitée : on se gargarise de « magnétisme » et d'« ondes », concepts employés à tout bout de champ et sans jamais en définir le sens. Le plus couru, c'est l'« énergie ». Ah, l'énergie ! On ne sait pas ce que ça veut dire, mais tout est « énergie » ! Une eau de toilette ne fait pas que parfumer, elle « nettoie les champs énergétiques » ; et dans les manuels sexuels on précise même qu'un doigt dans le cul augmente la « circulation d'énergie » (authentique) !

La promotion de n'importe quel objet s'accompagne toujours d'un discours abscons. Exemple, le « synchro-cyclotron cérébral », qui sert à se désintoxiquer de la drogue, le « chronoviseur », pour remonter le temps, ou le « spectron », vulgaire plaque chauffante montée sur un pied de lampe, mais censée guérir toutes sortes de maladies en permettant la « coordination des fréquences bioénergétiques » (800 euros quand même).

Une autre caractéristique des médecines douces, c'est leur propension à vouloir transformer le patient en thérapeute. Quand vous allez chez le médecin, il ne vous propose pas une formation qui vous permettra d'ouvrir un cabinet. Au contraire, le magnétiseur finira par vous vendre des stages de magnétiseur. C'est quand même étrange, que plus la connaissance est mystérieuse, plus celui qui la vante vous propose de l'acquérir moyennant finance ! Faudrait choisir : d'un côté, on vous explique que des armées de scientifiques ne peuvent pas comprendre, mais, de l'autre, on vous en dévoile les secrets en un ou deux stages !

Reconnaissons que la médecine douce peut faire du bien. Tenez, l'encens, c'est agréable, les massages aussi. Ça pourrait suffire. Mais non, il faut accompagner ces petits plaisirs d'un baratin sans queue ni tête. Il faut que l'encens soit « anti-stress » et que les massages fassent « circuler de l'énergie ». D'accord, c'est le principe du placebo, que les vrais médecins utilisent aussi. Mais leur placebo est rarement dangereux… Contrairement à celui des médecines « douces », qui n'est jamais sans risques. Juste un exemple parmi des dizaines : ces lunettes sans verre, mais avec des grilles devant les yeux qui donnent l'impression d'être derrière la burka d'une femme afghane. Le vendeur explique que l'engin aide le travail oculaire... à mon avis, ça doit surtout flinguer les yeux. Mais c'est « naturel », que voulez-vous, alors c'est forcément mieux. Ah, le naturel… Sûr qu'il y en a qui préféreraient crever naturellement que guérir artificiellement.

Après avoir tenté de comprendre les ressorts des médecines parallèles, il y a tout de même un mystère qui m'intrigue. La quasi-totalité de leurs clients sont des femmes. Comment expliquer ça ? Les hommes seraient trop rationnels, disent les filles. Elles, il leur faut de l'invisible, du caché. Moi, je trouve ça frustrant, comme explication. Que les filles deviennent plus infirmières que garagistes, ça se comprend par les différences d'éducation. Mais qu'est-ce qui les attire chez les voyantes et les escrocs ? Il faudra qu'on m'explique ça un jour…

A. F.

PRISON OU ASILE : UNE HEURE POUR DÉCIDER

Des fêlés qui paraissent normaux, tout le monde en connaît. Dans la vie courante, ce n'est pas grave si on ne les identifie pas tout de suite. Mais il en va autrement dans les procès d'assises. Là, c'est une vie qui est en jeu.

Selon le Code pénal, un accusé atteint, au moment des faits, « d'un trouble psychique ou neuropsychique ayant aboli son discernement » n'est pas pénalement responsable. Il échappe alors au procès pour filer en hôpital psychiatrique. Il n'y restera pas moins longtemps qu'en prison, mais aura au moins des chances d'être soigné. Avec un tel enjeu, on pourrait croire que l'expertise psy est longue et minutieuse. Eh bien, non.

Le minimum pour être déclaré « irresponsable », c'est d'être psychotique. Des trois types de maladies mentales – psychose, névrose, perversion –, seule la psychose entraîne une perte de contact avec la réalité (le névrosé se morfond sans nuire à personne, pendant que le pervers manipule les autres, mais tous deux restent dans le réel : c'est pourquoi les pédophiles ne sont jamais déclarés irresponsables). Quant aux fameux psychopathes, « ils constituent la majorité des criminels atteints de troubles mentaux. Mais se situent entre les psychotiques et les névrosés, et ne sont pas considérés comme des irresponsables », déclare Anne-Marie Favard, chercheur en psychologie à l'université de Toulouse.

Donc, le psy procède à des entretiens. Parfois accompagnés de tests, comme le célèbre « Rorshach », qui consiste à identifier des formes dans un magma de taches. Un ensemble d'indices permet ensuite de détecter le psychotique, et ce, même plusieurs mois après la crise meurtrière.

Les techniques sont rodées. Reste à les appliquer. Le problème c'est qu'« il faut compter une dizaine d'heures d'entretiens pour une bonne expertise », rappelle Anne-Marie Favard. Pourtant, les statistiques le démontrent, la moitié des experts se contentent d'une unique rencontre d'une heure (au mieux, deux fois deux heures). Qui plus est, ils ne vont jamais au tribunal consulter le dossier pénal (alors qu'ils sont censés le faire…).

Ce n'est pas que les psys soient particulièrement fumistes. Mais ils sont payés moins de 200 euros. Quel que soit le temps passé. En comptant la rédaction d'un rapport… À ce tarif, même le plus consciencieux est refroidi dans sa vocation.

Il n'y a donc pas lieu de s'étonner des erreurs de diagnostic. Qui se font d'ailleurs toujours dans le même sens : alors qu'il est impossible de simuler longtemps la folie, en revanche, des bataillons de psychotiques se retrouvent en prison. Où, bien sûr, leurs chances de guérison sont absolument nulles.

Le pire c'est quand le boulot de l'expert est balayé par le juge d'instruction. En effet, lui seul décide, en son âme et conscience, comme on dit, du sort de l'accusé : asile ou assises. Rien ne l'oblige à suivre le psy. Il n'est donc pas rare qu'un criminel déclaré psychotique par l'expert soit renvoyé aux assises par le magistrat. Et cela, en parfaite contradiction avec le Code pénal.

Voilà une belle illustration du hiatus entre la science et ses applications. Alors que la psychanalyse et la psychiatrie permettent de bons diagnostics, il suffirait de les appliquer avec moins de négligence pour éviter d'envoyer à tort des malades mentaux en prison. Ce qui représente une forme, sournoise et trop méconnue, d'erreurs judiciaires.

A. F.

PIFOMÉTRIE JUDICIAIRE

On sait que les flics envoient souvent les gens à l'hôpital. Mais parfois, c'est juste pour les examiner. Tenez, par exemple : un sans-papiers est arrêté. S'il est mineur, il reste en France. S'il est majeur, il retourne dans son pays. Il faut donc connaître son âge. Même chose si un gosse chourave un sac à main. Selon qu'il a moins de treize, seize ou dix-huit ans, il ne sera pas cuisiné de la même façon. Lorsque le « suspect » possède une carte d'identité française, pas de problème. Mais s'il n'a que des papiers étrangers, les choses se corsent.

Dans ce cas, il part illico aux « urgences médico-judiciaires » d'un hôpital. Les flics réquisitionnent alors les médecins, auxquels ils demandent de deviner l'âge du menotté. Sachant qu'avant dix-huit ans les os ne sont pas tous soudés, la méthode consiste à prendre des radios – de la main en général –, puis de les comparer à des références connues. Ça, c'est la théorie... Mais, dans la pratique, tout dégringole.

Premièrement, les fameuses références – appelées « atlas de Greulich et Pyle » — ont été conçues dans les années trente. Ce qui, en soit, justifierait au minimum une remise à jour (on était moins grand à l'époque).

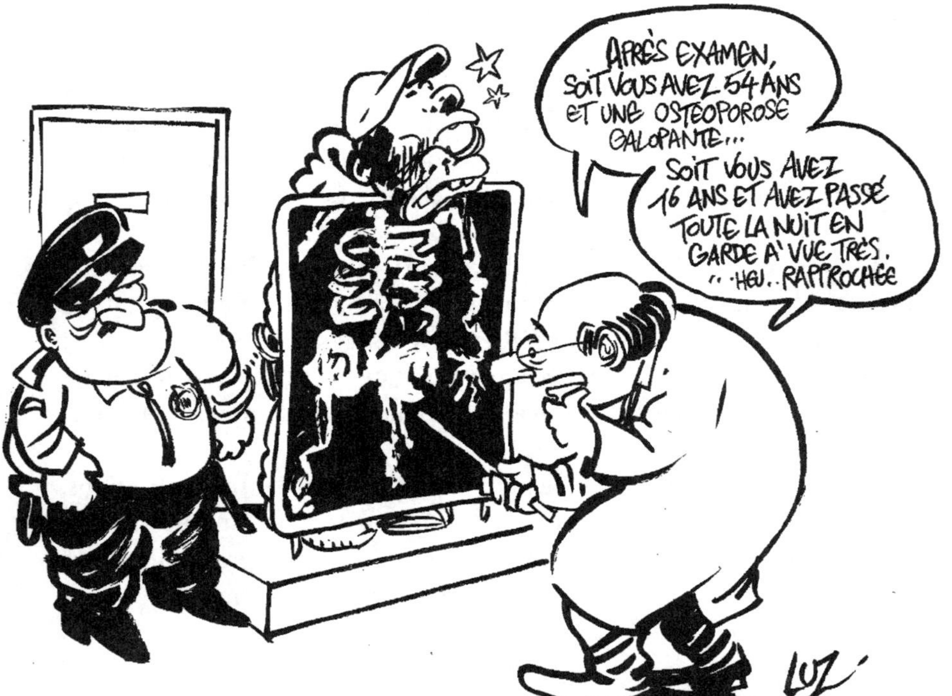

Deuxièmement, elles servaient à évaluer les pathologies du développement. Et non l'âge. Troisièmement, elles correspondent à des enfants américains blancs. Pas exactement le public des urgences médico-judiciaires ! Et c'est bien là le scandale. Les corps d'un Malien longiligne, d'un Pakistanais trapu et d'un Roumain sous-alimenté ne se développent pas à la même vitesse. Les médecins le savent, que l'ethnie, le stress et la nourriture influent sur la croissance. Mais ils sont coincés : d'un côté, les flics exigent un résultat ; de l'autre, l'obsolète atlas de Greulich et Pyle constitue leur seul outil...

La solution serait d'établir des références multiculturelles. Mais il faudrait lancer un programme de recherche que personne ne veut financer. D'autant qu'il sentirait un peu le soufre. « De telles recherches sont délicates, car la Constitution française interdit de différencier les humains selon la race ou l'ethnie », note Jean Nauwelaërs, radiologue et expert médical à l'Hôtel-Dieu.

En attendant, les toubibs font ce qu'ils peuvent pour tenter d'être précis, multipliant les indices sur la longueur des dents ou des poils. N'empêche qu'au final les expertises relèvent plus de la pifométrie que de la science. « Il y a certainement beaucoup d'erreurs », reconnaît Jean Nauwelaërs. Autre détail qui fait bondir ce médecin : « Les policiers nous amènent souvent des multirécidivistes dont l'âge est connu dans les fichiers. Mais plutôt que d'aller chercher l'information à l'Identité judiciaire, ils préfèrent venir nous voir par paresse. »

Les médecins peuvent soulager leur conscience en se disant que leur verdict ne sera pas forcément écouté par le juge d'instruction. C'est lui, en effet, qui, au chaud dans son bureau, décidera du sort du sans-papiers sans rendre de comptes à personne. Mais ce n'est pas cela un État de droits ! Chaque année, des milliers d'ados passent par les urgences médico-judiciaires, où leur destin se joue en quelques minutes. Les erreurs se comptent certainement par dizaines. Alors, soit on fait les examens osseux sur des bases rigoureuses, soit on les arrête et on change la loi. Mais il n'y a rien de pire que cette hypocrisie qui consiste à s'abriter derrière une caution se réclamant de la science alors qu'elle n'en a que le décorum.

A. F.

EXPERTS EN BRICOLAGE

Si l'affaire des pédophiles d'Outreau a été un tel chaos, les experts judiciaires y sont pour beaucoup. Pour s'en convaincre, on pouvait lire, dans *Le Monde*, qu'un des témoignages d'enfant d'Outreau était crédible puisqu'il était cohérent… Alors que dix lignes plus bas le même témoignage devenait crédible en raison de son incohérence… car si l'enfant mentait, son discours aurait été très construit ! Bref, aucune logique dans l'argumentaire.

Malgré ça, le verdict des experts reste marqué du sceau de la scientificité. Pourtant, certains experts ne cessent de le répéter, à l'instar de Jean-Luc Viaux, qui a examiné les enfants d'Outreau : « L'expert n'est pas là pour établir la vérité. La conviction est du seul domaine juridique. » Aucun expert ne devrait donc affirmer qu'un témoin « ne ment pas », son boulot se limitant à évaluer s'il est mythomane ou s'il présente des troubles psychiques. Ce qui ne préjuge en rien de la véracité des faits : un mythomane ou un schizophrène peuvent rapporter un fait réel, tandis qu'une personne « normale » peut raconter des bobards. Mais au fait, comment procèdent-ils ces fameux experts ?

Ils se targuent d'utiliser une grille d'analyse appelée « SVA », pour « *Statement Validity Aanalysis* ». Cette grille comporte dix-neuf critères de crédibilité : cohérence du discours, précision des détails, etc. Dit comme ça, c'est du sérieux. Sauf qu'il faut une centaine d'heures pour appliquer le SVA dans les règles de l'art. Ce que ne fait évidemment aucun expert. De toute façon, le SVA n'a jamais été validé scientifiquement : à partir de combien de critères décrète-t-on qu'une personne ment ? Comment mesurer la crédibilité ? Quand on la regarde de près, l'expertise a tout d'un grossier bricolage.

Pourtant, les experts auraient les moyens de s'appuyer sur davantage de rigueur scientifique. Ils pourraient par exemple s'intéresser à des disciplines comme la « psychologie sociale » ou la « psychologie expérimentale ». Une foule de recherches très instructives s'offriraient à leur regard. Juste une, pour donner une idée.

Des chercheurs américains ont étudié une classe d'enfants. Un premier complice des chercheurs est venu raconter une histoire. Quelques jours plus tard, les chercheurs ont demandé à un second complice de suggérer aux enfants qu'ils ont été tripotés par le premier complice. Par la suite, les enfants ont été interrogés : ils ont alors découvert plusieurs enfants affirmant avoir été abusés. Ce n'est pas qu'ils mentent sciemment, expliquent les chercheurs, mais ils ne sont pas toujours capables de discerner la réalité de la fiction… Application pratique à Outreau : quand un gosse a vu des dizaines de films pornos, de quelle façon peut-il faire le tri entre réel et imaginaire ?

De telles recherches sont très nombreuses et parfaitement reconnues aux États-Unis. Et parfaitement inexistantes en France ! Car nos experts à nous, à part deux ou trois exceptions, sont tous ce qu'on appelle des « cliniciens », qui ne jurent que par la psychanalyse. Ils sont absolument ignares en recherche expérimentale, ne s'y intéressent pas et n'en maîtrisent pas les outils (tests statistiques, graphiques, etc.). En plus, ils méprisent ces recherches : « Elles sont commanditées par des papas malheureux », lance le psychiatre Pierre Sabourin. Comme si on aidait les pédophiles en faisant avancer la connaissance ! Ridicule.

Ne pas effectuer de recherches expérimentales sur les témoignages sous prétexte qu'elles serviraient les pédophiles revient à assujettir la science à une idéologie qui sacralise l'enfant. Souvenons-nous de Ségolène Royal, qui répétait à longueur d'antenne que « l'enfant ne ment pas » : c'est comme si dans un régime communiste on partait du principe qu'un ouvrier ne peut pas mentir ! La science des témoignages doit s'affranchir de la légitime répulsion qu'inspirent les pédophiles. À la clé, cela ne peut qu'aboutir à une réduction des erreurs judiciaires. Et ce, dans un sens comme dans l'autre : les fausses accusations (des chercheurs ont estimé qu'environ sept cents innocents sont arrêtés chaque année en France à la suite de témoignages erronés)… tout autant que les acquittements abusifs. Mais pour ça, reste à convaincre les psys français de s'intéresser davantage à la psychologie expérimentale.

A. F.

SCIENCE DES FLICS CONTRE SCIENCE DES SAVANTS

Rarement communauté scientifique n'aura pénétré avec tant de fracas le champ judiciaire. En effet, les acousticiens spécialistes de la voix en ont assez. Ils préparent une pétition – riche aujourd'hui de 150 signataires – à l'attention d'Élisabeth Guigou. Pour répéter au moins deux choses: 1) il est impossible d'identifier une voix à partir d'un enregistrement sonore; 2) la justice doit cesser d'utiliser de pseudo-expertises vocales sans valeur scientifique. Ces idées, ils les martèlent depuis une dizaine d'années. Mais, aujourd'hui, il y a urgence. Car un homme a été condamné à trois ans de prison. Et il faut réagir avant le 15 juin, date de son procès en appel.

L'affaire débute à Hendaye, une nuit d'octobre 1996. Trois voitures de flics sont garées sur un parking. Un cocktail Molotov les fait valser, sans faire de blessés. Le lendemain, l'attentat est revendiqué par téléphone. Les flics arrêtent alors Jérôme Prieto, membre d'une association régionaliste (parfaitement légale au demeurant), dont la voix ressemble, selon eux, à celle de l'appel anonyme qu'ils ont enregistré. Deux « experts » sont nommés. Ils confirment que Jérôme Prieto est bien l'auteur de l'appel. Et, le 16 décembre dernier, notre homme est condamné à trois ans de prison ferme.

Seulement, voilà… Les deux experts sont bien seuls dans leurs certitudes. En effet, la plupart des spécialistes sont regroupés dans la Société française d'acoustique (SFA). Selon l'un de ses représentants, Louis-Jean Boë, « il n'y a aucun moyen scientifique de dire si deux voix sont semblables ou non ». Alors, *quid* des fameux experts? L'un est rattaché à la police judiciaire, et l'autre est capitaine de gendarmerie. Et, continue Louis-Jean Boë, « aucun d'eux n'a publié d'article démontrant l'efficacité de leurs méthodes ».

Leurs méthodes? Le degré zéro de l'analyse acoustique: la comparaison des sons des voyelles. « Ils n'ont fait aucune mesure quantitative. Ils ont juste tracés des analyses, et constaté à l'œil nu qu'il y avait des ressemblances entre la voix de l'enregistrement et celle de Prieto. » En fait, ces expertises montrent que les mêmes voyelles, prononcées par différentes personnes, ont toutes des airs de famille! À ce compte-là, le pape, Pinochet, ou ma coiffeuse auraient aussi bien pu revendiquer le fameux cocktail Molotov.

Tiens, une expérience. Les acousticiens ont présenté deux voix à des phonéticiens bardés d'appareils de mesure. Question: « Ces voix sont-elles iden-

tiques? » Puis ils ont fait le même test avec des néophytes pourvus de leurs seules oreilles. Résultat: 53 % de réussite pour les experts, 46 % pour les autres. Bref, du pile ou face, dans tous les cas! Les graphiques qui ont envoyé Prieto au trou ne valent pas mieux que les oreilles de la femme de ménage!

Ce qui n'est pas étonnant, puisque la voix est modifiée par le stress, la ligne téléphonique, le magnétophone… sans compter les bidouillages électroniques à la portée du premier venu. Comme le dit Louis-Jean Boë, « l'empreinte génétique est une partie du corps; l'empreinte digitale est l'image d'une partie du corps, et l'écriture est le mouvement d'une partie du corps. Mais la voix est le mouvement de l'air provoqué par les mouvements d'une partie du corps. Ce n'est pas une caractéristique individuelle, et son identification reste actuellement impossible ».

Il faut espérer que les magistrats de la cour d'appel comprendront le message des acousticiens. Car le maintien de la condamnation de Prieto constituerait un grave précédent. Il signifierait que la justice reconnaît davantage la science des flics que celle des chercheurs. Dans ce cas, nous serons tous, demain, à la merci d'« expertises » judiciaires arbitraires [1].

A. F.

1 Jérôme Prieto a finalement été relaxé.

LES PAUVRES, ÇA COMPTE PAS

Aux États-Unis, une véritable polémique politico-scientifique a eu lieu pour décider de quelle manière on allait compter les Américains lors du recensement de 2000. Les républicains sont partisans d'une bonne grosse énumération par tête. Les démocrates sont pour l'application de techniques d'ajustements statistiques. Car il est prouvé depuis longtemps que l'énumération par tête sous-estime systématiquement le nombre d'habitants. Si les « oubliés » touchaient toutes les catégories socio-économiques en proportion de leur importance numérique, il n'y aurait pas trop de bobo. Le problème est qu'ils sont majoritairement pauvres, demandeurs d'aide sociale et votent démocrate… quand ils votent !

En 1990, quatre millions d'Américains ont été omis par les techniques classiques du comptage par tête, presque tous pauvres et/ou appartenant à des minorités ethniques. Leur proportion fut de 0,7 % pour les Blancs non hispaniques, 4,4 % pour les Noirs, 5 % pour les Hispaniques et carrément 12,2 % pour les Indiens. Les républicains, mieux assis dans la société – ce qui explique leur vote réactionnaire –, seraient enclins à répondre spontanément au recensement, tandis que la population qui aurait tendance à

voter démocrate est plus insaisissable. Un ajustement statistique favorisera donc les démocrates. Les républicains vont donc tout faire pour l'empêcher. Il faut dire que les enjeux politiques sont de taille. Le recensement détermine le nombre de sièges attribués pour chaque État à la Chambre des représentants (qui comprend actuellement 435 sièges). Les résultats du recensement affectent aussi le découpage des districts électoraux et la distribution de quelque 180 milliards de dollars de fonds fédéraux d'aides aux minorités et nécessiteux.

L'administration Clinton a proposé, pour le recensement du 1er avril 2000, d'améliorer l'estimation par échantillonnage et redressement statistique. De quoi s'agit-il ? Supposez que dans un quartier vous ayez un millier d'habitations. Des réponses spontanées parviennent de 600 d'entre elles. Que faire des 400 autres ? On renvoie une salve de recenseurs fouineurs. Ils frappent au hasard parmi les adresses des personnes qui n'ont pas encore répondu, et cela jusqu'à ce que 300 habitations aient fourni leurs données. Le nombre de personnes de ces 300 habitations est simplement projeté pour obtenir le nombre d'habitants des 100 adresses restantes. C'est pour cela qu'on a parlé d'« Américains virtuels ». Un second micro-recensement, établi sur un échantillon de 750 000 adresses *(integrated coverage measurment)*, permet de contrôler la distribution socio-économique des habitants : on vérifie que certaines catégories sociales n'ont pas été surestimées ou sous-estimées. Des corrections peuvent être apportées en ajoutant ou retranchant des citoyens. Elles font hurler les républicains, qui agitent frénétiquement le gros bon sens en beuglant qu'il ne saurait exister de recensements qui rayent des citoyens des listes et qui manipulent des « Américains virtuels ». Le 25 janvier 1999, la Cour suprême (plutôt conservatrice) a rendu son verdict : le recensement d'avril 2000 se fera avec deux méthodes. La méthode traditionnelle d'énumération par tête sera utilisée pour déterminer le nombre de sièges par État à la Chambre des représentants, et les échantillonnages et ajustements seront utilisés pour toutes les autres fins. Autrement dit, la Cour vient de révéler son mépris pour la science et les pauvres.

D'une part en admettant que le nombre des Américains puisse varier en fonction de ce que l'on veut faire du chiffre. D'autre part en rayant les pauvres de la carte pour déterminer la représentation des États à la Chambre.

G. L.

SUPERCHERIE : LE CHAÎNON MANQUANT AU RAYON BRICOLAGE

En décembre 1912, *Nature* annonçait que Charles Dawson, paléontologue amateur, avait découvert à Piltdown, dans le sud de l'Angleterre, le crâne et la mandibule du plus vieil homme-singe connu. Il revint à Arthur Smith Woodward, conservateur du département d'histoire naturelle du British Museum, d'en donner les premières interprétations. Il s'agissait du premier véritable « homme-singe » puisque le crâne, très proche du nôtre, était affublé d'une mâchoire franchement simiesque. L'Angleterre pouvait enfin brandir à la face d'une France regorgeant de Cro-Magnon un *earliest englishman* (« plus ancien homme anglais ») sérieux. En 1916, *Nature* constata qu'*Eoanthropus dawsoni* était « juste ce que nous devions trouver dans l'hypothèse où l'homme serait descendu de singes anthropoïdes ». Les critiques aussi pertinentes que catégoriques de quelques paléontologues américains rabat-joie furent diluées dans l'enthousiasme général. Dawson mourut en 1916 et le jésuite Pierre Teilhard de Chardin, qui participait aux fouilles depuis le début, quitta en 1914 la boue de ses fouilles pour celle des tranchées…

La plaisanterie dura quarante années, durant lesquelles on n'eut accès qu'à des moulages. Entre 1949 et 1953 s'accumulèrent diverses preuves attestant que l'homme de Piltdown était un faux. Les molaires inférieures avaient été artificiellement abrasées, les os avaient été peints. Des tests chimiques faits par Kenneth Oakley et des analyses anatomiques montraient qu'un crâne humain vieux de six cents ans seulement fut paré d'une mandibule de jeune orang-outan datée de cinq cents ans. Pour le British Museum, cette révélation « clarifie très considérablement le problème de l'évolution humaine ». Depuis 1953, après des dizaines d'ouvrages, tous les acteurs de l'affaire ont été suspectés d'avoir été faussaires, y compris Teilhard de Chardin. À la fin de sa vie, il mentit certainement dans ses écrits à Oakley, au moins par omission… L'analyse des 23 volumes de ses œuvres produite par Stephen Jay Gould montre qu'il savait, et aurait gardé le secret jusqu'à sa mort (survenue en 1955).

Nouveau coup de théâtre dans cette vieille affaire (*Nature*, 23 mai 1996) : Brian Gardiner et Andrew Currant ont rendu publics les résultats des analyses chimiques effectuées sur des pièces osseuses trouvées dans… une malle !

Celle-ci fut découverte vers 1975 dans les greniers du British Museum et portait les initiales de Martin Hilton, conservateur du département de zoologie du Muséum d'histoire naturelle de Londres en 1912. Les analyses chimiques révèlent que les pièces d'os taillé ont été teintes de la même manière que celles du fameux faux. Les os de la malle et le crâne de Piltdown ont des teneurs en oxyde de fer et en oxyde de manganèse en proportions identiques, les mêmes quantités de chrome, restes de l'acide chromique qui dut être utilisé pour vieillir artificiellement les ossements. Selon Gardiner et Currant, le joyeux plaisantin Hilton se serait vengé de Woodward parce que celui-ci lui aurait refusé d'avancer le paiement d'un travail.

Vers 1953, *Eoanthropus* commençait à faire désordre dans la chronologie de l'évolution de la lignée humaine… En effet, les australopithèques avaient été découverts en 1925, suivis de divers *Homo erectus*… Comme le remarque l'historien des sciences Pierre Thuillier: « D'un point de vue épistémologique, le cas Piltdown en dit long sur les rapports des « faits » et de la « théorie ». *Eoanthropus* est arrivé quand les paléontologistes espéraient trouver un homme-singe; et il est parti quand les paléontologistes étaient précisément gênés par cet homme-singe. Grâce au fraudeur, on dispose là d'une sorte de vérification expérimentale très réussie de cette idée: les faits sont inséparables de la théorie. »

G. L.

RISQUES ET MENSONGES

Deux sortes de personnages hantent de plus en plus les écrans télé : d'une part les marionnettes cravatées qui, à chaque catastrophe ou scandale alimentaire, récitent que « le risque zéro n'existe pas ». Et, d'autre part les « explorateurs » mal rasés et bronzés (comme l'insupportable Peggy Bouchet, peut-être bien rasée, mais toujours aussi bronzée) dont la traversée de l'Atlantique à la rame a été présentée comme un bel acte gratuit (alors qu'il n'y a rien de moins désintéressé : pour devenir riche et célèbre, traversez la manche en pédalo ou faites le tour du périph'à plat ventre, vous ferez des pubs et serez invité chez Stéphane Bern pour vendre le livre qu'un nègre vous aura écrit...).

Ces deux sortes de personnages sous-tendent deux discours, habilement reliés, sur la notion de risque. L'un, c'est : « On fait tout pour réduire le risque, alors acceptez qu'on ne puisse pas descendre en dessous d'une certaine limite, et consommez sans faire chier. » L'autre, c'est : « Admirez ces héros qui risquent leur peau pour vous faire rêver. » Deux études médicales, parues cette semaine, permettent de relativiser cette propagande.

La première étude concerne les médicaments. Les chercheurs ont décortiqué les tests préalables à l'autorisation de mise sur le marché par la *Food and Drug Administration*. Première révélation : en 1991, 80 % des tests étaient effectués par des labos universitaires... et en 1998, les labos privés raflaient 60 % du marché. Conséquence, au lieu d'être rédigés par des chercheurs indépendants, les protocoles sont maintenant dictés par l'industrie pharmaceutique.

D'où une pelletée de magouilles... Par exemple, le médicament est testé sur une population plus jeune que celle à laquelle il est destiné... Et à une dose plus faible que la posologie réelle... Du coup, les effets secondaires sont sous-estimés. Autre escroquerie : la compagnie ne publie que les résultats favorables au produit... Et lorsque ceux-ci sont mauvais, et que les biologistes insistent néanmoins pour les publier, l'industriel sort illico un article favorable à son médicament. Au final, lorsque la compagnie pharmaceutique paie les tests, 89 % d'entre eux montrent une supériorité du médicament étudié. Mais ce taux chute à 60 % lorsque les chercheurs sont indépendants...

La seconde étude concerne l'« aventure ». Les chercheurs ont étudié 246 expéditions : randonnées himalayennes, raids polaires, traversées du désert... Pour découvrir qu'elles sont si bien préparées que les accidents y sont deux fois moins nombreux que dans les camps scouts, et trois fois moins nombreux que dans les concerts de rock !

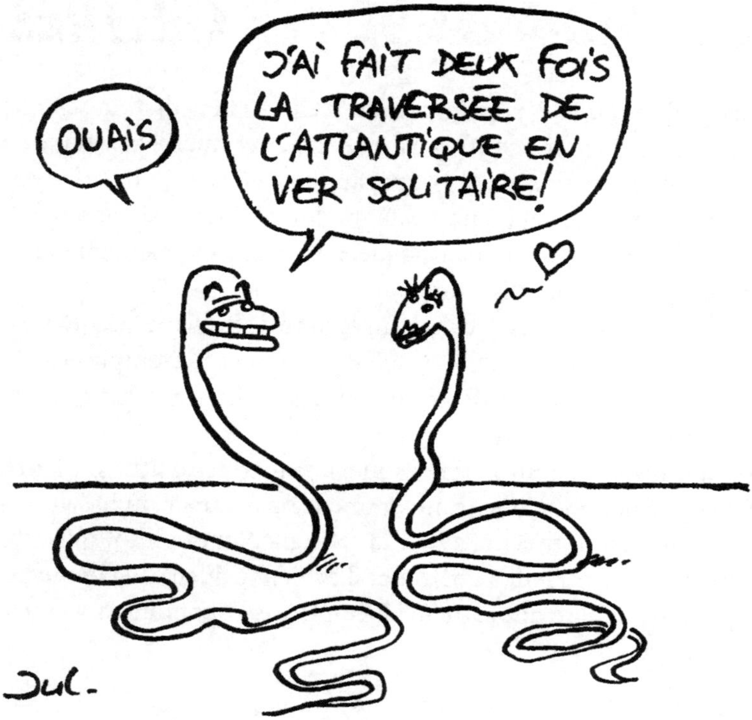

Donc, d'un côté, on veut nous faire accepter la notion d'un risque « quotidien » présenté comme très faible… alors que ce risque est de plus en plus grand ! Et, de l'autre, on engraisse, *via* la pub, des « héros » dont on présente les aventures comme risquées… alors qu'elles sont de plus en plus sûres en raison des progrès de l'arsenal technologique qui les accompagne ! Bref, le citoyen est doublement bluffé par ceux qui font passer le risque pour une nécessité, dans l'espoir de faire oublier qu'il s'agit d'une conséquence du libéralisme sauvage.

A. F.

LA PROPAGANDE DES CHIFFRES

Ils ont l'allure du réel, la précision du réel et la bénédiction scientifique en prime. Ce sont les chiffres. Pourcentages et micro-trottoirs sont en effet les deux mamelles de la propagande moderne. Pour appuyer une contre-vérité, rien de tel qu'un beau graphique. Même si l'auditeur ou le lecteur ressent intuitivement l'arnaque, il refoule généralement sa hargne, accablé par l'opacité du discours.

Si vous êtes dans ce cas, plongez sur le livre de Sylviane Gasquet-More[1]. Cette agrégée de maths a décortiqué des dizaines d'exemples tirés de la presse, et démontre avec brio comment des chiffres exacts peuvent cautionner un discours erroné.

Premier degré de l'intox statistique, le choix des chiffres. Claironnez que 99 % des héroïnomanes ont commencé par fumer du hasch: le joint apparaît comme un précurseur de la seringue. Dites plutôt que 2 % des fumeurs de hasch passent à l'héroïne: il devient évident que le chichon ne mène pas plus à l'héro que le tir au lance-pierres ne conduit au maniement

du lance-flammes. C'est tout bête, mais la presse déborde de ce genre de sophismes.

Parfois, l'arnaque est plus subtile. Lorsque l'animateur d'un débat télé sur l'insécurité clame que « le nombre de prisonniers a doublé en vingt ans », on entend déjà le frottement de mains moites des marchands d'alarmes électroniques. En réalité, c'est la durée moyenne des peines qui a augmenté. Ça bouchonne au dépôt, du coup les taulards s'entassent. Mais ni le nombre, ni la gravité des délits n'ont évolué, contrairement à ce qu'ont affirmé les commentateurs...

Les nombres sont encore plus vicieux quand ils sont plusieurs à se cacher derrière un seul: dans les moyennes, par exemple. Par exemple, *L'Événement du jeudi*, s'appuyant sur l'augmentation du revenu moyen des agriculteurs, fustige ces privilégiés qui osent manifester alors qu'ils s'enrichissent. Sans envisager que, individuellement, les paysans aient pu, malgré tout, s'appauvrir. Il suffit pourtant que les plus pauvres mettent la clef sous la porte: la moyenne est alors calculée sur les plus riches, lesquels, même s'ils perdent un peu, gagnent toujours plus que les pauvres qui ont giclé des statistiques[2].

Les nombres peuvent aussi être multipliés. Apparemment, Bernard Pivot l'a oublié. Lors d'une émission, remarquant la baisse du chiffre d'affaires des livres d'art, le voilà qui déplore le désintérêt des lecteurs. Or, le chiffre d'affaires est le produit du prix de vente par le nombre de livres achetés. Et c'est le premier qui a diminué, infléchissant le résultat de la multiplication. Mais les ventes, elles, avaient augmenté. Bref, Pivot avait tout faux!

L'erreur est de croire que le chiffre parle de lui-même, et d'oublier que, comme une photo ou un enregistrement sonore, il résulte d'un choix d'angle et de cadrage. C'est pourquoi Sylviane Gasquet-More, en dénonçant plantages journalistiques et bluffs politicards, nous livre de bonnes armes pour déjouer les combines des margoulins de la communication.

A. F.

---

1. *Plus vite que son nombre,* Seuil (le livre est truffé de jeux de mots qu'on n'est pas obligé d'apprécier).
2. Je vois dans vos yeux l'abîme d'une certaine perplexité. C'est pourtant simple. Prenez 20 fermes. Les 10 plus pauvres produisent chacune 3 patates, les 10 plus riches 17 patates. La moyenne est de 10 patates par ferme. L'année suivante, la situation a changé: les 10 pauvres ont fait faillite, et les 10 riches sont descendus à 14 patates. La nouvelle moyenne est de 14 patates par ferme. Elle a augmenté (de 10 à 14) et pourtant tous les agriculteurs se sont appauvris. Mais allez expliquer ça au journal de TF1...

LA PLUME NE FAIT PLUS L'OISEAU

La plume de Diderot lui permit d'écrire l'*Encyclopédie*. Les plumes des oiseaux leur permettent de voler et de garder leur chaleur. Mais on vient d'avoir la preuve que, chez les dinosaures, la plume servit à autre chose avant de servir au vol. Deux chercheurs chinois, un Canadien et un Américain ont décrit deux fossiles de dinosaures vieux de 140 millions d'années, trouvés en Chine dans la province de Liaoning[1].

Protarchœopteryx et *Caudipteryx* ont une longueur respectivement d'environ 70 cm et 90 cm. Ils ont un long cou, une longue queue, de grandes pattes postérieures qui devaient en faire de bons coureurs. En revanche, la faible longueur de leurs membres antérieurs ne leur permettait pas de voler… bien qu'ils fussent dotés de plumes ! Car si le corps semble couvert d'un duvet, il y a sur les bras et la queue de vraies plumes avec axe central, rachis, barbes et barbules latérales. Ces fossiles pourraient donc clore un débat entre paléontologistes concernant l'utilité des plumes. Certains pensent en effet que la plume ne peut pas être apparue indépendamment du vol. Ces fossiles nous montrent au contraire que duvet et plumes servaient initialement à autre chose qu'à voler. Il s'est ensuite produit un « recrutement » de la plume vers une autre fonction, tandis qu'elle gardait sa fonction initiale. C'est ce qu'on appelle une exaptation.

Les oiseaux sont des dinosaures puisqu'ils en ont toutes les signatures anatomiques[2]. La lignée d'animaux sans plumes la plus proche des oiseaux est celle du fameux *Velociraptor*, les droméosauriens. S'il fallait apporter des preuves supplémentaires à cette théorie, voilà qu'aujourd'hui on découvre des dinosaures non volants à plumes. Ces fossiles sont une preuve supplémentaire du processus de l'évolution, à travers leur combinaison de caractères que l'on pourrait qualifier d'« intermédiaire ».

Ce mot est très souvent mal employé, mais il a un sens précis pour les scientifiques. Un intermédiaire, ce n'est pas le « chaînon manquant » entre un ancêtre identifié et un descendant, car en paléontologie on ne peut jamais prouver que l'on a identifié un ancêtre au sens génétique du terme. On ne peut jamais proposer qu'un degré relatif de « cousinage ». Ce n'est pas non plus un groupe entier d'espèces (ordre, famille, etc.). Ces intermédiaires-là n'ont pas à être recherchés, car ils correspondent à des conceptions qui ne sont pas opérantes. Une espèce intermédiaire est simplement celle qui présente dans son anatomie une collection de traits dont la combinaison n'est pas encore connue. Je m'explique : imaginez que l'anatomie d'une espèce soit un puzzle. Toutes les pièces sont blanches chez le groupe d'espèces A et toutes sont noires chez le groupe B. Un intermédiaire pos-

sédera pour le même puzzle une combinaison de pièces noires et de pièces blanches. Dans l'arbre évolutif reconstruit par les chercheurs, il se place au bout d'une branche qui est reliée au tronc entre la branche du groupe A et celle du groupe B. Par exemple, les dinosaures théropodes du groupe des *Velociraptor* (groupe A) ont une queue, des dents, pas de bec, pas de plumes. Les oiseaux actuels (groupe B) n'ont pas de queue, pas de dents, un bec, des plumes. Le plus ancien oiseau connu, *Archœopteryx*, et *Caudipteryx* sont bien des intermédiaires dans le sens où ils ont déjà les plumes mais ont conservé dents et queue et sont dépourvus de bec. Mais le puzzle de *Caudipteryx* est plus proche encore de celui des dinosaures que ne l'est celui d'*Archœopteryx.* C'est comme si on avait mis des plumes sur un animal dont le squelette est plus proche de celui d'un *Velociraptor* que de celui d'un oiseau moderne. Jusqu'à présent, tout ce qui était à plumes était oiseau. Maintenant, les oiseaux semblent devoir être redéfinis non plus sur la possession des plumes, mais sur l'anatomie de leur squelette. À moins d'inclure des animaux non volants comme *Caudipteryx* dans les oiseaux…

G. L.

---

1. J. Qiang, P. J. Currie, M. A. Norrell and J. Shu-An, Two feathered dinosaurs from northeastern China, *Nature* 393: 753-761, 25 juin 1998.
2. *Charlie Hebdo* n° 186, 10 janvier 1996. Voir aussi K. P. et L. Chiappe, L'origine des oiseaux et de leur vol, *Pour la Science,* n° 246, avril 1998.

QUAND DIEU FAIT DU TRAVAIL DE SAGOUIN

Tout le monde sait aujourd'hui qu'un individu naît de la fusion d'un ovule et d'un spermatozoïde. La première cellule ainsi constituée va se diviser et développer progressivement, sous le contrôle de son « programme génétique », un organisme complet dont les traits sont hérités pour moitié du père et pour moitié de la mère. En cas de développement anormal naissent des « monstres » : bébé à deux têtes, cyclope, etc. Dans la première moitié du XVIIIe siècle, ces quelques données fondamentales de la biologie de la reproduction n'étaient pas encore acquises. On s'interrogeait sur la façon dont le « germe » devait se développer et sur la nature des apports respectifs du père et de la mère. Les partisans de la théorie de la préformation pensaient qu'il y avait quelque chose de préformé dans l'œuf, qui rendait compte du fait qu'un œuf de grenouille donne une grenouille et qu'un œuf de truite donne une truite. Les plus radicaux postulèrent qu'un adulte miniaturisé, l'homonculus, était contenu dans l'ovule (pour les ovistes) ou dans le spermatozoïde (pour les spermatistes). Les ovistes pensaient que le sperme n'apportait qu'un « souffle » nécessaire au démarrage du développement. Les spermatistes pensaient que l'ovule n'était qu'un terrain nutritif. Les adversaires des préformationnistes soutenaient la théorie de l'épigenèse, selon laquelle l'œuf, initialement amorphe, différencie progressivement les organes jusqu'à former un jeune. Cependant, ils n'étaient, à cette époque, pas plus crédibles que leurs adversaires, puisqu'ils étaient incapables de rendre compte de la spécificité du développement de chaque espèce. Pour expliquer qu'un œuf de truite donne une truite, ils étaient obligés de faire appel à des forces vitales immatérielles. La théorie de l'épigenèse avait raison de soutenir que, au début, l'œuf est informe, et la théorie de la préformation avait raison de postuler que le développement embryonnaire est contrôlé par quelque chose de préformé, ce que nous appelons aujourd'hui un programme génétique.

Les conceptions ovistes dominèrent le début du XVIIIe siècle. Comment les monstruosités anatomiques ont-elles été interprétées dans un tel contexte ? C'est ce que nous décrit Patrick Tort dans un ouvrage très riche réédité chez Syllepse, *L'Ordre et les monstres*. Cette question n'est pas anecdotique : Tort montre à travers elle comment la science de l'époque, encore soumise à la métaphysique, doit pour exister abandonner sa propre logique pour se prostituer à l'Église. En effet, Dieu, qui a créé chaque

homme et chaque femme préformés dans les ovaires de leur mère, serait-il capable d'engendrer des monstres ? Non, répond l'oviste Lémery, l'imperfection des monstres est incompatible avec la perfection nécessaire de toute création divine. Lémery explique les monstres par des causes accidentelles avec des arguments mécanistes (par exemple la fusion de deux œufs préformés). Dieu ne peut pas se planter : Lémery exclut la métaphysique des monstres pour mieux la protéger ! En revanche, pour l'oviste Winslow, les monstres sont viables : leurs organes sont parfaitement agencés. Comment peut-on obtenir des monstres parfaitement fonctionnels par accident ?

Winslow prétend qu'il n'y a pas d'accident et que les monstres sont préformés dans l'ovule, tout comme le sont les êtres normaux. Alors, Dieu fait-il des conneries ? Non, répond-il, Dieu est libre, il s'amuse en créant des êtres singuliers et, dans son infinie sagesse, n'a tout simplement pas tenu bon de nous informer de ses desseins. Ben voyons ! Winslow, à l'opposé de Lémery, nous propose une résignation totale de l'esprit scientifique face aux exigences de la métaphysique. Lémery, même s'il est parti de considérations métaphysiques, emploie des arguments mécanistes qui laissent ouverte la voie de la recherche anatomique et médicale. Winslow et ses partisans pataugent dans la croyance, laquelle sera bientôt balayée par la libération intellectuelle de la seconde moitié du XVIIIe siècle.

G. L.

165 ANS POUR AVOIR RAISON

La querelle scientifique qui eut lieu en 1830 entre Georges Cuvier et Étienne Geoffroy Saint-Hilaire restera dans les annales de l'anatomie comparée. Le premier est professeur au Muséum, fixiste (voir plus bas), et postule que les fossiles s'expliquent par des catastrophes successives ayant rythmé l'histoire de la Terre. Pour lui, les animaux sont constitués selon quatre plans radicalement différents et sans intermédiaires possibles : le plan « radiaire » (oursins), le plan mollusque, le plan « articulé » (insectes) et le plan vertébré. Le second personnage, également professeur au Muséum, affirme que tous les animaux sont constitués sur un seul et même plan. Voyons un peu de quoi il s'agit.

Avant que la génétique ne s'occupe d'embryologie, les zoologistes ont toujours considéré qu'un insecte est construit sur un plan radicalement différent de celui d'un vertébré. Rien de commun entre une mouche et une grenouille. La grenouille a un système nerveux dorsal et un cœur ventral ; son squelette est à l'intérieur. La mouche a un système nerveux ven-

tral et un cœur dorsal, le squelette est à l'extérieur. Les anatomistes iront chercher des ressemblances dans les embryons, mais en vain. Geoffroy avait commencé à établir l'unicité de plan au sein des vertébrés grâce à l'embryologie, avec les compliments de Cuvier. Puis, malgré les différences, il a unifié vertébrés et insectes sous les railleries de Cuvier en postulant, en gros, que les insectes sont des vertébrés le ventre en l'air qui vivent à l'intérieur de leurs vertèbres. Plus tard, il tentera d'unifier ceux-ci avec les mollusques, ce qui déclenchera chez Cuvier une franche irritation. Il faut dire aussi que, à l'époque, établir l'unicité de plan pour des animaux aussi différents, c'est apporter de l'eau au moulin des transformistes tels que Lamarck, qui pensent que les animaux évoluent au cours du temps. Au contraire, Cuvier préfère une nature divisée en plans irréconciliables comme autant de créations divines fixes et séparées. Les deux hommes vont s'affronter publiquement en 1830 aux séances de l'Académie des sciences. Les gazettes suivent l'événement, l'Europe entière est tenue en haleine. Geoffroy Saint-Hilaire ne convaincra pas.

Rebondissement récent de cette affaire[1] : on a découvert que l'organisation dorso-ventrale de tous les animaux, aussi différents soient-ils au stade adulte, est déterminée à un stade très précoce de l'embryon par les mêmes gènes. Mais le plus beau est que le gène qui détermine le ventre d'une mouche est à peu de choses près le même que celui qui détermine le dos d'une grenouille. Un autre gène, différent, détermine le dos de l'insecte, et ressemble fort à celui qui détermine le ventre des vertébrés. Bref, si la signalisation antéro-postérieure est la même chez l'insecte et le vertébré, la signalisation dorso-ventrale est inversée. Il suffirait de retourner la mouche le ventre en l'air pour que tout concorde : c'est précisément ce que Geoffroy Saint-Hilaire avait fait !

Les idées de Geoffroy Saint-Hilaire s'incorporaient dans une vision du monde absente de la génétique actuelle. Sa notion d'homologie n'est pas identique à celle qui établit la ressemblance des gènes contrôlant le développement embryonnaire. Et c'est une convergence presque fortuite qui lui donne raison, cent soixante-cinq ans plus tard. Cependant, l'étude actuelle sur le contrôle génétique du développement embryonnaire fait de lui un « visionnaire de génie » : si Cuvier a eu tort d'avoir raison, Geoffroy Saint-Hilaire a eu raison d'avoir tort.

G. L.

1. Hervé Le Guyader, *Geoffroy Saint-Hilaire, un naturaliste visionnaire,* collection « Un savant, une époque », Belin, 1998.

LA GÉNÉTIQUE EST-ELLE UNE SCIENCE ?

Qui n'a pas entendu dire que la génétique allait résoudre tous les problèmes biologiques et médicaux? Que ce n'était qu'une question de temps et de moyens? En fait, le décryptage de génomes entiers engloutit des sommes d'argent proportionnelles à la vacuité conceptuelle et philosophique de la génétique. Et si on s'arrêtait pour réfléchir un peu? C'est ce que vous proposent Jean-Jacques Kupiec et Pierre Sonigo dans un bouquin qui décoiffe: *Ni Dieu ni gène*, aux éditions du Seuil. De la dynamite! À une époque où les sciences naturelles évolutionnistes vivent une saine maturité matérialiste, c'est-à-dire émancipées de l'idéalisme platonicien, la génétique, elle, est restée figée dans la préhistoire des idées, à Platon et Aristote. Et cet archaïsme crée maintenant des blocages et fait des téléthons une grosse escroquerie.

Avant Darwin, un chat était défini *a priori* comme produit de la création divine. Les individus réunis sous ce nom n'étaient pas considérés pour eux-mêmes, mais comme porteurs d'un absolu, de quelque chose d'universel qui tient du chat: son essence. C'est l'essentialisme. Toute variation autour du chat était tenue pour un désordre négligeable. Le génie de Darwin est d'avoir porté son attention sur la variation entre individus: en fait, il n'y a que des individus dont la moyenne nous donne une certaine idée du chat. Mais cette idée est extérieure au chat et n'influe ni sur son histoire ni sur son devenir. Elle ne sert qu'à créer un mot utile pour désigner cette moyenne. C'est le nominalisme. L'absolu et l'universel ne sont pas dans les êtres mais dans les lois de la nature. Alors, la question n'est plus « pourquoi les êtres sont-ils différents? », mais devient « malgré ce potentiel de variation, pourquoi les êtres se ressemblent-ils? ». Pas en raison d'une instruction extérieure, mais en raison de la sélection naturelle. Dans des conditions données du milieu, à un moment donné, certains variants avantagés sont numériquement plus importants que d'autres, parce qu'ils ont laissé plus de descendance et en laisseront peut-être plus ensuite, voilà tout. Et ce constat a fait basculer toute la biologie dans le matérialisme. Toute?

Non… Car la génétique continue de croire aux essences. L'absolu est dans le gène, le programme génétique, la spécificité des actions protéiques. La génétique vous fait croire que si le chat est chat, c'est parce qu'un programme génétique le contrôle par ses instructions et fixe le trajet des événements qui vont du génome à sa manifestation physique, le chat.

L'instruction est passée de divine à génétique, mais elle reste une instruction. La génétique moléculaire ne pense pas en termes de variation-sélection, parce qu'elle ne s'intéresse jamais aux variations individuelles de l'activité de protéines ou de cellules présumées identiques. Et si on les étudiait ? Et là, tout bascule. Si le chat fait des chats, ce n'est pas tant qu'il soit « programmé », mais surtout qu'un phénomène global résultant de milliards d'acteurs, chacun avec sa petite liberté individuelle, manifeste une moyenne et une variance reproductibles. Il y a une telle latitude entre un programme génétique et l'organisme qu'il n'y a plus vraiment de « programme ». La génétique doit repenser ses échecs en matière de cancer, de maladies génétiques et de développement embryonnaire, non pas en pompant du fric pour de nouvelles technologies, mais en incorporant le darwinisme aux échelles cellulaire et moléculaire.

G. L.

LA SCIENCE, ÉCOLE DE L'HUMILITÉ

Aujourd'hui, la science est surtout perçue comme menaçante et arrogante. Néanmoins, le crédit qu'on lui porte sert d'argument de vente. C'est scientifiquement prouvé, tel cosmétique vous rendra la peau de vos vingt ans. Il est frappant de constater le nombre de films de fiction où le scientifique est une figure boursouflée et négative. En général, c'est un taré qui abuse du pouvoir matériel que lui confère son expertise. Le gentil, c'est

celui qui utilisera les forces de l'esprit pour botter le cul du méchant. Le pouvoir que permettent les applications de la science nous inquiète. Le film de fiction exploite le filon en confondant science et applications, et en rendant le chercheur seul responsable des mauvaises utilisations qu'il fait (ou qui sont faites) de la science. Dans la réalité, c'est plus compliqué. La bombe atomique, l'homme sur la Lune, les armes chimiques résultent d'abord de la volonté des États. Le chercheur reste responsable de ce pourquoi il travaille, certes. Mais le film ne dit jamais que, sans décisions politiques de financement de programme en amont, le chercheur est inoffensif.

La science telle qu'elle est utilisée et imaginée par la société est aux antipodes de ce qu'elle est au quotidien pour le chercheur. C'est tout sauf frime, puissance et réussite rapide. D'abord, patience et persévérance. Des années de compétition avant d'avoir les mains libres. Il peut y avoir des années entre une question qui vous excite et sa réponse publiée. Humilité devant la résistance des faits à vos moyens de compréhension. Plus on sait, plus on prend conscience qu'on sait peu de chose. Humilité dans l'autocritique permanente. Les connaissances produites doivent passer l'épreuve d'objections anticipées. Pour les publier, humilité devant l'évaluation par ses pairs. Se remettre en question en permanence, car le financement de la recherche dépend d'évaluations régulières et, s'il fallait le rappeler aux fossoyeurs de la recherche publique, ceci même dans la recherche publique. De plus, la carrière du chercheur passe elle-même par une série d'examens, et l'on planche jusqu'après cinquante ans devant des commissions et autres conseils. La recherche publique, repaire de planqués ? Humilité aussi, parce que la reconnaissance passe par des valeurs minoritaires. La valeur du chercheur n'a rien à voir avec son salaire. L'argent rapide, connais pas. Le cœur de la recherche ne bat pas au tempo d'une société dirigée par une économie myope. C'est peut-être l'une des raisons pour lesquelles la jeunesse se détourne de la science. C'est la raison pour laquelle la confusion entre science et technologie ainsi que l'entière soumission de la science à des fins d'innovations destinées à conforter un avantage compétitif dans l'économie mondiale conduiront inévitablement à sa mort.

G. L.

2

Quand science rime avec société

La science vue comme institution : une société de chercheurs et des chercheurs dans la société

La science comme démarche d'explication du monde possède une architecture propre, certes. Si vous n'en êtes pas convaincus, retournez au premier chapitre. Mais il n'en reste pas moins que la science s'élabore dans une société dont elle ne peut s'extraire ; et que les chercheurs sont des gens comme les autres – faut-il le rappeler ? Cela signifie que les contraintes réelles qui pèsent sur la découverte sont la somme des contraintes internes – pour dire vite : méthodologiques – et des contraintes externes, historiques, sociales et économiques. Il serait naïf de nier totalement l'une des deux contraintes. Pourtant, cette négation est courante. Certains sociologues des sciences et historiens des sciences nient que la science puisse avoir dans son discours une architecture originale qui lui confère une portée universelle. En réduisant les « vérités » scientifiques à des consensus entre gens de bonne compagnie, ils ramènent les découvertes à des contingences historiques et sociales. C'est la position du journal La Recherche, *qui est quand même capable de sortir un numéro spécial intitulé « la preuve scientifique » (juillet 2002) sans jamais aborder les grands outils qui permettent de comprendre la mécanique de la preuve. Cette lacune – énorme eu égard au titre – est signalétique du ton ouvertement relativiste du journal. Ce qu'il aurait fallu faire ? Adopter le rationalisme de* Science et Vie *(par exemple sur le suaire de Turin), ou faire comme dans les hors-série de* Sciences et Avenir, *« La Science en dix questions » (janvier 2003) et « Dix brèves histoires de faits scientifiques » (mai 2005), où l'on trouve la boîte à outils conceptuelle du scientifique : qu'est-ce qu'une théorie ? Qu'est-ce qu'un fait ? Qu'est-ce qu'un problème ? Qu'est-ce que la réalité ? Qu'est-ce qu'une hypothèse ? Etc. En vente en kiosques à journaux, de quoi comprendre la démarche scientifique, avant de s'intéresser éventuellement aux contingences et contraintes externes à cette démarche.*

Certains sociologues sont trop déconnectés des sciences. À quoi mène l'isolement ou les complexes des sociologues relativistes? À donner une thèse à Élisabeth Teissier! Heureusement, la sociologie est loin d'être unitaire à cet égard (lire Pierre Bourdieu ou Bernard Lahire[1]), et une partie de la discipline se bat pour sa propre scientificité. Par ailleurs, nous les scientifiques, on nous accuse de nier les contraintes externes, comme si nous magnifions une science pure pendue dans le vide intersidéral et libre de courir selon sa propre dynamique. Cette accusation est d'autant plus fréquente que nous nous battons pour que soit reconnue et véhiculée une architecture minimale de l'approche scientifique, non pas pour nier les contraintes externes, mais comme un préalable indispensable à toute compréhension de la science, et même préalable à l'étude de ces contraintes externes. Bien entendu, ces contraintes existent, et nous allons vous en illustrer quelques-unes ici, de la « science réac » à « la science macho ».

Enfin, l'image de la science dans la société, sa diffusion, voire ses récupérations devaient inévitablement faire l'objet d'analyses dans Charlie Hebdo. *Sans prétendre à l'exhaustivité, une série de petites touches ont été sélectionnées pour refléter, pour le meilleur comme pour le pire, ce qu'est la science dans et pour la société. Pour montrer l'importance qu'accorde notre société aux sciences, quand on sait que 40 % des premières signatures d'articles à l'échelle nationale et toutes disciplines confondues sont celles de gens sans salaire ni allocation! En somme, ils ne vivent pas de ce travail qui pourtant sera évalué par les instituts de scientométrie pour mesurer « le rayonnement scientifique » de la France! On ne connaît pas – dans notre pays – de profession plus esclavagiste, à ceci près que cet esclavage est librement consenti. La recherche française tourne en surchauffe avec tous ces bénévoles! Tu connais une usine, toi, où les mecs viennent bosser sans salaire, la fleur entre les dents?*

---

1. Voir, plus loin, « Bourdieu dissèque la science ». Lire aussi « Imposture en sociologie: le cas de la thèse d'Élizabeth Teissier », in *Les Matérialismes (et leurs détracteurs)*, J. Dubessy, G. Lecointre, M. Silberstein, Syllepse, 2004, p. 653-674.

2

I. La société des scientifiques

CHERCHEUR : PRIMATE COMME LES AUTRES

Les scientifiques débutants feront grand profit de la lecture d'un ouvrage paru en 1996 chez Armand Colin : *Sociologie des sciences*, de Dominique Vinck. L'auteur décortique les règles et les mœurs de cette « communauté » des scientifiques et rend compte du gouffre existant entre, d'une part, la douceur des mythes et la candeur des principes et, d'autre part, la dure réalité...

Tout d'abord, deux mots sur la routine de la profession. Le scientifique utilise des crédits de recherche issus de fonds publics ou privés (parfois les deux) pour mener à bien un programme de recherche donné. Il doit rendre compte de son travail en publiant ses résultats sous forme d'articles dans des revues spécialisées ou dans des livres. Un article soumis pour publication est évalué et critiqué sur la forme et le fond par deux (ou plus) de ses pairs, évaluateurs anonymes. Leur avis détermine la publication ou le refus de l'article par telle ou telle revue spécialisée. Les crédits de recherche et la carrière des scientifiques sont en principe déterminés par le nombre et la qualité des publications.

L'introduction et le premier chapitre du livre de Vinck opposent la vision du sociologue Robert Merton aux pratiques courantes de la profession. La science vue par Merton est une institution sociale dont le but est le progrès des connaissances, régie par des normes informelles qui constituent une morale universelle, l'« éthos de la science ». 1. Le communalisme établit que les découvertes sont des biens collectifs destinés au progrès de la société. L'appropriation privée des résultats et le secret ne sont pas de mise. 2. L'universalisme veut que les règles d'évaluation des travaux scientifiques et les critères d'attribution des marques de reconnaissance soient les mêmes pour tout le monde. Cette évaluation est exempte de critères personnels, de sexe, religion, appartenance sociale ou institutionnelle. 3. Le désintéressement s'incarne dans la recherche de la vérité, le caractère public et contrôlable des productions scientifiques. 4. Le scepticisme organisé exige une évaluation objective et systématique des productions scientifiques et des savants eux-mêmes au moyen de critères empiriques, logiques et techniques détachés de toute croyance particulière. 5. La norme d'originalité pousse les chercheurs à produire des connaissances inédites. 6. La norme d'humilité oblige le scientifique à citer ses prédécesseurs et tous ceux dont il utilise les travaux.

L'adhésion des chercheurs à ces normes tient plus de la carotte que du bâton. Elle est stimulée par un système de gratifications symboliques (citations dans les articles, invitations, prix, nominations, récompenses). Un scientifique qui ne suivrait pas ces normes se verrait peu à peu marginalisé. Le contrôle social du chercheur est exercé par ses pairs, et non par une hiérarchie. Selon Merton, la société des scientifiques est un modèle de démocratie. Mais cette vision de la communauté scientifique est plus idéale que descriptive. Trop souvent, la quête de la reconnaissance personnelle remplace la quête de la vérité; l'arrivisme, la compétition, les stratégies politiques ou les critères financiers finissent par déterminer à eux seuls la ligne éditoriale et le contenu des publications, l'évaluation des publications d'autrui ou encore les attributions de postes. Ce monde harmonieux de sages se transforme alors en chaos où s'agitent des hommes et des femmes comme il y en a partout.

G. L.

AL CAPONE CHEZ LES ENFANTS DE CHŒUR

L'ethos de la science est l'ensemble des normes qui régissent en principe le comportement professionnel des scientifiques. On peut se demander pourquoi les entorses à ces normes sont si fréquentes et se banalisent au point de permettre aux salauds de faire carrière...

Au communalisme s'oppose une politique du secret qui protège les premiers résultats afin de s'assurer la priorité d'une découverte. Cette précaution s'explique par un grand nombre de découvertes simultanées. La compétition entre laboratoires est souvent vive, même sur des sujets exempts d'applications juteuses. Ainsi, les résumés de communications à des colloques, fournis six mois à l'avance, sont souvent énigmatiques et portent aux nues l'art d'en dire assez sans en dire trop. Les querelles de priorité montrent bien que la norme de désintéressement est rongée par la soif de reconnaissance. Au désintéressement s'oppose l'attachement du chercheur à ses idées, qui peut aller jusqu'au refus d'admettre ses erreurs, parfois avec la plus parfaite mauvaise foi.

Au scepticisme organisé s'oppose le laissez-passer. Il n'y a pas de reconnaissance professionnelle à reproduire les résultats d'autrui. Ni à en dénoncer les erreurs. Lorsque les chercheurs évaluent pour une revue le travail de leurs pairs, il s'agit de vérifier que la méthodologie suit les canons du moment et de corriger le style du manuscrit. Il est rarissime qu'ils tentent de refaire l'expérience. Lorsqu'un chercheur détecte une erreur, il ne la dénonce que si vraiment cela touche de très près sa propre recherche. Pas d'emmerdes !

À l'universalisme s'oppose une évaluation partiale des résultats d'autrui où s'expriment préjugés, réputations, voire règlements de comptes. La sévérité et l'acuité d'une évaluation sont souvent sélectives. À la revue *Nature*, par exemple, où l'on ne publie que des scoops sur relations, on n'aime pas les Français. Un ponte dans un domaine particulier peut, par sa seule réputation, écrire n'importe quelle connerie dans une revue très prisée (chacun a ses exemples sous la main), car la seule présence de son nom sur l'article fait perdre tout sens critique aux évaluateurs. À l'inverse, on cherchera toutes les chicanes à un auteur inconnu. De surcroît, si le pauvre type est issu d'un labo des pays de l'Est ou du tiers-monde, il est d'emblée carrément suspect.

La soif de reconnaissance personnelle ou la vanité font parfois perdre les pédales à certains, entraînant difficultés à collaborer, calomnie, blocage

de la publication d'un rival dont on est l'évaluateur, ou, plus grave, vol de données, plagiat et, pis mais plus rare encore, la fraude scientifique caractérisée. D'autres entorses à l'honnêteté intellectuelle sont dues au mode de financement de la recherche. Les rapports par lesquels les chercheurs justifient de leur travail auprès des instances qui les ont financés sont souvent entachés d'une série de petits péchés qui vont de l'annonce prématurée de résultats incomplets à la description de résultats d'expériences qui n'ont pas encore été réalisées ! Ajoutez à cela les contraintes instituées, comme le temps de parole de plus en plus court dans les congrès où convaincre relève alors plus du talent d'orateur que de la qualité objective d'une démonstration ; ou encore telle l'évaluation des carrières au poids de papier produit, entraînant la dilution des résultats.

Rassurez-vous, il y a aussi des gens qui font bien leur boulot dans une proportion salutaire. Les scientifiques ne sont ni des saints ni tous pourris. Mais si les chercheurs respectent collectivement de moins en moins les normes mertoniennes[1], ils offrent aux « déviants » la possibilité de se maintenir. Va-t-on vers l'émergence de nouvelles normes ou le système se corrompt-il ? Les deux : les vieilles normes mertoniennes sont trop « pures » pour résister aux actuelles contraintes sociales, politiques et économiques que subit l'activité scientifique.

G. L.

1. Voir D. Vinck, *Sociologie des sciences,* Armand Colin, 1996.

LA SCIENCE EST UNE VIEILLE RÉAC

L'éthique affichée de la science voudrait que la valeur d'une découverte soit jugée de manière objective et impartiale par des collègues anonymes et compétents. Lorsqu'il y a découverte, l'auteur va chercher à publier ses résultats dans une revue spécialisée prestigieuse. Celle-ci va demander leur avis à d'autres chercheurs compétents, à la suite de quoi elle demandera d'accepter l'article ou de le refuser. L'acceptation d'un article dans une revue est une forme de validation à court terme du travail qu'il relate. Le changement en science dépend donc des chercheurs eux-mêmes. Pour comprendre comment change la science dans ses méthodes et ses résultats, on peut distinguer grosso modo trois types de recherches. Premièrement, il y a les recherches qui s'apparentent à de la « production de résultats ». On y applique des recettes toutes faites pour répondre à des questions, tranquillement assis sur un « plateau technologique et conceptuel ». En général, ces recherches-là coûtent cher, mais elles rassurent ceux qui financent. Car c'est une science sans risques dont les résultats ont des chances d'être spectaculaires et bien médiatisés. Deuxièmement, il y a des recherches vraiment fondamentales, qui consistent à réfléchir sur notre manière de réfléchir, ou qui montrent que le plateau précédent était plein de failles. En général, ces recherches-là ne coûtent rien et peuvent nous

faire changer de plateau. C'est en revanche beaucoup plus dur à médiatiser. Troisièmement, il y a l'innovation technologique qui coûte cher, mais qui peut aussi nous faire changer de plateau. C'est une recherche risquée pour la bourse, mais qui peut rapporter gros, scientifiquement et financièrement (pensez à breveter).

Alors, le changement est-il facile en science? Tout dépend des proportions des trois composantes précédentes dans le subtil cocktail de vos recherches. Le premier type de recherches produit des changements que l'on peut comparer à une vaguelette à la surface d'un lac. Les collègues sont rassurés, on publie facilement, on peut donc faire carrière. Ainsi, certains chercheurs, même parmi les Nobel, finissent une carrière honorable sans avoir jamais vraiment réfléchi. Les recherches du troisième type se publient également facilement, parce qu'elles touchent au « ça marche ». Quand « ça marche », ça peut servir aux autres. Donc, ça se répand à grande vitesse. Ça permet d'augmenter le rendement des recherches du premier type. Par exemple, la polymérisation de l'ADN in vitro (la fameuse PCR, *Polymerase Chain Reaction*) a atteint tous les labos moins de cinq ans après qu'elle a été mise au point. Il est beaucoup plus difficile de publier des recherches du second type. Les changements qu'elles produisent peuvent se comparer à des tsunamis. Si vous avez une carrière derrière vous, passe encore. Si vous êtes jeune, vous n'avez aucune chance. Les chercheurs sont des gens comme tout le monde: peu acceptent que vous leur changiez leur façon de réfléchir. Ces recherches mettent un temps fou à être publiées par voie normale, parce qu'elles dérangent généralement les chers collègues en charge de les juger. Alors, ils pinaillent, cherchent la petite bête à l'infini, ou vont même jusqu'à aller chercher quelqu'un qui ne serait pas d'accord avec l'article. Conclusion, pour faire rapidement carrière en science, mieux vaut ne pas trop réfléchir.

G. L.

LA COTATION DE LA SCIENCE

Pour justifier leur travail, les scientifiques doivent écrire leurs résultats dans des articles publiés dans des revues spécialisées. En publiant, ils citent d'autres articles dont ils se sont servis. Lorsque des postes ou des promotions s'ouvrent, la compétition est rude, même parfois entre profils très spécialisés. Comment choisir entre Pierre, Paul ou Jacques ? Les comités ne choisissent pas tellement sur la valeur du travail que Pierre, Paul ou Jacques ont publié, mais sur la cote d'amour des revues dans lesquelles ils ont publié. Cette cote, c'est l'IF, pour *Impact Factor* (« facteur d'impact »). C'est le nombre de fois qu'une revue a été citée au cours des deux années précédentes, divisé par le nombre d'articles publiés par cette même revue durant ces deux années. C'est, en quelque sorte, le nombre moyen de citations par an d'un article moyen publié dans cette revue. Les revues scientifiques, les scientifiques eux-mêmes et finalement toute la science se mesurent sur l'efficacité de leur propre mise en scène, sur la visibilité et non sur la qualité. La visibilité est-elle proportionnelle à l'originalité, la fécondité, la pérennité d'un résultat scientifique ? Là est toute la question. En général, non. Elle est même inversement proportionnelle, ce qui entrave la nouveauté.

L'IF est aussi nul et irrationnel qu'une cotation en Bourse, tout le monde le sait, mais tout le monde en abuse. D'abord, sa fluctuation d'une année sur l'autre est corrélée à l'épaisseur de la revue. Plus une revue publie d'articles dans l'année, plus son IF est stable. Les fluctuations de l'IF des revues épaisses vont jusqu'à 15 %, celles des revues minces jusqu'à 40 %. On ne peut donc pas vraiment comparer les IF entre revues d'épaisseurs différentes. De plus, on se doute bien que le poids de papier n'a rien à voir avec la qualité du contenu. Ensuite, il est impossible de comparer les IF entre disciplines. Les revues de génétique moléculaire avaient en 1998 un IF moyen de 3,1 tandis que ceux de mathématiques un IF moyen de 0,5. Enfin, et c'est là peut-être le plus grave, l'IF ne mesure pas la pérennité de la science que publie une revue. Car il y a des sciences à mémoire courte et des sciences à mémoire longue. La description d'une nouvelle espèce de termite, tout le monde s'en fout, mais dans quarante ans cette description sera encore citée. En revanche, la protéine machin qui interagit avec la protéine trucmuche et-que-ça-peut-guérir-le-cancer, c'est cité trente fois en deux ans puis on n'en entend plus jamais parler. L'IF est donc aussi xénophobe, car il ne permet de comparer que des revues traitant de spécialités très proches entre elles. Pour finir, si vous faites le point sur une

question (une « revue ») ou si vous publiez une lettre polémique arrimée à l'instant, vous serez beaucoup plus cité sur les deux ou trois ans que si vous rapportez vos travaux originaux. L'IF joue donc en faveur des compilations et de l'éphémère.

Si on voulait évaluer la science, il faudrait inventer autre chose. Mais les politiciens de la science, qui devraient les premiers faire un effort d'imagination, ont là un outil bien trop pratique qui leur évite de lire la production scientifique. Pourtant, on éviterait l'effet désolant de l'IF sur les jeunes chercheurs, trop souvent occupés à des stratégies de visibilité plutôt qu'à l'originalité et la pérennité de leurs résultats et de leur pensée.

G. L.

DE L'UTILITÉ DES CONGRÈS

C'est bien connu, les scientifiques vont en congrès pour exposer leurs résultats. Selon une image d'Épinal encore répandu, les congrès sont des lieux de débats et de démonstrations. C'était vrai il y a encore cinquante ans, ou même trente ans. Des actes de congrès publiés à l'époque sont là pour en témoigner. Mais la science change. Il y a aujourd'hui une science de production myope et riche, et une science fondamentale, aventureuse et pauvre. La science de production, majoritaire, voyante, bruyante, organise des congrès où le temps de parole donné à chacun est de 10 à 12 minutes. Il est clair qu'en 10 minutes votre pouvoir de persuasion joue plus que la beauté de votre démonstration. D'ailleurs, les gens ne démontrent rien. Le plan mille fois entendu d'un exposé est le suivant: voilà la question que je me suis posée, voilà les outils standards que j'ai utilisés, voici le résultat, rideau. Des questions? Navrantes, les questions. Politesses et bribes de pensée en kit, tout comme les méthodes utilisées qui sont des recettes toutes faites. Personne n'oserait sortir de l'ornière. Les idées vraiment neuves sont foutues d'avance, à cause du temps de parole ridicule. Dans 80 % des exposés donnés aux congrès internationaux, on s'emmerde. Les équipes viennent pour être vues, pas pour échanger des idées en session plénière. Certaines équipes présentent donc quatre ou cinq exposés. Il reste la beauté des diapositives, de plus en plus travaillées: les décennies passant, les congrès internationaux ont troqué les débats de fond pour la sophistication de la forme.

Alors pourquoi les scientifiques viennent-ils perdre leur temps précieux en congrès? Où les idées, la science fondamentale circulent-elles? Jamais plus en session, mais dans les bars et les hôtels environnants. Rares sont les scientifiques qui ont envie de réfléchir sur ce qu'ils font. Si vous arrivez à en choper un vraiment prédisposé au dialogue, il peut alors se produire ce que les congrès ont de meilleur: à deux ou à trois autour d'un verre, c'est là que les débats ont vraiment lieu. Malheureusement, ceux-ci échapperont dès lors aux actes du congrès. C'est bien connu, il s'en passe bien plus dans les coulisses que sur la scène. Ceci est vrai pour les idées, mais aussi pour l'organisation de la science. C'est en dégustant le digestif local que les collaborations entre laboratoires naissent, que les destins d'étudiants se jouent, que les demandes de fonds s'organisent. Tant et si bien qu'il peut nous arriver d'attendre plus des issues politiques d'un congrès que de ses issues scientifiques immédiates.

Finalement, en congrès, la science se prend elle-même pour prétexte afin de se construire. Cette schizophrénie vient sans doute de son mode

de financement. La science n'est jamais financée pour ses bouleversements profonds. Le fric ne va jamais à cette science à risque qui naît dans l'isolement d'un laboratoire ou sur un coin de table dans un café. Le fric va à la production en masse de résultats sur un « plateau » technologique et conceptuel constant et rassurant. La vraie science, celle de l'aventure intellectuelle, doit donc se cacher derrière la science du fric et de la réussite sociale.

G. L.

LE PRODUIRE CON: EN SCIENCE AUSSI

On demande aux scientifiques de produire plus, mais aussi de produire con. On peut reprendre mot pour mot la phrase suivante de Charb : « Le capitalisme et le productivisme ont réussi à faire admettre au plus grand nombre que bien faire son métier ne consiste plus à faire de la qualité, mais de la quantité. » La carrière d'un chercheur est évaluée au nombre d'articles publiés dans des revues de rang A, c'est-à-dire dans des revues à fort impact dont le contenu est contrôlé par des pairs sévères et impartiaux. Dans les faits, les revues les plus lues et que tout le monde courtise sont précisément celles qui, pour tenir leur rang, ne s'aventurent pas dans les sentiers hasardeux de la pensée. Pour que le lecteur ait confiance, il faut du sûr, du résultat établi sur de la méthode consensuelle. Ces revues sont généralement les plus conservatrices, les plus bornées. Elles vous ramènent aux modes du moment, sinon au courant dominant. Leurs scoops ne tiennent pas à cette intelligence créatrice qui peut ébran-

ler notre façon de penser, celle qui travaille autant le fait que la façon de le faire parler, mais tiennent à de minables pirouettes technologiques et à de la pensée en kit. Moins une recherche est maligne, plus elle passe facilement. Moins les évaluateurs et les comités de rédaction ont à réfléchir, et plus ils sont enclins à laisser publier des fadaises. Normal : plus l'auteur raisonne comme celui qui l'évalue, et plus l'évaluateur est content.

De nombreux scientifiques diluent leurs résultats dans une flopée d'articles épars. Chaque article pris isolément n'est qu'un papier cul sans intérêt. Deux raisons à cela : la carrière, évaluée sur le poids de papier (le productivisme), et les contraintes de format imposées par les revues spécialisées (le capitalisme). Les contraintes de taille tiennent aux prétendus coûts de production des revues, lesquelles se débarrassent au passage des trois quarts du travail d'édition sur les chercheurs (lisez leurs instructions aux auteurs : faut faire leur boulot !). S'il n'y a que si peu de place, soit vous rendez votre recherche incompréhensible pour vos pairs, ce qui est contraire à la déontologie, soit vous séparez le contenu en deux articles. En fait, il faudrait revenir aux livres. Les chercheurs prendraient vraiment le temps de réfléchir, et cela économiserait beaucoup de papier gâché pour des coups de pub éphémères qui n'auraient même pas vu le jour si le rythme de publication imposé n'était pas celui-là.

Alors, dans ces conditions, quel plaisir y a-t-il à faire de la recherche scientifique ? Le plaisir d'une découverte est indescriptible. Puis il y a le plaisir de la divulguer. Même si on vous demande un taux de publication rapide, le temps séparant une découverte de sa publication dans des revues à haute « visibilité » ne cesse de s'allonger. Lorsque votre recherche paraît, c'est déjà pour vous presque une vieille histoire et vous réfléchissez déjà à autre chose. Finalement, il y a un gouffre entre le plaisir anticipé de la divulgation et l'attention que vous y portez le moment venu. Vous projetez peut-être de vous régaler, mais le plat est insipide. Bon, hé, ho, c'est quand même un métier formidable.

G. L.

LE MENSONGE DE L'ANGLAIS

Nos cadres de la science exigent que tout scientifique qui se respecte publie en anglais. Si vous êtes contre, vous êtes irresponsable, feignant, voire d'extrême droite. On vous soupçonne de cacher votre médiocrité derrière le premier prétexte venu. Il faut reconnaître qu'il est plus rentable à court terme de plier sous ce joug linguistique que de lui faire front. Préparer un étudiant à devenir chercheur dans sa propre langue est le pousser au suicide professionnel. Les commissions qui l'évalueront regarderont d'abord la cote des revues dans lesquelles il a publié. Le système de cotation des revues scientifiques à 80 % anglo-américain est collé au nombre de citations: les revues scientifiques s'exprimant en français sont immédiatement défavorisées. Les francophones eux-mêmes dévalorisent leur travail exprimé au plus juste de leurs idées, c'est-à-dire dans leur langue natale.

La langue est forgée par la culture, dont elle est une expression. À certains degrés de finesse conceptuelle, ce qui est exprimable dans une langue ne l'est pas forcément dans une autre, tout au moins pas de la même manière. Ce qui est dit ne peut jamais être totalement séparé de la manière dont c'est dit. Les traductions ne sont jamais que des exercices d'approximation. La langue investit l'appréhension du réel à un degré que l'on oublie trop souvent. La richesse intellectuelle et le potentiel créatif des sciences subsisteront donc par le maintien de la diversité des langues. Cela concerne beaucoup plus l'avancée des concepts que celle des applications. Mais que nous impose-t-on? L'anglais unique, parce qu'il serait plus « simple ». Effectivement, l'anglais est la langue la plus facile à mal parler nous explique Charles Durand dans un livre que tout scientifique et citoyen devrait lire[1]. Le temps gagné à ne pas apprendre de structures formelles, on va le payer en maladresses dans le maniement d'opaques règles d'usage. Une langue en apparence difficile parce que pourvue de règles grammaticales nombreuses serait plus juste en tant que langue internationale, car moins ambiguë. Sa maîtrise demanderait moins notre soumission aux us et coutumes du peuple qui la parle que l'usage de la logique. La relative absence de signaux grammaticaux explicites dans l'anglais devient, à terme, une source de difficultés dans la communication scientifique. Pour parler parfaitement l'anglais, il faudra devenir un peu anglais vous-même. L'anglais, si simple en surface, exigera votre soumission.

L'utilisation de l'anglais comme seule langue scientifique est un mirage qui donne à l'Angleterre et aux États-Unis un avantage politique qu'on sous-estimera toujours. La domination de leurs revues place les évalua-

teurs anglo-saxons dans une position clé pour juger plutôt favorablement les travaux qui vont dans le sens de leur vision stratégique pour une discipline de recherche, et pour rejeter tout ce qui s'en éloigne. Leur position d'évaluateurs majoritaires des premières recherches originales leur permet de s'inspirer de celles-ci, tout en en retardant la publication[1], piratage dont la subtilité est telle qu'il est impossible de le prouver.

Le mythe de l'anglais comme langue la plus appropriée pour les « affaires » ou pour la science sert simplement la mondialisation anglo-américaine. Alors, comment résister? Le maintien du potentiel conceptuel scientifique mondial passe par la publication du tout premier résultat dans la langue natale de celui qui le produit. Il ne s'agit pas ici de la science de production, mais des réelles innovations conceptuelles ou techniques. Ce qui n'empêche pas de publier les suites en anglais. Les Japonais l'ont bien compris. Leurs idées ne sont pas travesties ni volées. Entre les premières publications originales en japonais et leur traduction en anglais, il existe un délai suffisant pour que l'exploitation des résultats publiés démarre au Japon avant que les Américains ne s'en emparent.

G. L.

1. Charles Durand, *La mise en place des monopoles du savoir*, L'Harmattan, 2002.

PAS SI NOBLE, LE NOBEL

D'une main, offrir le Nobel de la paix aux militants persécutés par le gouvernement indonésien, de l'autre, investir dans les sociétés d'armement équipant le régime oppresseur. Sous les projecteurs, récompenser l'opposante birmane Aung San Suu Kyi, et, en coulisse, prendre des actions chez les marchands de canons qui fournissent la junte militaire. Telle est la noble politique de la Fondation Nobel[1] ! Il est vrai que pour alimenter les prix – 6 millions de francs[2] chacun –, les 500 millions de francs[3] de la fondation doivent être judicieusement placés. Entre fric et éthique, il faut donc choisir…

Vous vous doutez bien que, pour notre esprit chafouin, ce genre de petites anecdotes est une invitation à gratter sous les paillettes de la prestigieuse institution suédoise. Son prix prétend récompenser les meilleurs travaux au plan international? Alors, comment expliquer qu'en chimie, par exemple, les États-Unis, qui ne représentent que 35 % de la production scientifique, raflent plus de la moitié des prix? Et que, en physique, sur les 23 lauréats des dix dernières années, 17 soient américains?

Certes, tous sont très brillants, la chose est admise. Seulement, des chercheurs brillants, il y en a des dizaines dans tous les pays. Pas seulement aux États-Unis. Et ce ne sont pas toujours les plus nuls qui ont vu le Nobel leur passer sous le nez (Edison et Freud au hasard…). Alors, *quid* des motivations du comité suédois?

En vérité, les avis des précédents lauréats sont particulièrement écoutés. « Cela produit un système autoreproductif qui entretient la surreprésentation américaine », analyse François Mathey, chercheur à Polytechnique. Bref, les Prix Nobel poussent leurs petits copains. Pour être primé, un Français aura tout intérêt à se faire inviter à Harvard, puis à convier les collègues américains à venir partager le pot-au-feu familial entre deux manips. Sans oublier quelques conférences à Stockholm, histoire de se faire connaître des jurés: le Nobel, c'est la science plus les mondanités.

Cela dit, les Américains ne raflent les prix que depuis 1945. Avant, c'était… les Allemands! C'est l'illustration, pour Girolamo Ramunni, chercheur au CNRS, de « la germanophilie notoire des scientifiques suédois ». Ce qui explique également qu'en 1933 aucun des intellectuels obligés de fuir l'Allemagne n'ait été couronné.

Donc, plus que l'œuvre scientifique, le Nobel flatte surtout la puissance politique du moment. On peut dès lors se demander en quoi il sert la science. En la magnifiant auprès du grand public? Soit… Mais, dans les

labos, nombreux sont ceux qui pensent qu'il altère également le comportement des chercheurs. Et de citer le cas de Jacques Benveniste, le père malheureux de la « mémoire de l'eau ». Chercheur éminent et rigoureux qui persista tête baissée dans ses erreurs... car il était certain d'être en route pour le Nobel.

Mais pour Elizabeth Crawford, chargée de recherche au CNRS, le principal défaut du prix est de « donner une image faussée de la science, en cultivant le mythe du découvreur unique, alors que les travaux sont menés par des équipes de chercheurs ». De fait, le Nobel véhicule l'idée d'une science de « génies ». De papes de l'équation dont on conserve les spermatozoïdes comme des reliques, et qui répondent des platitudes de café du commerce aux présentateurs télé qui se prosternent en les interrogeant sur l'éducation des enfants, la légalisation du hasch ou l'énergie nucléaire. Ce n'est certainement pas *via* une telle image déifiée que l'on fera de la science un champ démocratique où le citoyen pourra s'insérer.

A. F.

1. Révélé par le journal britannique *The Observer.*
2. Environ 914694 euros.
3. Environ 76224509 euros

LA SCIENCE EST-ELLE MACHO ?

Quand j'étais au collège, la sélection, c'était simple. Les garçons allaient en filière scientifique s'ils étaient d'un milieu bourgeois, ou en filière technique si leurs parents étaient prolos. Pour les filles, c'était littérature ou secrétariat, selon qu'on était de la haute ou du peuple. Sexe et classe sociale étaient plus déterminants que les résultats scolaires.

Je dis ça parce qu'à Bruxelles, s'est tenu un colloque sur « les femmes et la science ». On y a disserté sur le manque de féminisation des secteurs scientifiques: en France, les femmes occupent moins de 20 % des postes (recherche, enseignement, etc.).

Alors, pour en revenir à mon collège, il montre bien qu'on exclut les femmes un peu de la même manière que les prolos. La différence, c'est qu'aux derniers on dit qu'ils ne sont pas assez doués. Et qu'aux filles, on fait croire que la science n'est pas leur truc. Elles préféreraient la sensibilité et l'émotion. Et les mecs la froide logique. Foutaises, évidemment.

En tout cas, si le sexe joue le même rôle que la classe sociale, c'est que le pouvoir est en jeu. Exclure les femmes des sciences, c'est reproduire les rapports de domination. La preuve, dans les pays où les sciences ne sont

pas prestigieuses, les femmes en font. Par exemple, d'après Michèle Ferrand, chercheur au CNRS, « au Portugal, la moitié des thèses de maths sont soutenues par des femmes ». Là-bas, c'est le droit et la médecine qui sont liés au pouvoir : dans ces filières, on ne trouve que des mecs ! Preuve que la science n'est pas phallique par nature, mais seulement lorsqu'elle est outil de sélection.

Le pire, c'est que, à force, les concepts scientifiques eux-mêmes sont infiltrés par le machisme. Prenons par exemple la reproduction. L'ovule a longtemps été décrit comme un gros machin passif, ne faisant qu'attendre le vaillant spermatozoïde. Évidemment, la biologie, en révélant le rôle actif de l'ovule, dément ce schéma qui n'est que la transposition du modèle de la ménagère préparant le pot-au-feu, pendant que son Ulysse de banlieue gravit ses échelons de carrière.

Autre exemple, révélé par la chercheuse américaine Londa Schiebinger : l'invention du mot « mammifère » par le biologiste Linné. Pas moins de six critères physiologiques caractérisent cette catégorie animale (la présence de mamelles évidemment mais pas uniquement : aussi celle de poils ou d'oreilles par exemple…). Choisir les mamelles comme critère de classification entraîne au moins deux conséquences : 1) la femme est caractérisée par sa capacité à nourrir les chiards ; 2) on fait de ce trait notre principal point commun avec les autres mammifères. En revanche, lorsqu'il s'agit de différencier les humains des animaux, Linné invente le nom *Homo sapiens*, faisant de la raison, caractéristique arbitrairement supposée comme étant masculine, le critère d'humanité par excellence. En résumé, l'être humain est relié au monde animal par les tétons de la femme, mais s'en détache par le cerveau de l'homme. On a le droit de trouver ça macho.

A. F.

MAIS QUE FAIT L'ACADÉMIE DES SCIENCES?

L'Académie des sciences a un rôle à jouer dans l'information et le conseil scientifique en direction de la société. Ses « prestigieux » représentants devraient nous éclairer de leurs lumières, perdus que nous sommes dans une production scientifique foisonnante et parfois douteuse. Mais plusieurs affaires récentes révèlent que l'Académie ne brille pas par sa clairvoyance. Elle devrait nous guider vers ce que la science a de meilleur. Au lieu de cela, elle se laisse mollement contaminer par les bigots. Pire, son rôle dans la diffusion de recherches nauséabondes mêlant science et spiritualité est non négligeable, au point que l'on se demande si elle ne renfermerait pas des sympathisants de la bondieuserie en blouse blanche. Ses erreurs récentes complètent ainsi une réputation de conservatisme confiné. En 1999, sept membres de l'Académie sont allés causer dans le cadre de l'Université interdisciplinaire de Paris[1], organisation qui milite pour une « nouvelle discipline »: « science et religion », et dont l'objectif est de réintroduire la spiritualité dans la démarche scientifique. Le secrétaire perpétuel de l'Académie, François Gros, présida même à l'automne 1997 une rencontre à Houlgate réunissant tout le gratin de l'UIP! L'Académie publie les travaux d'Anne Dambricourt-Malassé, membre de

l'UIP dont l'« attracteur harmonique » n'est formalisé mathématiquement dans aucune publication (lire M. Kerszberg dans *La Raison* n° 449, mars 2000). L'Académie publie les résultats de Jean Chaline (à qui il arrive aussi de publier avec Dambricourt), dont le programme de recherche complètement téléologiste est soutenu par les académiciens Jean Dorst et Jean Dercourt, qui ne passent pas pour être des phares du progressisme. Mieux, un véritable créationniste militant, Guy Berthault, peut donner des conférences où toute la sédimentologie est rectifiée pour coller au Déluge, en plastronnant que ses conclusions sont fondées sur des travaux publiés dans deux notes aux comptes rendus de l'Académie des sciences. Une analyse récente de ces deux notes (lire V. Lécuyer, *La Raison* n° 451, mai 2000) conclut qu'elles sont insignifiantes et s'annulent l'une l'autre. Cela n'est pas une consolation: elles ne devraient même pas exister.

Le boulot d'une académie des sciences est (ou devrait être) formidable: information scientifique, conseil auprès des décideurs, réflexion éthique sur les interactions science- société, coopération internationale, promotion de talents individuels et d'innovations. Notre Académie des sciences a-t-elle droit à l'erreur? La question ne semble même pas se poser pour la plupart des scientifiques français. Il existe une scandaleuse indulgence envers ces papys dont la plupart semblent se préoccuper plus de la conservation de leurs avantages que de rigueur scientifique. Certes, des efforts ont été faits en 1976 et plus récemment, pour élever le niveau et « relooker » un peu les publications. Cependant, selon l'analyse de Gérard Toulouse[2], face à l'explosion des sciences et des techniques, l'Académie ne pourra remplir correctement son rôle qu'en multipliant le nombre de ses membres. Les académiciens croiraient-ils qu'en laissant entrer plus de scientifiques dans le club celui-ci y perdrait son âme? L'Académie, en plus d'être bigote, serait-elle aristocratique?

G. L.

1. J. Debussy, G. Lecointre, *Intrusions spiritualistes et impostures intellectuelles en sciences*, Syllepse, 2003.
Pour la science n° 249, juillet 1998, p. 9.

PIRATAGE À LA RECHERCHE

LA *Recherche* a bonne réputation. C'est même la revue de référence pour les chercheurs qui veulent s'informer sur les travaux de leurs confrères… D'où l'intérêt de cette petite histoire.

Nous sommes en été. *La Recherche* publie un numéro spécial sur le vieillissement[1]. On y trouve un article intitulé « *Le piège d'une médicalisation excessive* » signé d'un certain Charles S. Ridell, gériatre retraité de l'université de Duluth. *A priori*, rien d'anormal…

Sauf qu'en septembre un médecin français découvre que cet article est la traduction littérale d'un texte paru en avril dans une revue scientifique américaine, *The New England Journal of Medecine (NEJM)*. Petit détail: l'article est signé du Dr James Goodwin, célèbre gériatre de l'université du Texas.

Flairant le plagiat, le perspicace médecin contacte aussitôt le Dr Goodwin. Lequel explique qu'il a bien autorisé *La Recherche* à publier son article. Mais sous son vrai nom et, surtout, sous réserve de l'accord du *NEJM*, qui seul possède les droits.

Prévenu, le *NEJM* tombe des nues: « *La Recherche* nous a demandé l'autorisation de reproduire l'article du Dr Goodwin, mais nous avons refusé, comme nous le faisons systématiquement, quelle que soit la revue. »

N'ayant pas l'autorisation de traduction, *La Recherche* aurait dû en rester là. Au lieu de quoi elle publie, sans même citer le *NEJM*, l'article sous un faux nom. Car le Dr Charles Ridell est purement fictif, tout comme le service de gériatrie de l'obscure université de Duluth. *La Recherche* pensait-elle que la supercherie allait passer inaperçue?

Contactée par le *NEJM*, elle a été contrainte de publier, en novembre, quelques lignes dans un coin de page, priant les lecteurs d'« accepter toutes [leurs] excuses pour cette présentation fantaisiste due à une série de malentendus ». Mais sans donner la moindre explication…

Un peu léger comme excuses. Et tardif. Car si la supercherie n'avait pas été découverte, *La Recherche* n'aurait certainement pas moufté (elle est même allée jusqu'à publier, en octobre, une lettre de lecteur adressée à l'imaginaire Dr Ridell). Le pire, c'est que son rédacteur en chef rembarre sans ménagements ceux qui demandent des explications: d'abord le médecin qui a levé le lièvre, dont il a refusé de publier la lettre sous prétexte que sa démarche est « indigne d'un chercheur »! Et puis *Charlie*, qu'il n'a pas voulu prendre au téléphone, arguant « ne pas être seul en cause », et que « cela ne présente pas d'intérêt ». Plutôt gonflé… Qui d'autre serait

en cause ? Les choses sont claires : sans copyright, pas de publication. Le reste, ça s'appelle du piratage. Et qu'on ne vienne pas invoquer l'impossibilité de supprimer un article déjà programmé : le texte a été publié dans un numéro spécial, conçu plusieurs mois à l'avance.

Quant au prétendu manque d'intérêt de l'affaire, tout le monde n'est pas de cet avis. En tout cas, sûrement pas Edward Campion, l'éditeur du *NEJM* : « C'est la première fois que je vois cela. Toute publication qui souhaite être prise au sérieux par la communauté scientifique doit observer les principes de base de l'honnêteté éditoriale. »

Quand on voit comment, à *Charlie*, nos scoops ont parfois du mal à être pris au sérieux… Alors, qu'une revue se targuant d'honorabilité use d'un procédé indigne du pire torchon, c'est dur à avaler. *La Recherche* ne serait-elle plus à la hauteur de sa réputation ?

A. F.

---

1. *La Recherche*, n° 322, juillet-août 1999.

CHERCHER À CHERCHER, C'EST LA GALÈRE

Ils sont une cinquantaine à poireauter dans le couloir de la fac. Tous docteurs dans leur discipline. Chacun dispose de quinze minutes pour se vendre. Quinze minutes pour convaincre la commission de spécialistes de lui refiler ce poste de maître de conférences. Et le lendemain, il faudra recommencer à l'autre bout de la France. Depuis un mois, plus de 20000 candidats se disputent ainsi 4310 postes. Transformés en VRP de la thèse, ils y laissent souvent les économies d'une année. En général, il faut envoyer une vingtaine de dossiers et passer une dizaine d'auditions. Ce qui coûte facilement un ou deux milliers d'euros. La galère, passe encore, c'est le lot de n'importe quel chômeur… mais le pire est de découvrir qu'on a participé à un simulacre dont les jeux étaient faits d'avance…

Pourtant, en théorie, le recrutement des chercheurs est un modèle d'égalitarisme républicain : les postes sont publiés au *Journal officiel*, des rapporteurs indépendants évaluent les dossiers, et les candidats sont auditionnés par une commission de spécialistes… Tout ça ne laisse guère de place au copinage. Pour un poste à la Sorbonne, le fils d'un mandarin des lieux a théoriquement les mêmes chances qu'un thésard anonyme de Clermont-Ferrand…

Mais, en réalité, les patrons de labo ont souvent un poulain sous le coude. En langage administratif on l'appelle un

« candidat local ». En général, il a passé sa thèse dans le service et, depuis des années, pour un salaire équivalent à une bourse d'étudiant, il donne des cours, surveille les exams et répare le matériel de travaux pratiques. Alors, d'un côté, ce n'est pas humain de le jeter comme un Kleenex en échange d'un type gonflé de mentions. Mais, de l'autre, c'est injuste que les candidats anonymes et peu férus de lobbying n'aient pas aussi leurs chances…

Dans tous les cas, le casse-tête des profs de fac est d'arriver à placer leur favori tout en respectant le protocole. Pour cela, ils jouent sur le « profil du candidat ». Le profil, c'est ce qu'on attend du futur chercheur : par exemple, spécialiste de la génétique des populations. Normal et légitime, le profil peut se muer en outil de magouille. Par exemple, s'il est modifié au dernier moment. André Joly, professeur à l'université de Toulouse, rapporte qu'« à Montpellier un poste a été publié en linguistique, mais, le jour de l'audition, il a été changé en phonologie ». Du coup, les phonologues n'étaient pas venus, tandis que les linguistes perdaient leur temps. Bref, la concurrence était nulle pour le candidat local qui, lui, était bien phonologue. Une autre combine consiste à définir un profil hyper précis, taillé sur mesure pour le poulain. Quelque chose du style « spécialiste de la retranscription du bas-normand médiéval ». Idéal pour écraser la concurrence !

Ces magouilles sont parfois pimentées d'aléas administratifs. Comme à Besançon, où les lettres de convocation ont été affranchies au service lent. Seuls les candidats locaux avaient reçu le courrier avant la date de l'audition !

Évidemment, celui qui s'estime floué peut déposer un recours. Mais il risque de se retrouver tricard dans les facs… De toute façon, la procédure n'aboutira qu'après des années et, alors, il sera impossible de virer le détenteur du poste.

Allez, après toutes ces noirceurs, nuançons un peu le tableau… C'est vrai qu'on est parfois loin de la perfection égalitaire. Mais il faut aussi reconnaître qu'à l'université et au CNRS le recrutement est mille fois plus équitable que dans les boîtes privées, où le piston est roi…

A. F.

DOCTEUR X BALAIE LE COULOIR

Un matin, dans le cirage, alors que je sirotais mon café noir, mon regard est tombé sur l'une de ces pubs criardes qui ornent les paquets de céréales. Une pub pour un CD-Rom: « Le Docteur X veut dominer le monde. Seuls Action Man et toi pouvez le stopper! » Tiens, cette connerie a quelque chose de franchement décalé quand on connaît le sort des docteurs d'aujourd'hui. Pas franchement aptes à dominer le monde. Ce monde où, à degrés de spécialisation comparables, un sportif gagne cent fois plus qu'un docteur, et un boursicoteur des milliers de fois plus. Ceux qui remplissent les stades fascinent plus que ceux qui remplissent les éprouvettes. Une expérience directe: je me suis retrouvé un jour de juillet 2000 sur un podium avec Zidane (je ne l'ai pas fait exprès, juré!). C'était un salon de philatélie (arrêtez de me frapper, je ne collectionne pas les timbres!). Zidane et moi étions là pour parler des choses représentées sur les timbres. Quand Zidane causait, la salle était pleine à craquer. Quand ce fut mon tour, il n'en restait que le quart. Croyez-vous que je sois jaloux? Pas du tout! Pas du tout…

Un docteur, c'est quelqu'un qui a passé avec succès une thèse de doctorat, ce qui va chercher dans les bac + 8 ou 9. À l'époque de ma mère, le docteur, c'était le médecin du village, à l'autorité feutrée duquel on se subordonnait spontanément. Y'avait du concentré de respect dans le « merci, docteur ». D'où les emprunts de vernis chez les *Doctor Music* (Blue Öyster Cult cru *seventies*), « Dr Zab » et autre Doc Gynéco. Même pour les docteurs malfaisants, on continue à postuler leur compétence à nuire par la reconnaissance de leur savoir, du docteur Scott au sulfureux docteur Mabuse, en passant par l'inquiétant docteur Folamour. Non pas que je sois nostalgique de clichés ou de l'humilité d'autrui. Non, ce qui est frappant, c'est le gouffre actuel entre la reconnaissance inscrite dans les fantasmes et celle inscrite dans la réalité de la position sociale du docteur. Et son déclin n'a rien à voir avec le « niveau » ou les compétences réelles: c'est un déclin de l'image. Car, aujourd'hui, un docteur est vu comme une usine à prescrire ou comme un couillon qui a fait trop d'études: il n'est pas employable à la hauteur de ses compétences, puisque la France en laisse environ 6000 par an sur le carreau.

Dans le monde selon le Medef, ils ont perdu des années d'études à ne pas « libérer les forces vives », à ne pas créer une start-up, à ne pas s'enrichir. Le docteur d'aujourd'hui est majoritairement précaire ou chômeur! Et même lorsqu'il est embauché pour exercer le métier de chercheur, auquel, le plus souvent, il se destinait ardemment, il est loin de dominer le monde ! Il essaie de dominer son emploi du temps, et c'est déjà pas mal. Car, à force de non-recrutement de personnel dans le secteur public, le docteur est aussi secrétaire, VRP, trésorier, dactylo, éditeur, portier, technicien, enseignant, déménageur, webmaster, bricoleur, et Claude Allègre voulait qu'il soit, de surcroît, le patron dynamique de sa petite entreprise high-tech ! J'en connais même qui approvisionnent les chiottes en papier cul. Véridique ! Sans parler de la charge de travail qui résulte du non-recrutement de collatéraux.

Et que font pendant ce temps ces fantômes d'un monde meilleur, tous ces docteurs sur le carreau ? Souvent, ils s'aigrissent. Trop frustrés, certains créent leur propre niche extra-institutionnelle, pour le meilleur et pour le pire. Pour le pire : c'est comme ça que les créationnistes et les sectes récupèrent un tas de Docteur X, crétins d'autant plus toxiques qu'ils sont instruits et revanchards. Bon, il ne faut pas exagérer, la plupart des docteurs partent vers des activités de diffusion des connaissances (enseignement, édition) ou vers des ONG. Mais bon, on peut se dire qu'à chaque docteur enfin embauché comme chercheur on a un Docteur X potentiel de moins. Hé, Action Man, tu voudrais pas plutôt botter le cul de Raffarin pour qu'il embauche ?

G. L.

CE QUI PEUT DIVISER LES CHERCHEURS...

Les noms que portent les sciences nous renseignent sur leur cohérence et sur la façon dont pensent leurs acteurs. Certaines sciences se définissent par rapport aux objets qu'elles étudient. L'entomologie collecte tout ce qui concerne les insectes, la botanique, les plantes, et la planétologie, les planètes. Elles sont centrées sur des choses. D'autres se définissent par rapport à leur activité, aux types de questions posées. La systématique se propose de mettre de l'ordre dans le monde vivant, quels que soient les objets. La géophysique se propose d'expliquer le fonctionnement du globe par les moyens et les concepts de la physique. La physiologie se propose de connaître le fonctionnement organique des êtres, quels qu'ils soient. La biochimie, leur fonctionnement chimique. Elles sont centrées sur des concepts et des outils.

Cela va de soi, on ne juge pas la qualité d'un travail scientifique sur le résultat qu'il donne, sinon on se prive de découvrir quoi que ce soit de nouveau. On le juge sur la transparence et la pertinence de la preuve mise en place. Ce qui fait que les scientifiques se comprennent entre eux, ce sont d'abord des concepts et des outils partagés qui élaborent cette preuve. Tout simplement parce que, pour admettre ce que raconte le voisin, il faut être d'accord sur la façon d'établir une preuve. Et, pour cela, il faut être en mesure d'éprouver, de critiquer la mécanique de cette preuve. Ce ne sont donc pas les objets d'étude qui font l'homogénéité scientifique d'une communauté de chercheurs, mais des types de questions et des concepts communs. Celui qui travaille sur le comportement de la truite (éthologie) n'a pas grand-chose à dire à celui qui travaille sur l'hémoglobine de la truite (biologie moléculaire) ; mais il a beaucoup plus à échanger avec ceux qui travaillent sur le comportement des épinoches. Les deux premiers se rencontreront plus tard, dans une phase de synthèse des connaissances.

Les chercheurs n'ont pas toujours conscience eux-mêmes des raisons de leur incompréhension mutuelle. Par exemple, parlons du déroulement de l'évolution biologique, et de l'individualisation des lignées évolutives, la phylogenèse. En génétique des populations, c'est une expérience en laboratoire sur des populations réelles de mouches ou de bactéries qui va prouver et expliquer le mécanisme de la phylogenèse. En systématique, on peut prouver que les êtres vivants peuvent être mis en ordre. C'est la phylogenèse qui explique l'ordre que l'on constate. Dans ces deux sciences, le statut de la phylogenèse est inverse : dans le premier cas, elle est expliquée,

dans le second, elle explique. Pas étonnant que les deux communautés de chercheurs ne se comprennent pas, même quand elles travaillent sur les mêmes espèces ! Mais alors, quand les objets sont-ils unificateurs ? En aval, pour se cultiver, lors des synthèses et de la diffusion des connaissances, lesquelles peuvent éventuellement déboucher sur de nouvelles recherches. Réunissons tout ce qu'on sait de la planète Mars, même si tout ce qu'on sait d'elle aujourd'hui relève de disciplines et de techniques extrêmement variées…

Donc, une politique scientifique qui voudra gonfler le moteur de la recherche regroupera des chercheurs sur des concepts unificateurs. En maintenant en amont une division des sciences centrées sur les objets, certains chercheurs finissants et réactionnaires entretiennent une illusion confortable qui leur évite d'être réellement évalués par leurs pairs.

G. L.

OÙ SONT LES JEUNES?

Je n'ai que trente-huit ans. Ce qui m'inquiète le plus, c'est la désertion des plus jeunes que moi de toute manifestation publique ou associative qui défend des valeurs laïques ou rationalistes et dispense de l'information scientifique critique. La semaine dernière, j'ai encore donné une conférence devant un public plus vieux que moi. Et cela ne concerne pas que la vie associative. Lorsqu'une commune organise un débat sur la science, les trois quarts de la salle ont plus de la quarantaine. Certes, il y a le papy-boom et les moins de vingt ans ne forment qu'un quart de la population, les moins de quarante environ la moitié. Mais nous sommes quand même loin de ces proportions. Alors, faut-il interroger les mœurs? Les moins de quarante ans sont-ils vraiment absents de la vie associative ou publique? L'individualisme forcené de ma génération a-t-il continué de sévir après elle? Hé, les jeunes, où êtes-vous? Les moins de quarante ans n'ont pas l'air d'être concernés par les sciences!

Le phénomène existe à plus large échelle: cette année, les rapports de Guy Ourisson et de Maurice Porchet ont tiré la sonnette d'alarme. Entre 1995 et 2000, les inscrits en facs de sciences sont en décrue de 10 %, et ceux aux classes préparatoires aux grandes écoles en sciences de 7,3 %. La décrue est plus forte en physique et chimie (- 46 %!) ou en sciences de la vie et de la Terre (- 14 % au total, mais - 27 % en premier cycle). Les filières réputées pour leurs débouchés professionnels ne sont pas touchées (IUT, BTS, écoles d'ingénieurs), ni les filières universitaires de sciences et techniques industrielles ou d'informatique. Ce qui semble indiquer que la science ne vaut d'être fréquentée que lorsqu'elle garantit l'emploi. La première raison de la décrue pourrait concerner les conditions de l'enseignement dans les facs de sciences, et sur lesquelles il faudra revenir ici plus tard. Ou concerner ce que beaucoup perçoivent comme un investissement risqué: de longues études sélectives en condition précaire pour un hypothétique poste devenu denrée rare, lequel, s'il est obtenu, sera rémunéré du misérable salaire des chercheurs du secteur public. Mais cela n'expliquerait pas tout: d'autres études universitaires sont porteuses des mêmes difficultés.

Alors pourquoi? Est-ce la « pédagogie par la découverte », bonne sur le fond mais bâclée au lycée, qui dégoûterait les étudiants des sciences? Ou s'agit-il d'une perception défavorable de la science dans les mentalités? Cette défaveur serait suscitée par un amalgame tant de fois dénoncé dans cette rubrique entre les bêtises des technosciences et la démarche rationnelle et expérimentale de la découverte du monde. Ou encore suscitée par

une sorte de relativisme suintant des plateaux télévisés, faisant de l'argumentation contradictoire (nécessaire en science) une atteinte à la liberté de pensée. La science, c'est pas « cool ». Grave erreur. Si la science, en principe, est démocratique dans sa pratique (on est jugé par ses pairs), elle ne l'est pas dans la manière dont les connaissances avancent : un seul individu peut tout faire basculer, à plus ou moins long terme. En sciences, on peut dire ce qu'on veut, mais tout le monde ne peut avoir raison en même temps. Car il existe des outils conceptuels, théoriques et pratiques pour tester les preuves d'autrui. Ce sont ces outils qui font la spécificité des affirmations scientifiques et qui, justement, évitent le dogmatisme. Il faut les expliquer au public si on veut que celui-ci arrête d'accuser la démarche scientifique de ce dont des politiques ou des industriels sont responsables. Ces outils sont réclamés par ces jeunes qui se destinent à faire de la science leur métier. Car, trop souvent, les jeunes démarrent en science comme on démarrerait sa première voiture en sachant tout sur le moteur à explosion, mais en ignorant tout du code de la route.

G. L.

BOURDIEU DISSÈQUE LA SCIENCE

Voulez-vous savoir comment fonctionnent les scientifiques dans leurs laboratoires ? Quel est donc ce métier dont les comportements sont codifiés par une éthique qui n'est inscrite dans aucun texte de loi ? Dont les principes méthodologiques et les fondements théoriques reposent sur un solide socle logique, mais qui, sous le coup des imperfections humaines, sous le poids des contraintes pratiques et du pifomètre, se retrouvent relégués au rang de recettes de cuisine qui auraient été trompeusement idéalisées ? Un métier dont la théorie serait décrite à foison mais dont la pratique réelle resterait non exprimable, bien qu'étant théoriquement fondée ? Pierre Bourdieu vient de publier un cours du Collège de France, *Science de la science et réflexivité* (éditions Raisons d'agir, 2001), dans lequel il nous offre une dissection rigoureuse de la vie des « rats de labos ». En général, pour les sociologues des sciences, il n'est point de Grand Savant, et la nécessaire démystification de celui-ci conduit trop souvent à l'autre extrême qui consiste à nier toute spécificité à l'activité et aux productions scientifiques. On peut remercier Bourdieu de faire une sociologie raffinée des sciences qui ne tombe pas dans ce piège…

Certes, certes, l'activité scientifique subit les imperfections individuelles, les carriérismes, des pressions économiques, politiques, et les réalités pratiques avec lesquelles on doit composer. Les entorses à la rigueur scientifique que commettent les individus trop soumis à ces pressions existent bel et bien, et la première consiste à exposer sa science sous un jour socialement rentable, sans aucun rapport avec ce qu'a été la réalité du laboratoire. Pour dire les choses autrement, plus un scientifique vise une revue « visible » pour publier ses résultats, plus il doit mentir sur le contexte de la découverte pour être présentable. Un peu comme si Newton avait en réalité reçu sur la tête une merde de pigeon, voyez… En fait, c'est tout le système de publication des résultats et d'évaluation des chercheurs, poussant au scoop et à la concision, qui force les comptes rendus d'expériences à se conformer à des canons de plus en plus étroitement standardisés. À tel point qu'il est de plus en plus difficile de reproduire une expérience d'autrui à partir d'une publication dans une revue prestigieuse. Ce qui remet en question le sens même de l'acte de publier…

Sous prétexte de décalages entre la méthode affichée et les réalités des laboratoires, certains en viennent à trouver ringard qu'on puisse encore vouloir définir la science[1] ! Mais faut-il vraiment chercher le propre de la science dans les chiottes des labos ? Ou dans la façon dont la science se vend à elle-même dans ses revues spécialisées ? Ne faut-il pas plutôt l'ex-

traire des règles logiques et méthodologiques qu'elle se fixe et que chacun s'emploie à suivre malgré tout le reste ? Pas seulement, écrit Bourdieu : il y a aussi des « règles du jeu » sociologiques qui régissent les interactions des chercheurs sous forme de règles d'argumentation. Mais, lorsque « le loup sociologique » est « dans la bergerie mathématique », Bourdieu sauve la raison. Enfin, toutes ces règles fonctionnent ensemble un peu comme un texte de loi : elles disent ce vers quoi chacun doit tendre sans travestissement. Est-ce que nous rejetons les fondements éthiques de nos lois parce que des individus les enfreignent continuellement ? Bien sûr que non ! En disséquant les conditions sociales dans lesquelles la science se construit, sans pour autant nier la spécificité du rôle de la théorie dans l'activité scientifique, Bourdieu donne à tous la possibilité de mieux comprendre le fonctionnement de la science, et la possibilité d'une conscience plus aiguisée des forces sociales qui s'y opposent, même en son sein. De quoi permettre aux scientifiques de résister.

G. L.

---

1. Nicolas Witkowski, *Charlie Hebdo* n° 493, p. 15.

2

II. La société dans la société

LA SCIENCE A BON DOS

Le ministère de l'Éducation nationale et *L'Usine nouvelle* ont demandé à la Sofres de mener une étude sur « les attitudes des Français à l'égard de la science en 2001 ». Lorsqu'on examine le contenu du questionnaire, on constate que, dans la tête des commanditaires et des concepteurs du sondage, la science est réduite à ses applications. Encourager le public à ne voir en « la science » que les technosciences, c'est le focaliser sur la partie émergée de l'iceberg : quelques aboutissements ultimes torturés par des conflits d'intérêts et choisis par des appétits marchands. Il faudra répéter encore longtemps que les applications de la science, ce n'est pas la science. Vous allez voir, toutes les misères du monde vont tomber sur le dos de la science ! Et ça ne loupe pas : « La modernisation et la technicisation de la société s'accompagnent d'un péril éthique. » Ah, oui ? Mais ce péril, s'il existe, doit être géré sur le terrain politique. La science dans sa spécificité n'a rien à faire là-dedans – comprenez en tant que démarche rationnelle de la découverte du monde. Elle n'est concernée que sur son versant social par le nécessaire contrôle de la société sur les activités des scientifiques, dont le travail est finalisé sur une application. Or, le secret lié aux profits à venir en limite la possibilité ! Attendez, il y a mieux. « Selon les Français », la science aurait des effets négatifs dans la sphère morale : « la modernisation de la société s'accompagne d'une perte de sens moral, d'inégalités croissantes ou de rapports dénaturés entre les gens ». Mais qu'est-ce que la science a à foutre là-dedans ? Ça leur aurait arraché la gueule, aux rigolos de la Sofres, d'interroger le public sur la structure de notre économie, plutôt que de badigeonner le mal-être social avec de la science ? C'est au libéralisme économique qu'il faut demander des comptes au sujet de cet « âge d'or où les relations humaines étaient plus sereines, la civilité plus commune, les comportements altruistes plus fréquents », pas à la science ! Car la science est parfaitement neutre en matière de morale. Encore une fois, la sphère morale relève du politique ! Licencie, prends la caisse et tire-toi, c'est l'organisation économique et politique de Danone, c'est pas la science qu'on a mise dans les yaourts !

52 % des Français souhaiteraient que l'on développe des recherches scientifiques, « même quand on ne sait pas si elles auront des applications pratiques » (contre 39 % en 1994). Cette confiance dans la recherche fondamentale est une gifle pour nombre de professionnels des médias et de politiques qui s'imaginent que les Français sont incapables de percevoir l'intérêt d'une recherche fondamentale. Les Français continuent à considérer la science comme une valeur refuge et un trait important de la cul-

ture, et se montreraient légèrement plus optimistes à son égard que par le passé. Cependant, les Français sont les plus sceptiques, comparés aux Anglais, aux Allemands et surtout aux Américains, qui gardent un moral d'acier. Pour toutes les questions posées, les Américains sont ceux dont les réponses sont les plus tranchées en faveur de la science. C'est curieux, pour un pays de sectes, sous-développé en matière d'éducation[1] ! Remarquez, plus on est érudit et plus on doute !

G. L.

1. Le système éducatif américain est l'un des plus faibles et des plus inégalitaires. Les facs et la recherche ne marchent bien qu'en raison de leur financement et du pompage intensif des cerveaux du monde entier.

AVOIR OU SAVOIR

Le bon sens populaire s'étonne que l'État finance des recherches « qui ne servent à rien ». À quoi ça sert d'étudier les mœurs des termites? D'étudier les planètes lointaines? De reconstituer l'évolution des êtres vivants? La recherche fondamentale ne serait qu'un luxe d'États riches qui ne pensent qu'à foutre le fric du contribuable par les fenêtres. Tout ce qui ne sert pas le marché est ringardisé, écrivait Philippe Val. En vertu de quoi le bon sens populaire s'incline devant les utiles bienfaits de la juteuse recherche pharmaceutique, la recherche pétrolière, la chimie et la physique des matériaux, l'électronique appliquée à la brosse-à-dents-téléphone-calculateur portable, et que sais-je encore qui occupe utilement les secteurs Recherche et Développement de nombreuses entreprises.

En fait, ces jugements doivent être évalués en fonction de ce à quoi la recherche est censée être utile. Si elle doit être utile au marché, pour lequel l'Homme n'est pas une fin mais un moyen, effectivement la recherche fondamentale est aussi ridicule que cette crotte de mouche que, d'ailleurs, elle étudie. La recherche fondamentale ne rapporte pas d'argent à court terme. Elle est un chien fou qu'il faut museler, soit par une ferme politique de pilotage, soit par des incitations financières. Le marché n'a rien à faire des aventures de la pensée humaine. Une exception cependant: parfois de trucs aussi honteusement inutiles que des laboratoires de paléontologie vous sortent des reconstitutions de fossiles qui fascinent tellement les gosses qu'on peut les utiliser pour faire exploser les bénéfices de films tels que *Jurassic Park*. En revanche, la science appliquée, elle, est une bonne fille servile. Elle développera des pommades à ralentir la chute des cheveux et les techniques OGM utiles à ralentir le mûrissement des tomates et tenir les cultivateurs par les couilles. Elle multipliera les marques des médicaments placébothérapiques et délaissera le développement de médicaments urgents pour un tiers-monde incapable de se les acheter.

Si l'on mesurait maintenant l'utilité de la recherche fondamentale non plus pour le marché mais pour toi, lecteur, alors les valeurs s'inversent. Une recherche appliquée n'est développée que parce qu'elle a des chances d'être juteuse. Lorsqu'elle aboutit, ses fruits sont brevetés et la connaissance associée t'est confisquée. On dit souvent que la recherche fondamentale sera bénéfique pour l'humanité sur le long terme et la recherche appliquée sur le court terme. En termes d'accès aux connaissances, c'est exactement l'inverse! Les fruits de la recherche fondamentale, partiellement déconnectés du circuit économique, sont publiés dans des revues

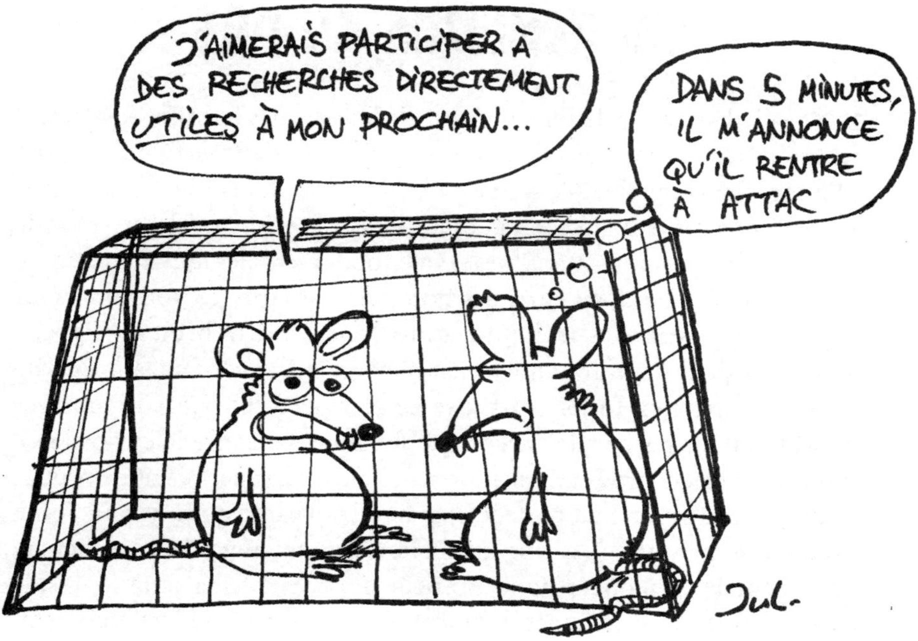

spécialisées dans les plus brefs délais. Ces publications sont accessibles au public dans n'importe quelle bibliothèque universitaire. Si c'est trop compliqué, des magazines de vulgarisation scientifique sont là pour relayer les infos dans un style plus accessible. Quand on découvre un fossile spectaculaire, même *Le Monde* en parle ! Par contre, les détails qui constituent les secrets d'un brevet ne te seront accessibles que dans vingt ou trente ans. Donc le populo ferait mieux d'y réfléchir à deux fois. L'État soumis aux lois du marché fait crever des disciplines scientifiques non immédiatement rentables et qui, pourtant, sont celles qui font le plus rêver les gamins. Le marché développe une science appliquée qui conçoit 80 % de trucs inutiles qu'on ne pourra pas se payer. En somme, la recherche fondamentale t'est plus utile si ton monde est centré sur le savoir plutôt que sur l'avoir. La recherche appliquée t'est plus utile si tu vis dans l'avoir… à condition d'en avoir les moyens.

G. L.

CHERCHEURS AU PAS

Une civilisation se définit comme telle lorsque des hommes sont suffisamment organisés pour créer des espaces de liberté où peuvent éclore ces fleurs fragiles que sont les arts, les sciences, la philosophie, l'érotisme et tous ces trucs futiles qui embellissent la vie. Avoir les moyens de résoudre des questions aussi futiles que fondamentales apparaît comme un luxe inouï quand, ailleurs, des hommes ont faim. Et pourtant, sans réponses à ces questions, les hommes mènent des vies de brutes épaisses et l'enfant ne peut devenir adulte. Mais surtout, au monde de la propriété sacrée, des pressions fortes s'exercent sur ces îlots de liberté jadis protégés par l'État, financés par de l'argent public pour satisfaire la curiosité de tous. La propriété privée est une force qui nous ramène à l'état de brutes, parce qu'elle s'oppose au partage étendu de la beauté et du savoir. Toute activité non privatisée est ringardisée : maximum ringarde, la recherche fondamentale publique, peuplée d'enculeurs de mouches dont les résultats sont, comble de la honte, publics ! Ne croyez pas que j'hallucine. Au Palais de la découverte, s'est tenue une table ronde qui réunissait les représentants scientifiques de chacun des partis politiques, sur le thème « La science pour la France de 2002 à 2007 ». Contrairement à ce qui reste dans un rapport sérieusement toiletté, le ton général y était à l'asservissement de cette bête sauvage qu'est la recherche fondamentale publique et libre, seul îlot de liberté où l'imagination scientifique peut encore vraiment faire changer toutes les bases conceptuelles d'une discipline. En dehors du PC, aucun parti ne semblait avoir honte des conneries proférées, comme celles du futurologue Thierry Gaudin : « Nous sommes entrés dans une véritable guerre économique, qui passe notamment par l'appropriation des brevets et des droits d'auteur. Notre système de recherche doit donc se mettre en ordre de bataille pour entrer dans cette guerre économique. »

Quel aveu ! Pour dompter la recherche fondamentale publique, on commence par la sommer de répondre à la « demande sociétale ». Hé, les ministres, de qui se moque-t-on ? Quand on organise la disparition de lits dans les hôpitaux, la précarisation des services d'urgences, c'est de la demande sociétale, ça, peut-être ? Assujettir la structure et les objectifs de la recherche publique à une demande externe est suicidaire. Qui aurait demandé à Cuvier d'inventer l'anatomie comparée ? Ma concierge ? Qui aurait demandé à Becquerel de découvrir par hasard la radioactivité ? On reproche aussi à la recherche fondamentale publique d'être l'héritière d'une politique nationale d'après guerre de services publics forts, politique jugée désuète, inadaptée à l'heure radieuse de la mondialisation,

de l'Europe et de la déréglementation. Au nom de quoi le CNRS et l'Université organisent-ils le pourrissement sur pied de secteurs entiers de la connaissance, comme la pétrologie, la minéralogie, la zoologie, la botanique ? Au nom de cette guerre économique, dans laquelle ces disciplines ne sont pas rentables, et qui n'est que la déclinaison française des orientations de l'Union européenne. Une poignée de crétins organisent donc le suicide collectif: comment peut-on calculer le retour sur investissement du premier feignant qui a étudié le mouvement des électrons dans la matière ? En nombre de jets privés de Bill Gates ?

Une recherche fondamentale libre, voilà l'une des meilleures garanties du sceau de civilisation. Mais le paysage intellectuel français est au « pilotage » étroit de la recherche selon les exigences de l'Europe du fric. Sur le site web du CNRS, on trouve aujourd'hui toutes les recettes pour mettre les chercheurs au pas. Occasion pour le politique de faire payer au chercheur le prix de son monopole symbolique sur la liberté et l'intelligence, dont il est jaloux. Mais, comme le regrettait publiquement en mai 2000 le conseiller du directeur général du CNRS, Yves Farge : « Actuellement, on ne peut ni égorger ni licencier un chercheur. »

G. L.

QU'EST-CE QU'UNE RECHERCHE FONDAMENTALE LIBRE ?

Le courrier des lecteurs m'incite à revenir sur la liberté de la recherche fondamentale. Faire de la recherche fondamentale « libre », ce n'est pas faire n'importe quoi. Je connais trop cette génération de chercheurs qui s'imaginent qu'ils n'ont de comptes à rendre à personne, infatués, isolés, et pleurnichards de surcroît. Ils ont provoqué la mort politique de leur discipline, trop bons prétextes qu'ils étaient à faire des économies de dépenses publiques par leur extinction naturelle programmée. Les objectifs de recherche, s'ils sont librement choisis par un individu, doivent s'inscrire dans un contexte d'équipe. Les moyens ne sont ni libres, ni infinis. Le chercheur est responsable du destin de ses étudiants (j'en entends qui rigolent !). La validation et la reconnaissance des productions scientifiques sont tellement contraignantes qu'on n'est même pas libre d'écrire ce qu'on veut si l'on veut publier visiblement. Finalement, un chercheur passe au moins la moitié de son temps à rendre des comptes et à baisser son froc devant l'air du temps. La liberté de la recherche fondamentale, c'est donc, et à juste titre, une liberté « surveillée » des objectifs, mais c'est surtout des conditions de travail qui garantissent l'émergence naturelle de tous les résultats possibles.

Or les « demandes sociétales » sous forme de finalisation techno-scientifique émanant du secteur privé et d'une partie du contrôle étatique de la recherche sont mues par des forces lucratives ou tellement finalisées qu'elles s'opposent à cette émergence. Je citerai Gérard Nissim Amzallag[1] : « Épistémologiquement parlant, science et technologie procèdent selon des démarches opposées. Par définition, une découverte scientifique implique un dépassement des connaissances existantes. Elle s'effectue donc au travers d'un cheminement partant d'un horizon connu pour aboutir à un point d'arrivée encore invisible au départ. [...] L'approche technologique est tout autre. L'invention consiste à se frayer un chemin pour atteindre un but préétabli, présent à l'esprit à tout moment de l'investigation. Les imprévus rencontrés en chemin seront à même d'influencer les conditions initiales ou même inciteront à changer de chemin, mais ils ne sauraient en aucun cas conditionner le point d'arrivée, c'est-à-dire le but fixé à l'avance. L'opposition entre démarche scientifique et technologique est donc radicale. » Même si ce que fait ensuite l'auteur de cette comparaison est discutable, son constat a le mérite d'aller à l'essentiel, au-delà des cas rares et heureux d'applications permettant une découverte

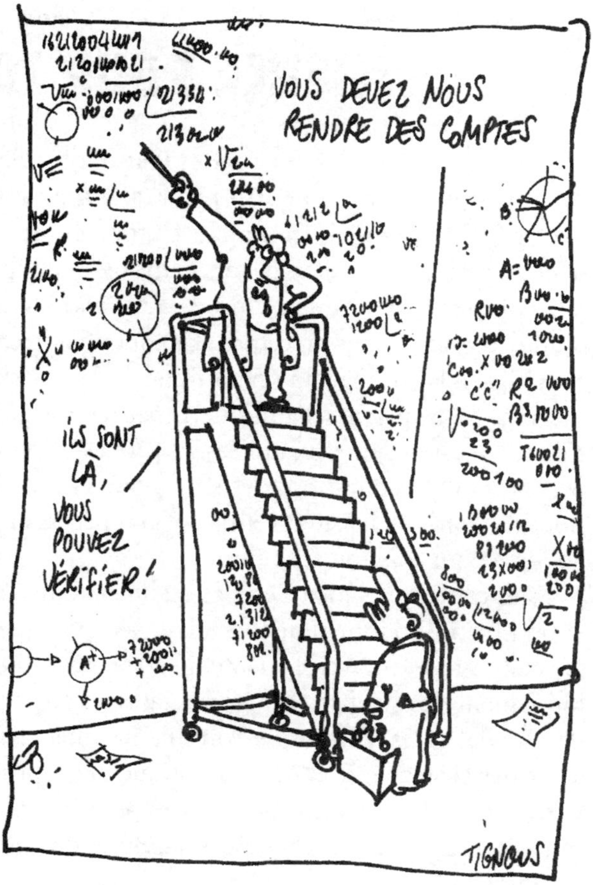

fondamentale fortuite. Le problème est politique : il apparaît lorsqu'on inscrit la soumission de la science à son rendement technologique dans une politique de la recherche. Et puis, à droite comme à gauche, la « mise au pas » passe par les contrats. On sait très bien que ceux-ci poussent à la fraude, surtout si leur reconduction conditionne le futur salaire. Un témoignage personnel : sur un projet difficile de défrichage, il nous a fallu sept années avant d'obtenir des résultats publiables. Impossible à faire sous contrat, parce qu'imprévisible.

Le chercheur du secteur public doit effectivement répondre à la demande sociétale, mais c'est la nature de cette demande et celle du demandeur qui importent. Publications professionnelles, innovations, expertises, livres, médias, conférences pour le public ou le corps enseignant, expositions, formation d'étudiants, enrichissement de collections nationales répondent à des besoins publics (ou privés) divers. Cependant, il était fait allusion à des demandes émanant du secteur privé afin de gagner une guerre économique, dérive aux dangers largement dénoncés : confiscation des savoirs, course aux brevets, exacerbation du secret qui tue la transparence scientifique. On ne peut pas être contre la recherche utilitaire, mais contre une gestion de toute la recherche sur le modèle de la recherche utilitaire.

G. L.

---

1. *La Raison malmenée,* CNRS éditions, 2002, mauvais bouquin.

SCIENCE POUR TOUS

Pourquoi la Terre est-elle ronde ? Pourquoi le ciel est-il bleu ? Comment un objet en orbite peut-il rester comme ça, à tourner autour de la Terre ? Qu'est-ce qu'un trou noir ? Le tout-public, même le plus rétif à la science, peut profiter d'excellents petits livres qui paraissent chaque année aux éditions Le Pommier : *Graines de sciences*. Ces livres sont le résultat d'une expérience sans précédent. Chaque chapitre, sur un thème différent, est rédigé à la fois par un scientifique et des enseignants du primaire. Le mélange est génial : le scientifique, le nez dans le guidon, fonce sans se soucier des questions qu'il a oubliées. Le prof est là pour lui rappeler qu'il a été naïf un jour. Les questions des enseignants sont à la fois les bonnes questions du non-spécialiste et celles qui sont nécessaires à l'exploitation pédagogique d'un contenu scientifique.

Mais cette expérience n'est pas qu'une affaire d'écriture. Un partenariat entre l'Institut national de recherche pédagogique, l'Académie des sciences et sa marque déposée « La main à la pâte » (dont l'objectif est le développement des sciences expérimentales à l'école primaire), la fondation des Treilles et les éditions Le Pommier permet chaque année la rencontre entre des enseignants et des scientifiques, la coordination de l'écriture du livre, la mise à disposition des séances pédagogiques issues de ce travail, et finalement permet de réaliser ces « graines de sciences » que chacun peut acheter en librairie.

Les enseignants font un boulot formidable, et beaucoup n'ont pas attendu l'opération « La main à la pâte » pour faire de la « science amusante » dans la classe. Mais l'opération, par la façon dont elle s'est structurée, va décupler dans les écoles la construction des connaissances par l'exploration, l'expérimentation et la discussion.

On discute en classe d'expériences possibles nécessaires à la résolution d'un problème. L'expérience choisie et ses résultats sont écrits sur un cahier d'expérience. Des progrès sont donc possibles tout à la fois en acquisition des connaissances, acquisition de démarches, développement des capacités de dialogue et acquisition du langage oral et écrit. On stimule un rapport au réel fondé sur le couple imagination-rationalisme critique. On se réapproprie le dialogue fondé sur l'observation et la déduction plutôt que de le laisser amputé par un rapport de force ou le respect d'une autorité, ce qui, parfois, dans des zones d'éducation prioritaires, ne constitue pas le moindre des objectifs. On permet aux enfants de s'émerveiller des phénomènes naturels et de leur explication rationnelle, plutôt que de laisser au surnaturel le monopole de la fascination.

En s'amusant à faire des expériences simples, on permet aux enfants de distinguer le savoir objectif du dogme et la science de la magie. Car la magie nous émerveille du décalage entre ce à quoi nos sens nous préparent et ce qu'il advient. La fascination réside dans le mystère. Le fait nous transcende et la magie nous soumet, passifs. La science enseignée sans référence à la façon dont elle se construit, uniquement au travers d'un corpus de résultats souvent contre-intuitifs, ne se distingue pas tant de la magie. Mais la science, c'est au contraire s'emparer du fait et trouver les moyens de le faire parler ! C'est être créatif et s'émerveiller, non pas du mystère, mais de la manière dont on a fait surgir la lumière. Des imbéciles se plaignent que la science « désenchante le monde ». Ils ont une pensée magique : c'est qu'ils préféraient s'enchanter des mystères que la science a dévoilés plutôt que s'émouvoir de comprendre. Avec *Graines de sciences*, enchantez-vous d'être scientifique !

G. L.

LA PÉDAGOGIE DE LA DÉCOUVERTE... DEMANDE DE GROS MOYENS

Pendant des décennies, de l'école primaire jusqu'au second cycle universitaire, la science était principalement enseignée comme un corpus de résultats à assimiler. Les leçons d'éveil de l'école primaire se passaient le plus souvent du rapport au monde réel. Bien sûr, au collège et au lycée, des travaux pratiques devaient nous remettre en phase avec les réalités matérielles de l'expérimentation. Mais ces séances n'ont jamais vraiment été autre chose qu'une illustration des connaissances à assimiler. La démarche de la découverte, elle, restait un mystère. En premier cycle scientifique, où 34 % des étudiants croyaient encore aux phénomènes paranormaux, on continuait tout autant à croire à l'astrologie qu'aux rigueurs de la statistique. Certains examens de fin de premier cycle ou de second cycle universitaire devinrent des hécatombes : au lieu de recracher du cours au kilomètre, les étudiants durent subitement faire fonctionner l'hypothético-déduction, ce à quoi peu étaient préparés. Forts de cette analyse, les pédagogues de la décennie écoulée ont décidé d'inverser le cours des choses. On s'est mis à vouloir enseigner les sciences par le raisonnement plus que par le résultat.

L'initiative était louable, mais sa réussite était une question de moyens. Prenons deux exemples pour les comparer : l'apprentissage par la découverte au lycée et à l'école primaire. Les livres scolaires de seconde ou de terminale sont organisés sur le même moule. Chaque chapitre du programme commence par des « activités » où, à partir de documents, l'élève doit déduire par lui-même des éléments de connaissance. Lors d'une seconde phase, on explicite les connaissances, sous forme de cours ou de synthèse. Enfin, chaque chapitre se termine par des exercices. En consultant les « activités » de certains de ces chapitres, on se demande comment les élèves peuvent déduire en aussi peu de temps (car le programme est chargé) ce que des chercheurs ont mis des décennies de débats et d'expériences à découvrir. Faudrait de super-élèves avec de super-profs. En réalité, pour fonctionner à la hauteur de ses ambitions, cette pédagogie impliquerait les deux tiers des chapitres du programme en moins, pour toutes les classes du lycée, et de vrais moyens d'expérimentation. Ou alors ne réserver « l'apprentissage par la découverte » qu'à certains chapitres. Plusieurs chercheurs, éditeurs et enseignants disent tout haut qu'on a fait

de la science au lycée une véritable bouillie, et attribuent à cette pédagogie tronquée la responsabilité de la récente décrue des effectifs dans les cursus universitaires scientifiques.

Pourtant, quand on y met les moyens, l'apprentissage des sciences par leur fonctionnement peut être une réussite ludique et pédagogique. Mais à une seule question posée, il faut trois à six séances de deux heures, rien que pour la réflexion commune et l'expérimentation. Il faut de l'encadrement scientifique et technique, au moins lors de la mise au point des séances. C'est ce qui commence à se pratiquer à l'école primaire, où l'on réintroduit les sciences expérimentales. En primaire, pour répondre à une question posée, on prend le temps de laisser émerger les représentations du monde qui vont conduire à formuler des hypothèses, bonnes et mauvaises. Il suffira de choisir dans le tas celles qui sont testables. Ensuite, on passe à la construction du test par l'élaboration d'une expérience. Dans le secondaire, comme on n'a pas le temps, il ne s'agit pas de formuler hypothèses et expériences mais d'interpréter un document déjà sophistiqué. Dans bien des chapitres, ça se mord la queue : la connaissance à faire émerger est totalement ou en partie nécessaire à l'interprétation des documents, laquelle est supposée conduire à la déduction de cette même connaissance. Et tout ça, trop et trop vite.

G. L.

L'ÉCOLE ESSUIE TOUT

Luc Ferry, alors ministre de la Jeunesse, de l'Éducation nationale et de la Recherche nous appris lors d'une conférence de presse sur ses « priorités pour réduire la fracture scolaire » que « les jeunes ne sont pas matérialistes, ils sont en quête de repères et de sens ». Tiens, la quête de sens, ça fleure bon son UIP[1]. En effet, personne n'est mieux placé qu'un ancien philosophe pour connaître la distinction entre l'adjectif « matérialiste » au sens vulgaire (obsédé par la possession de biens matériels) et au sens philosophique (tout phénomène naturel relève de la matière). Pour discréditer subtilement le matérialisme en tant que philosophie, il est courant de le laisser confondre avec le sens vulgaire négativement connoté. Le matérialisme est une philosophie noble, lucide, courageuse, qui responsabilise et émancipe. Qu'un philosophe n'ait pas choisi un autre mot alors qu'il en avait parfaitement les moyens, voilà de quoi nous faire réfléchir sur son univers et ses motivations.

Faut pas s'attendre à des miracles. En gros, l'État, rempart insuffisant contre les forces économiques, et même accompagnateur du creusement du fossé entre les plus riches et les plus pauvres, gère la casse à l'aide de dispositifs d'appoint en aval. Dans ce contexte, l'école continue d'être une béquille d'un système économique ultra-libéral, à laquelle on demande de gérer les conséquences sociales dudit système, de remplacer les parents, le tout déguisé en une « égalité des chances » qui n'est qu'une perversion de l'égalité en droits. Comme structure d'appoint, il faut donc assouplir l'école et en effacer les contours. Droit dans la ligne, Ferry s'en va panser le mal-être et la « quête de sens » par la mobilisation des jeunes lors d'une « journée nationale de l'engagement » où l'Éducation nationale va favoriser les échanges avec le monde associatif en informant sur le bénévolat. Là où l'État recule, les associations avancent. L'école publique va servir le recul de l'État! Pour garantir la qualité, on va assurer « coordination entre composantes scolaires et extrascolaires de l'éducation » et « améliorer l'accueil des parents au sein des écoles ». Ben voyons! Quand je vous disais que l'école va devenir un de ces machins poreux parmi d'autres, délivrant de la « compétence »... Là où l'instruction publique devait jadis armer le citoyen éclairé, l'école floue fait d'abord de vous un employable. L'instruction publique n'a pas à faire la nounou ni tricoter le tapis rouge du Medef! Les parents n'ont pas à infiltrer l'école! Par leur activité, ils compensent le reflux de l'État. Ils vous ramènent le foot et les religions. Ils se comportent comme des clients au comptoir du service après vente. Dehors, les parents!

Mais venons-en au plat de résistance. Six chantiers prioritaires sont identifiés pour lutter contre la fracture scolaire, mais seulement trois sont développés: 1. « lutte contre l'illettrisme », 2. « articulation entre l'enseignement général et l'enseignement professionnel » et 3. « autorité, sécurité, violence », thèmes d'une campagne droitière: on n'écrit plus français chez nous, l'école marche-pied à l'emploi, et insécurité. Alors causons illettrisme. Le manque de moyens est-il une cause de l'illettrisme? Ferry répond non: « Les moyens étaient vraiment plus nombreux dans les années vingt? » Comment peut-on repousser une question si complexe avec une aussi mauvaise foi? Pour Ferry, la solution est dans la revalorisation de tout ce qui relève de « l'héritage, du respect des traditions, du patrimoine », notamment de la langue maternelle, de la politesse et de la civilité. Je ne dis pas que la politesse soit inutile, mais nous servir une relève du « patrimoine moral et culturel » et de la tradition pour éviter d'embaucher des profs supplémentaires, nous voilà bien dans une politique de droite qui va masquer du premier haillon conceptuel venu son souci fondamental de limiter les dépenses publiques.

G. L.

1. Universitéinterdisciplinaire de Paris. Université autoproclamée de spiritualistes.

RENONCER, C'EST EXCLURE

Pour certains pédagogues et scientifiques, nombre de concepts ou de mots seraient *a priori* inaccessibles aux enfants et aux adultes les plus défavorisés. D'où un renoncement à la juste redistribution des richesses intellectuelles que produit notre société. Par exemple, il faudrait expliquer l'attraction terrestre à des gosses des ZEP, mais sans aller jusqu'au mouvement des planètes et l'existence des trous noirs, parce que ce serait trop abstrait. Pourtant c'est la même loi qui régit tout cela[1]. Lorsqu'il s'agit d'aborder en classe la diversité de la vie d'un point de vue scientifique[2], il faudrait alors conserver un langage coutumier[3], ce qui ferait passer pour scientifiques les mots populaires « invertébrés », « poissons », « fruits de mer » dans les classes de primaire et de collège. Pourtant, ces mots regroupent les êtres vivants non pas en fonction de leur histoire (ce que font les scientifiques), mais de l'utilisation qu'on en fait ou d'une vision religieuse du monde. Bien des intellectuels pensent ainsi préserver les têtes blondes des prises de tête, et qu'elles auront bien le temps, plus tard, de passer à un savoir plus rigoureux, par exemple de passer de « poissons » à « actinoptérygiens » (animaux à nageoires rayonnées) pour classer un cabillaud.

Avant d'être complètement erroné, ce point de vue est d'abord aristocratique. Nombre d'enfants quittent l'école avant le bac, et encore plus après. Comment peut-on admettre que soit dispensé en primaire un savoir approximatif, dissocié d'une rigueur qui sera le privilège ultérieur d'une minorité? Ce serait l'exclusion culturelle programmée des citoyens de seconde zone qui auront fait peu d'études. Ensuite, ce préjugé provient de la difficulté qu'ont les adultes à appréhender eux-mêmes le changement. Des expériences[4] en ZEP auxquelles j'ai participé montrent clairement qu'utiliser « poissons » ou « actinoptérygiens » ne fait aucune différence pour des enfants. Pour eux, ce mot nouveau est une acquisition, tandis que pour l'adulte il est une révolution. Parce qu'il est plus difficile pour l'adulte d'établir la correspondance entre ce que recouvre le mot ancien et ce que recouvre le nouveau, et comprendre la différence conceptuelle entre les deux. Il est plus facile de faire manger un plat nouveau à un affamé qu'à un défenseur de la gastronomie locale. Et puis, rien n'empêche d'établir en classe cette correspondance, pourvu que le mot scientifique soit compris. Les aristocrates de la connaissance crient à l'intégrisme des mots. Intox: la société est compartimentée en objectifs. Il est aussi stupide d'utiliser le mot « actinoptérygiens » chez un poissonnier qu'utiliser le mot « poissons » dans un laboratoire de zoologie. Il faut simplement utiliser les mots compatibles avec les connaissances qui fondent nos objectifs.

Si mon objectif est de faire une bonne bouffe, ce que « poissons » ou « fruits de mer » recouvrent sur le plan gustatif les justifie dans une cuisine. Dans la classe, la République veut offrir une vision rationnelle du monde fondée sur l'approche scientifique. Il faut donc désigner les êtres vivants en fonction de ce qu'on sait de leur histoire, et pas de ce qu'en dit la Bible.

Il n'y a pas de mots compliqués. Les gamins retiennent des noms à rallonges de dinosaures sans qu'on le leur demande. Il n'y a pas de science trop difficile en soi, mais une structure du système éducatif à adapter. Tout individu maîtrisant à fond une connaissance doit pouvoir la simplifier sans trahir, au profit des moins éduqués des élèves. Simplifier, c'est quoi ? 1) Ne pas utiliser de mots rigoureux ? 2) Les remplacer par le mot le plus proche ? 3) Trouver une astuce pour faire comprendre le contenu du mot sans l'utiliser ? ou 4) Le faire en l'utilisant ? Dans les cas 1 et 2, c'est la langue et la pensée qui deviennent approximatives. Seul le cas 4 n'est pas un renoncement. L'égalité en droit commence par le partage étendu des savoirs.

G. L.

1. Lire *Graines de sciences 4,* éditions Le Pommier, 2002, cinquième chapitre.
2. Dans le même livre, septième chapitre.
3. Voir ce qu'en dit André Langaney dans *Le Temps* du 22 janvier 2002.
4. Voir : Sous la direction de G. Lecointre, *Comprendre et enseigner la classification du vivant.*, Belin, 2004.

DU VENT POUR L'INUTILE

Cette année, Jack Lang a obtenu du philosophe Régis Debray un rapport[1] favorable à l'introduction de l'enseignement du fait religieux à l'école laïque. Attention, nous dit-on, il ne s'agit pas de faire du catéchisme à l'école laïque, mais d'« informer des faits pour en élaborer les significations ». Au premier abord, on se demande pourquoi. En effet, l'art gothique, la Réforme, la Saint-Barthélemy ou l'édit de Nantes font depuis longtemps l'objet d'une mise en perspective en rapport aux dogmes en tant que faits. D'ailleurs, dès la préface, Jack Lang concède: « Ainsi, l'évocation des religions, en tant que faits de civilisation, a toujours été possible à l'école de la République. » Bon, alors, pourquoi en vouloir plus?

D'abord, Debray va chercher le sens de la vie chez les curetons: « C'est l'aplatissement, l'affadissement du quotidien environnant dès lors que La Trinité n'est plus qu'une station de métro, les jours fériés, les vacances de Pentecôte et l'année sabbatique, un hasard de calendrier. » Putain, que ma vie est blême! Ensuite, il nous fait le coup de la bouée de sauvetage: « C'est l'angoisse d'un démembrement communautaire des solidarités civiques. [...] Détresse patrimoniale, sociale, morale? [...] L'effondrement ou l'érosion des anciens vecteurs de transmission que constituaient églises, familles, coutumes et civilités reporte sur le service public de l'enseignement les tâches élémentaires d'orientation dans l'espace-temps que la société civile n'est plus en mesure d'assurer. » Tout ça est cohérent: la religion a toujours servi de béquille aux perdants, tout en les maintenant dans la soumission. Au lieu de fournir des repères politiques aux paumés, Debray propose de renforcer les repères religieux, en cas de besoin. L'école laïque

va donc rendre la religiosité cool. Vous imaginez, vous, un ministre cohérent, qui demanderait un rapport sur l'enseignement du mutualisme, du syndicalisme, des grands dogmes politiques comme faits de société? Debray conserve donc à la religion le monopole qu'elle revendique sur la solidarité. Puis il agite le chiffon rouge de l'intégrisme et se fait défenseur de la rationalité: « La relégation du fait religieux hors des enceintes de la transmission rationnelle et publiquement contrôlée des connaissances favorise la pathologie du terrain au lieu de l'assainir. Le marché des crédulités, la presse et la librairie gonflent d'eux-mêmes la vague ésotérique et irrationaliste [...]. S'abstenir n'est pas guérir. » Joli tour de passe-passe, qui ferait presque oublier que la source de l'intégrisme n'est pas dans l'exclusion des religions de l'école laïque, mais dans la pauvreté et, dans certains pays, le monopole religieux sur l'enseignement! Quant au marché des crédulités, s'il fallait que l'école s'en mêle, il faudrait commencer par enseigner le loto et tous les grattages comme faits sociaux, sans parler des multiples sectes! On pourrait saturer le programme! Merde, y a pas autre chose à foutre? Lorsqu'on veut réintroduire des sciences expérimentales à l'école, on nous dit que les emplois du temps sont déjà surchargés!

En fait, tout était déjà écrit dans la lettre de commande de Lang, qui voulait qu'un plumitif lui justifie une opération démagogique. Debray écrit lui-même: « L'opinion française, dans sa majorité, approuve l'idée de renforcer l'étude du religieux dans l'école publique. » Car les gens s'imaginent que la religion a le monopole de la morale. D'ailleurs, Debray les confine dans cette contre-vérité[2] droitière: « C'est la recherche, à travers l'universalité du sacré avec ses interdits et ses permissions, d'un fonds de valeurs fédératrices. » Allez, je vous ai gardé une perle pour la fin: « Le but n'est pas de remettre « Dieu à l'école » mais de prolonger l'itinéraire humain à voies multiples, pour autant que la continuité cumulative, qu'on appelle aussi culture, distingue notre espèce animale des autres, moins chanceuses. »

G. L.

1. Publié chez Odile Jacob
2. À lire: Y. Quiniou, *Études matérialistes sur la morale,* Kimé, 2002. D. Collin, *Morale et justice sociale,* Seuil, 2001.

LA LOI DU PLUS MORAL

On entend dire, ici ou là, que seules les religions sont porteuses de valeurs morales. Évidemment, il s'agit d'un discours de droite oublieux de toute organisation sociale d'inspiration socialiste, mutualiste ou libertaire. Volontairement et farouchement amnésiques, certains appellent au retour des religions dans la vie publique pour y réinjecter une morale qu'ils croient perdue. C'est l'angle d'attaque d'une droite spiritualiste qui, prise de mauvaise conscience, se préoccupe de panser les conséquences désastreuses d'un capitalisme fondamentalement immoral, tout en se gardant bien de le dénoncer. Pour elle, si les patrons licencient, c'est qu'ils sont matérialistes (la confusion entre les deux sens du mot est de mise), et les hommes seraient plus heureux si la société capitaliste était contrôlée par les spiritualistes. Mais ceux-ci ont tort de croire que les religions ont le monopole de la morale. L'humanité progresse dans l'objectivité en se détrônant elle-même. Après avoir compris qu'il n'est pas placé au centre de l'Univers, qu'il n'est pas l'aboutissement ultime et parfait du déroulement évolutif des êtres vivants, qu'il n'est même pas maître de son propre inconscient, le cureton moderne doit essuyer une autre défaite: la morale n'a pas besoin de lui.

En effet, il existe une théorie matérialiste de la morale qui range la quincaillerie métaphysique au placard. Yvon Quiniou[2] explique comment la morale se fonde dans une philosophie matérialiste, à partir de ses écrits concernant Nietzsche, Darwin, Marx et Habermas. Dans un autre livre, Denis Collin élargit et développe cette problématique dans les champs politique et social. Fonder la morale d'un point de vue matérialiste, c'est nier les entités métaphysiques qui, croyait-on, établissaient l'universalité des valeurs morales. C'est pourquoi il convient tout d'abord de distinguer morale et éthique. L'éthique est empirique, locale, collée à un contexte socio-historique, parfois à une métaphysique. La morale se fonde sur une normativité abstraite, universelle. Collin nous écrit même une belle « défense de l'universalisme ». Sur quoi se fonde l'universalité d'une morale ancrée dans une philosophie matérialiste? Qu'est-ce qui peut être commun à tous les hommes, et qui transcenderait tous les particularismes culturels? La généalogie de la morale nous ramène à la vie, valeur normative suprême. Une morale universelle serait celle qui concourrait au maintien de la vie, d'un substrat minimal requis pour le bonheur humain. Sa genèse naturelle, conçue dans un cadre matérialiste, provient d'un double effet réversif: biologique avec Darwin, et historique avec Marx.

Darwin avait conçu que, au sein des populations humaines, des facteurs anti-sélectifs tels l'entraide, les comportements coopératifs et, par extension, toutes les valeurs morales de partage, de protection des plus faibles, liées à un niveau d'intérêt général, auraient été sélectionnés, c'est-à-dire auraient conféré aux populations qui les portent une meilleure capacité de survie face aux contraintes externes. C'est le fameux « effet réversif de l'évolution », anti-nature issue de la nature, développé par Patrick Tort à partir de Darwin. Ainsi, Quiniou se réfère à Darwin, qui, dans *La filiation de l'homme*, établit une origine matérialiste de la morale. Avec Marx, la normativité morale, en principe universelle et a-historique, transcende les conditions historiques dont elle est issue : c'est l'anti-factuel issu du factuel.

Bref, dans sa pratique comme dans sa genèse, la morale, sans laquelle nous ne pourrions vivre ensemble, n'a pas besoin des religions ni des sectes qui tentent de se l'approprier. D'autre part, quand Labarde et Maris intitulent leur excellent bouquin *La Bourse ou la vie* (Albin Michel, 2000) n'oublions pas que la morale fondée dans une philosophie matérialiste est du côté de la vie, tandis que le matérialisme au sens péjoratif est du côté de la Bourse.

G. L.

1. À lire : Y. Quiniou, *Études matérialistes sur la morale*, Kimé, 2002. D. Collin, *Morale et justice sociale*, Seuil, 2001. P. Tort, *L'Anthropologie inattendue de Charles Darwin*. Introduction de *La Filiation de l'homme*, de Charles Darwin, Syllepse, 1999, p. 17-69.

LE DÉCLIN DES MUSÉES D'HISTOIRE NATURELLE

Fin 1996, les musées d'histoire naturelle de Nice et de Rouen ont fermé leurs portes. Et l'état de la plupart des autres est proche de la décomposition… scientifique !

Depuis la Révolution française, le rôle des musées de la République est de restituer le savoir au peuple. Mais dans la plupart des musées d'histoire naturelle de France, ne vous attendez pas à trouver une image de l'état de la science actuelle. Il y avait quelques années seulement, à Nantes et à Lyon, le contenu de certaines vitrines sur l'évolution des vertébrés datait scientifiquement de quarante ans. À Nancy, le contenu scientifique, la forme du message comme le look des maquettes remontent aux années vingt ou trente. Ici ou là, erreurs, poussière et délabrement des locaux. On se fout de la gueule du peuple, qui n'a pas idée de se plaindre. L'autodidacte, lui, est scandalisé. Pourtant, le succès de ces musées auprès du plus large public n'a jamais faibli. Si ces musées sont en difficulté, ce n'est pas par manque de fréquentation…

Les musées d'art, quel que soit leur propriétaire, sont dans leur grande majorité sous la tutelle du ministère de la Culture. Leurs conservateurs sont diplômés de l'École du patrimoine. Les musées de sciences naturelles dépendent directement du ministère de l'Éducation nationale, qui paye directement seize conservateurs tandis que les autres le sont par les collectivités territoriales. Les conservateurs n'ont aucun diplôme spécifique, car l'École du patrimoine ne possède pas de sections scientifiques. Ce sont souvent des universitaires qui n'ont pas trouvé de place dans la recherche. Leur dynamisme est souvent à la hauteur du peu de crédits dont ils disposent pour la rénovation des contenus. Car, sur le terrain, les collectivités territoriales financent d'abord la « vraie culture », celle des musées d'art. Les sciences et les techniques ramassent les miettes. Au début des années quatre-vingts, le gouvernement créa la « mission musées », dont le rôle fut de distribuer de l'argent pour la rénovation des contenus et l'entretien des collections. Ces crédits n'étaient destinés ni à la création de postes ni à la rénovation immobilière. Les sommes, dont l'utilisation dépendait du bon vouloir du conservateur local, furent trop modestes pour entreprendre des rénovations de grande envergure. Lorsque la mairie peinait à financer le fonctionnement du musée, on faisait appel à la « mission musées », alors transformée en tirelire bouche-trous. Résultat: en absence de véritable programmation, les conservateurs s'endormaient ou ne rénovaient que les vitrines traitant des sciences de leur spécialité.

La culture scientifique et technique qu'Allègre affirme vouloir défendre passe aussi par ces musées. Il ne suffira pas de débloquer de l'argent: le passé nous enseigne qu'il faudra restructurer de manière jacobine, mettre en place un véritable diplôme de conservateur scientifique, et un réseau de compétences scientifiques variées chargé de réelles remises à jour et de réel contrôle des contenus, en évitant de choisir pour cela des chercheurs retraités ou des types mis au placard. La direction des musées de France du ministère de la Culture a élaboré en 1996 un projet de loi[1] visant à fournir un cadre juridique commun pour tous les musées (publics ou privés) et un label « Musée de France ». Un volet prévoit un contrôle scientifique et technique des musées par l'État.

Les musées de Rouen et de Nice ont fermé pour cause « de sécurité ». Mais le public, lui, aimait ces musées.

G. L.

1. Voir *La Gazette des communes* du 17 avril 1997, p. 6.

LA CULTURE ZAP ENTRE AU PALAIS

À l'heure où l'on nous brise les bonbons avec Internet, une bibliothèque qui meurt, c'est déjà triste et révoltant. Mais qu'un établissement d'éducation nationale remplace les livres par un magasin, cela devient sacrilège. Au Palais de la découverte, plutôt que de retaper la librairie, la direction a trouvé plus rentable de mettre au placard les 6300 livres et 145 revues, pour débloquer 250000 francs[1] à faire le lit d'un magasin Nature et Découverte.

Cette version Wall Street de l'éducation populaire ne s'arrête pas là: le cinéma scientifique a tiré le rideau, l'expo de maths agonise, et la salle « Eurêka », hybride intelligent de la foire du Trône et d'un labo de physique, s'éparpille aux quatre coins du musée. À la place fleurissent des expos parrainées par Meccano, Compac ou la RATP. « Le Palais sert d'écrin à des publicitaires », rage un employé, « et on ne voit plus le rapport avec la science ». Les chargés d'exposés ont l'impression de se muer en VRP en blouse blanche, genre le guignol qui sert de caution scientifique aux pubs de lessive.

Autre joujou des marchands du temple: le multimédia. Quand les livres moisissent, les ordinateurs pavoisent. Résultat, « les gosses passent la journée à s'amuser sur Internet ou avec des logiciels de jeux qui n'ont aucun rôle pédagogique », déplore un animateur, qui rame maintenant pour attirer les foules.

Ce virage stratégique est pourtant censé redresser le nombre d'entrées qui, de 700 000 par an avant l'ouverture de la Cité des sciences de la Villette, ne dépasse plus 500 000 aujourd'hui. Premier but, déringardiser ce musée qui sent trop la craie et le tableau noir. Dans ce cadre, une boutique peut trouver sa place, selon Daniel Raichvarg, chercheur en vulgarisation des sciences: « Toutes les études montrent que les gens aiment bien emporter un objet qui continue à vivre après leur visite. Les expositions commerciales peuvent aussi donner du sens et attirer le public. » Qu'un porte-clefs « fixe » le souvenir d'un moment enrichissant, soit. Mais pourquoi supprimer la librairie? Pour Michel Demazure, directeur du Palais, « elle n'a plus de raison d'être car il en existe d'autres à Paris, qui sont bien plus performantes ». Avec cet argument, on pourrait aussi fermer les toilettes, sous prétexte que celles de la Cité des sciences sont plus spacieuses.

Quant à convoquer Guerlain pour expliquer la chimie des odeurs, pourquoi pas? Sauf que, à travers la lorgnette de l'industrie, la science prend une autre allure. *Quid* de la pollution dans une expo sur l'environnement parrainée par Elf et Rhône-Poulenc? Et des additifs alimentaires dans une expo sur l'agro-alimentaire conçue par La Pie qui chante et Fleury-Michon?

L'industrie est au Palais de la découverte ce que le Futuroscope est à la Cinémathèque. On ne comprend pas plus l'acoustique en faisant joujou avec un synthétiseur que le langage cinématographique en frémissant sous le faste d'un écran trois dimensions. Seule la culture fondamentale donne une grammaire. La corde vibrante, c'est le Flaubert de la physique. Voilà toute la richesse du Palais de la découverte, qu'il faut défendre autrement qu'en la reléguant sous les paillettes de la culture zapping ou derrière les vitrines de la consommation.

A. F.

1. Environ 38 112 euros.

ENCYCLOPÉDIES LIBRES : APRÈS LE « FAST-FOOD », LE « FAST-SCIENCE »

Dans la grande encyclopédie libre, tout un chacun est libre d'écrire ou de modifier un article de connaissances, et ce, de manière anonyme. Certains des contributeurs de l'encyclopédie Wikipedia s'identifient sous des slogans anarchistes : « Vivre libre ou mourir ! », « Créons sans entraves ! » ; peut-être sans se douter que l'anarchie mal pensée est le pain bénit des ultralibéraux.

L'idée neuve en sciences dérange toujours et se trouve, parfois pour longtemps, minoritaire. Or, par ses corrections permanentes et libres, Wikipedia ne donne pas accès à la véritable connaissance d'un domaine de recherche, mais donne accès à l'opinion majoritaire, justifiée par une benoîte « neutralité de point de vue ». C'est-à-dire soit à des données dépassées, archaïsmes d'une discipline en déliquescence démographique, soit à des clichés, soit à l'inutile agitation des scoops d'une discipline à la mode.

L'encyclopédie libre est peut-être un bon vecteur pour certaines connaissances stabilisées, mais pas pour la connaissance scientifique. Car, faute d'un tempo adapté, elle s'y trouve empêtrée dans les idées fausses qui circulent, dans le manque de rigueur et les métaphores mal digérées. En effet, il y a un hiatus en temps et en qualité entre les résultats de la science et leur digestion par la société. Avec des textes non signés d'auteurs maîtrisant mal les sujets, on s'éloigne des premiers pour rejoindre une forme de connaissance rapide que gobent nos lycéens.

Le site d'accueil Wikipedia ironise : « L'absence de noms d'auteurs connus est toujours déroutant pour ceux qui ont l'habitude de se réfugier sous l'aile rassurante de « ceux qui savent ». » Il fait passer l'exigence d'expertise pour de la couardise, alors qu'il s'agit de précision : l'identification du signataire fait partie de l'information scientifique, puisqu'elle permet de retourner aux sources pour toute vérification ou recoupement. Le site balaie tout ça d'un revers de main, en disant qu'à la longue les fautes seront corrigées.

Le problème, c'est que lesdites corrections plafonnent à l'aune de la médiocrité générale du journalisme scientifique (surtout audiovisuel) qui, en moyenne, se retrouve fatalement dans l'encyclopédie. Elle devient du même coup, c'est là sa seule qualité, un baromètre des efforts de diffu-

sion à faire pour les scientifiques concernés. Certes, on trouve aussi des erreurs dans les encyclopédies écrites par des « autorités ». Mais cela ne saurait justifier une diminution de précision. Il vaut mieux un mauvais texte signé, plutôt qu'un texte moyen non signé.

Les ultralibéraux et les « anarchistes » autoproclamés des encyclopédies libres récusent que des intellectuels puissent avoir pour tâche de délivrer gratuitement de la connaissance. Connaissance pour laquelle ils ont un haut degré d'expertise. Cela s'appelle les chercheurs payés par l'État. Ils auront disparu quand le monde anarcho-libéral de Madelin en aura enfin fini avec cette archaïque générosité d'un État redistributeur de richesses. Fini l'encyclopédie des connaissances, voici venu le temps du très libéral dictionnaire des croyances.

G. L.

• À lire : D. Forrest, *Le Prophétisme communicationnel,* Syllepse, 2004.

DE TARZAN À RAHAN… LA BD SUR LE DIVAN

L'intérêt, avec l'histoire, c'est qu'elle permet des rapprochements. Par exemple, on fustige les séries télé américaines qui souillent la moralité de la jeunesse. Eh bien, il n'y a rien de nouveau dans ce discours. Sauf qu'avant, c'était aux bandes dessinées qu'il s'adressait. Voilà, entre autres, ce que montre l'historien Thierry Crépin[1] dans son histoire de la bande dessinée.

Jusqu'en 1934, les BD commençaient par un abbé qui racontait une histoire dans le jardin du patronage. La pin-up se réduisait à Bécassine. Et les voyous aux Pieds Nickelés, escrocs, certes, mais bien français et nationalistes. En 1934, c'est la révolution: publication du *Journal de Mickey*, premier magazine qui ne publie que des BD américaines. Le point de départ d'une « invasion » de revues peuplées de gangsters et de sculpturales créatures bien peu vêtues: Mandrake, le Fantôme du Bengale, etc., et surtout Tarzan, qui incitait à la débauche en se promenant à poil. On disait que 88 % des jeunes délinquants étaient passionnés d'illustrés, comme on dit aujourd'hui que 80 % des drogués ont commencé par le shit!

Les ligues chrétiennes se lancèrent dans des campagnes morales (et quelque peu antisémites, puisqu'elles ne se privaient pas de rappeler que l'éditeur de Tarzan était juif). Au point que les dessinateurs exigèrent un maximum de 25 % de BD américaines dans les magazines.

Puis vint l'Occupation. Paradoxalement, les journaux enfantins étaient plus libres en zone occupée qu'en zone libre, car les nazis y prêtaient moins d'intérêt que le régime de Vichy. À la Libération, dilemme. Les Américains continuaient de corrompre notre jeunesse, mais ils étaient aussi les libérateurs. Alors, que faire? Et puis l'expérience du nazisme a fait évoluer le discours. On critiquait désormais Tarzan parce qu'il était raciste – les méchants y sont souvent basanés – alors que ça ne dérangeait personne dans les années trente. Finalement, les moralistes furent sauvés par l'émergence de la BD chrétienne belge (Tintin, Spirou…) et par la promulgation de la loi de 1949 sur la « protection de la jeunesse » – celle-là même qui censura le *Charlie Hebdo* des années soixante-dix!

Il y en a un qui a eu plus de chances que Tarzan, c'est Rahan. Il serait né en 1940, ce quasi-nudiste, il n'aurait pas eu la vie facile. Le psychologue Pascal Hachet en a analysé les ressorts psychanalytiques[2], en montrant notamment comme l'enfant peut se trouver des ressemblances avec le héros préhistorique. Par exemple, le gosse aussi survit dans un « âge farouche » et

se lance à la découverte du monde entier. Pascal Hachet souligne aussi que les noms qui peuplent l'univers de Rahan forment un univers sonore familier à l'enfant, car peuplé de « a » et de « o » – Craô, farouches, goraks, Maoni, coutelas, etc. –, un peu comme *Charlie Hebdo*, vous ne trouvez pas?

La solitude, fondamentale chez Rahan, montre également qu'on peut être heureux sans compter sur ses proches. Par ailleurs, bien qu'il soit né en 1969, Rahan n'a rien d'un héros érotique (il ne se marie qu'en 1999). Et l'absence de sexualité chez un adulte, cela soulage l'ado prépubère en lui démontrant que ce qu'il ressent comme une angoisse peut être différé. Libéré du sexe, il peut s'adonner à la quête de la Connaissance, toujours en lutte contre les sorciers obscurantistes.

Héros progressiste, Rahan serait-il un agent « communiste » infiltré dans les âmes des jeunes lecteurs de *Pif gadget*? En tout cas, si Tarzan symbolise l'impérialisme qui sauve les niakoués, Rahan véhicule davantage l'idée du service public préhistorique et égalitaire. On peut encore dire que si Tarzan c'est Stallone, Rahan, ça serait plutôt José Bové.

A. F.

1. T. Crépin, *Haro sur le gangster. La moralisation de la presse enfantine, 1934-1954,* CNRS Éditions, 2002.
2. P. Hachet, *Psychanalyse de Rahan,* L'Harmattan, 2000.

SCIENCE ET BANDE DESSINÉE

La bande dessinée présente rarement la science de manière sereine. La BD oscille entre le scientisme naïf des années cinquante et le catastrophisme des ravages de la technoscience à partir des années soixante-dix. Sans parler des clichés anti-science tenaces, celui du savant fou qui se sert de sa science pour soumettre le monde, celui du professeur Tournesol pareillement coupé du monde. Mais ces BD parlent-elles vraiment de la science? En fait, rarement. Pour nous en rendre compte, prenons les quatre principales acceptions du mot science telles qu'elles ont été distinguées par Alan Sokal et Jean Bricmont[1]. La science, c'est d'abord: 1. La démarche rationnelle de la découverte du monde et ses méthodes. 2. Mais on entend aussi parler de « science » comme un ensemble de résultats à un moment donné. Par exemple, on parle de la « science chinoise » d'il y a deux mille ans. 3. Comme institution. Il est alors question d'une société de chercheurs avec ses pratiques démocratiques (mais aussi ses petites bassesses) et des relations qu'entretiennent les chercheurs avec le reste de la société. Enfin: 4. Il est question de « science » au sens de ses applications dans la société et la vie quotidienne. C'est la technoscience. Bien entendu, il est injuste de rejeter la science au sens premier parce que la science au sens 4 produit des armes bactériologiques et des déchets nucléaires. Ces applications n'ont rien à voir avec la science selon le premier sens, car ont prédominé des facteurs politiques, économiques, sociaux, culturels auxquels la science est étrangère.

Dans la BD, il n'est jamais vraiment question de la démarche rationnelle de la découverte du monde. Il est surtout question d'une image de la science aux sens 3 et 4. Les esprits ainsi nourris de savants fous, de désastreuses manipulations génétiques et de catastrophes nucléaires pourraient bien rejeter toute la science, y compris ce qu'elle a de meilleur, son sens premier. Deux auteurs français de BD ont cependant une attitude différente. Enki Bilal nous avait habitués à un certain pessimisme (*La Foire aux immortels*, Les humanoïdes associés, 2001). Dans *Le Sommeil du monstre* (Les humanoïdes associés, 1998), c'est à présent l'obscurantisme que Bilal montre comme menaçant. L'Obscurantis Order y est « un mouvement monothéiste radical créé par des groupes dissidents intégristes issus de courants sectaires des trois principales religions monothéistes ». Cet ordre combat la pensée, la science et la culture, et veut tout faire péter. Chez Bilal, pas d'amalgame: tout en dénonçant depuis des années les possibles horreurs des technosciences (sens 4), il sait montrer comme dangereux ceux qui rejettent toute connaissance rationnelle du monde.

Enfin, contrairement à toute attente, la BD qui cause le mieux de science (sans la nommer) a pour théâtre le monde préhistorique : c'est Rahan, créé par le tandem André Chéret-Roger Lécureux[2]. Rahan ne prie jamais : il est pragmatique et ne compte que sur les ressources de l'Homme. Dès que Rahan-le-vagabond arrive dans une tribu, il se heurte à l'autorité du sorcier. Le sorcier nourrit ses frères de superstitions par lesquelles il maintient son pouvoir. Rahan fait les expériences « scientifiques » qui réfutent les supercheries du sorcier. Vous pensez bien que le sorcier n'apprécie pas. Par ses expériences, Rahan nous montre la science au sens premier (ce qui est très rare) et favorise chez le jeune lecteur une tournure d'esprit critique et expérimentale. Lorsque Chéret et Lécureux parlent de la science sur le quatrième mode, ils font le tri et pratiquent la « science avec conscience ». Par exemple, lorsque Rahan découvre par hasard les explosifs, il détruit tout ce qu'il a trouvé pour éviter que les hommes ne s'en servent contre leurs semblables. Dans un océan de crétineries superstitieuses ou incapables de montrer la science autrement que comme outil de pouvoir, Rahan est le seul à montrer l'esprit scientifique comme facteur d'émancipation de l'Homme… contre le pouvoir des sorciers !

G. L.

1. *Impostures intellectuelles,* deuxième édition, Hachette, Le Livre de poche.
2. L'intégrale de Rahan a été rééditée chez Soleil en 1998.

VOLEURS, MENTEURS... ET TROUILLARDS !

Il y a deux façons d'être un escroc. Si je lance une souscription pour construire un parachute en couille de gnou, je peux le tester en sautant de 3000 mètres... ou empocher l'argent et filer en Uruguay. Si je fais la promo du petit déjeuner à l'urine (ça existe), je peux m'en délecter chaque matin... ou attendre mes droits d'auteur en buvant du champagne. Bref, soit on croit à ce qu'on dit, même si c'est nul, soit on prend les gens pour des vrais cons. Avec les Paco Rabanne et les Élizabeth Teissier, il n'est plus possible de douter. S'ils avaient un atome de croyance en eux-mêmes, ils relèveraient le « défi zététique ».

L'enjeu est tout de même alléchant. Le physicien Jacques Théodor s'est engagé, sous contrôle d'huissier, à offrir sa fortune personnelle –

200 000 euros – à quiconque fera la démonstration d'un pouvoir paranormal. Il suffit de se rendre à l'université de Nice, dans le labo de zététique (l'art du doute) du professeur Henri Broch. Rien de compliqué… Juste un peu de rigueur dans la salade paranormale. Les « télépathes » sont passés au scanner pour vérifier l'absence de récepteurs dans les oreilles. Les « voyants » rédigent n'importe quelle prédiction vérifiable. Et quand les « magnétiseurs » tripotent un steak pour l'empêcher de pourrir, on compare avec une viande témoin conservée dans les mêmes conditions… Cela, sous l'œil de Gérard Majax, qui veille à déjouer les trucs d'illusionnistes. De plus, conscient de la tendance des aficionados du paranormal à expliquer leurs échecs par un « climat hostile », Henri Broch s'efforce de « créer une ambiance détendue ».

Et voilà, les résultats sont formels : les 236 candidats testés depuis 1986 sont tous repartis la queue basse, généralement au bout de quelques minutes… « Je suis pas en forme aujourd'hui… », « Je n'ai plus le fluide de mes vingt ans… », « Ça marchait à la maison… », etc. L'étonnant, c'est qu'il n'y a jamais d'esclandre… Jamais de tricheries… « Personne n'a essayé de nous rouler dans la farine », affirme Henri Broch.

Voici le plus instructif : ceux qui vont à Nice sont sincères. Naïfs, certes. Illuminés, parfois… Mais ce ne sont que des petites gens, des inconnus qui s'inventent des histoires dans leur salon. De ces célébrités qui se payent Rolls et châteaux sur l'ignorance et la crédulité, aucun n'a jamais fait le déplacement. Ah, si… un seul : l'hypnotiseur Chris. Il prétendait deviner les cartes tirées par une partenaire. Comme les autres, il a filé sans demander son reste… Sauf qu'ensuite les chercheurs ont appris qu'il se vantait d'avoir été « testé par des scientifiques ». Depuis, Henri Broch a compris la leçon : « Il s'est servi de nous pour faire sa pub. Maintenant, nous demandons au candidat de s'engager, s'il cite l'expérience, à en mentionner le résultat. »

Hormis le rusé Chris, pas un médium empailletté, pas un astrologue hertzien qui n'ait relevé le défi. « Alors que, sur les plateaux télé, ils se disent toujours partants… » Pourtant, ils devraient se bousculer à l'université, ces margoulins qui se gargarisent de jargon scientifique ! Leur dérobade montre qu'ils n'ont même pas la décence de croire aux prétendus « dons » qui alimentent leur compte en Suisse.

A. F.

MOÏSE FAIT DE L'INFORMATIQUE

Que Dieu est facétieux. Il nous aurait laissé, à travers la Bible, des messages codés attendant l'invention de l'ordinateur pour être décryptés. Presque tout y est : Hiroshima, l'assassinat de Yitzhak Rabin ou la découverte de l'aviation… Voilà le thème de *La Bible : code secret*, best-seller pondu par un de ces journalistes qui font des livres comme d'autres jouent en Bourse.

Ces délires n'auraient pas plus d'intérêt que la dernière partouze de Tabatha Cash s'ils n'étaient cautionnés par des recherches publiées dans une revue scientifique dite « sérieuse ». Des mathématiciens israéliens ont aligné toutes les lettres de la Genèse, en supprimant les espaces entre les mots. Ensuite, ils ont cherché, verticalement, horizontalement, ou en oblique, des séries de lettres équidistantes formant de nouveaux mots.

Ils ont ainsi « découvert » les noms d'une trentaine de « sages » juifs, de l'Antiquité à nos jours, à proximité de leurs dates de naissance ou de mort. Preuve, prétendument, que ce résultat n'est pas le fruit du hasard, il n'apparaît pas dans un livre témoin, *Guerre et Paix.* Fort de cette caution scientifique, notre journaliste passe la Bible à l'ordinateur. Il redécouvre alors l'histoire de l'humanité : « Yitzhak Rabin » codé avec « L'assassin assassinera », « Hitler » avec « homme mauvais », « Edison » avec « ampoule électrique »…

On ne dira jamais assez comment l'arsenal mathématique le plus sophistiqué peut conduire aux résultats les plus stupides. Supposons que j'utilise ma voiture une fois par mois pour partir en week-end. La courbe de ma consommation d'essence fluctue mensuellement, à l'instar, par exemple, du cycle lunaire. Un ordinateur trouverait une relation statistique, et on pourrait en déduire que la Lune influence mon budget voiture. Cela pour dire que trouver, dans un embrouillamini de milliers de lettres, des noms de personnages à proximité de leurs dates de naissance ne préjuge en rien de la cause de cette observation. Un autre moyen d'arranger les statistiques consiste à n'exhiber que les résultats qui confirment la théorie (comme les marchands de jeux qui clament que « 100 % des gagnants ont tenté leur chance »). Yitzhak Rabin ou le Watergate seraient codés. Mais pourquoi pas Pasteur, Freud ou Marx, qui ont bien plus marqué l'humanité ? Par ailleurs, peut-être que, en cherchant bien, on trouverait « Moïse » codé avec « trou du cul » ou « Yahvé n'existe pas » ?

Autre *a priori*, le choix des textes étudiés. En quoi le fait que la nomenklatura juive n'apparaisse pas dans *Guerre et Paix* constitue-t-il une preuve du codage de la Bible ? Pourquoi choisir Tolstoï plutôt que *Remets ton slip, gondolier*, de San Antonio ? Il aurait été plus convaincant de montrer que

la même cuisine statistique ne donne rien sur l'annuaire de Jérusalem, où les noms à consonance hébraïque sont plus fréquents !

L'auteur se gargarise de démarche scientifique, mais il en ignore un des principes : le pouvoir de prédiction. Il ne « décode » que des événements déjà survenus. Sauf, il est vrai, une fin du monde pour le début du IIIe millénaire. Mais ça, ce n'est pas très original. Comme quoi, les bigots informatisés qui du haut de leur chaire d'université prétendent démontrer l'existence de Dieu avec des logiciels ne font pas mieux que les prophètes du Moyen Âge avec leur bave de crapaud et leurs formules magiques.

A. F.

CASTAFIORE-TEISSIER : MÊME COMBAT

On voit ça dans Tintin. Mais aussi dans des films comme *Le Tambour*, dans des pubs pour des cassettes… et même dans des livres d'acoustique. Il y a ceux qui y croient, et ceux qui n'y croient pas. Mais, de la concierge au Prix Nobel, tout le monde a entendu parler de la chanteuse qui casse un verre avec sa voix.

Or, il y a quelque temps, l'émission scientifique d'Arte, « Archimède[1] », m'avait proposé de reproduire la fameuse expérience de la chanteuse. En théorie, c'est possible : lorsqu'on cogne un verre, il s'ensuit un son. Et si l'on chante cette note suffisamment fort, le verre peut vibrer à son tour (la « résonance », ça s'appelle). À condition que cette vibration soit suffisamment forte, pas impossible, donc, de briser le verre.

Ayant entendu dire que la Callas et Caruso l'avaient fait, j'ai commencé par en chercher les traces historiques. Et rien ! Je traîne dans les opéras. On m'indique un chanteur : « Il l'a fait devant moi, je l'ai vu de mes yeux. » Je téléphone au ténor en question : « Qu'est-ce que c'est que cette histoire, je n'ai jamais fait ça ! » Quant aux acousticiens, ils avaient d'autres chats à fouetter : « Bof, on sait pas, on n'a pas essayé… » Ça se compliquait sacrément. En fait, force était de constater que ce phénomène si connu, personne ne l'avait vu de ses propres yeux !

Je décidai alors de tenter l'expérience avec un haut-parleur (en lui faisant émettre un son correspondant à la résonance du verre). Au moins, ça serait ça de pris, en attendant la cantatrice. J'ai sillonné les cristalleries de Paris en quête du verre le plus fin possible (ce qui déclenchait la terreur des vendeuses, qui, lorsqu'elles me voyaient cogner les précieux verres, chuchotaient en faisant naviguer leurs yeux entre ma pomme et le téléphone). Puis, avec un copain sonorisateur, on a mis des protège-oreilles et chaque verre dans les grosses enceintes qui servaient à sonoriser Bercy. Et en avant la sauce ! Mais, diable, ils vibraient à n'en plus finir, ces verres, mais ne cassaient point…

C'est alors que j'ai découvert que les verres subissent tous, pendant la fabrication, une opération appelée « recuisson », destinée à augmenter leur souplesse. La seule solution, pour espérer briser le verre, était donc d'utiliser des verres « non recuits ». On en a fait construire par un verrier… Et – je passe les détails – ça a fini par marcher. Mais toujours avec un haut-parleur ! Impossible avec une chanteuse, dont la puissance vocale, si grande soit-elle, est répartie sur tant de fréquences sonores que le verre vibre nettement moins ! Il fallait donc se rendre à l'évidence : les prouesses de la Castafiore avaient tout d'un mythe. Possible en théorie. Mais en pratique si difficile qu'il dépasse les capacités humaines.

Moralité : voilà une rumeur, entretenue par l'absence de réelle investigation. D'ailleurs, ce n'est pas la seule du genre : la lune qui influence les plantes, les Noirs qui ont une grosse bite, etc., sont autant d'affirmations qui peuvent être vraies… comme fausses. Mais la rumeur est entretenue, car les chercheurs craignent de perdre leur crédibilité en s'intéressant à des questions jugées frivoles ! Ça devrait pourtant être un des rôles de la science que de répondre aux rumeurs populaires… Comme ça, juste pour savoir.

A. F.

1.Emission malheureusement aujourd'hui disparue.

LES MARTIENS, VIE ET MORT

Ah, les Martiens ! Il y a trente ans, lorsqu'un paysan venait à la télé décrire, avec sa truculence pastorale, les gugusses verts qu'il avait surpris dans ses maïs, la France entière haletait. Une trace de pneu sur un chemin de campagne, un nuage de traviole au soleil couchant, et l'on guettait le Martien. Le Martien, c'était une sorte de cousin, mystérieux et rigolo.

Aujourd'hui, l'actualité de la planète rouge se dilue dans des oreilles blasées. Par exemple, l'Agence spatiale européenne et Matra Marconi Space viennent de signer un contrat. Son but : une sonde qui, en 2003, partira dénicher de la flotte dans les entrailles de Mars. À la clef, peut-être, la découverte de bactéries fossiles. Et donc de vie. Mais la routine a laminé le fantasme, et l'aventure n'exalte plus les foules…

Pourtant, Mars, c'était quelque chose. Tenez, pourquoi les extraterrestres ont-ils été martiens plutôt que vénusiens ou mercuriens ? Bien sûr, Mars est l'une des planètes les plus proches de la Terre. Bien sûr, avec - 50 °C, elle serait presque vivable, à côté des 500 °C minimum des autres planètes…

Mais cela ne suffit pas à faire un mythe. En fait, tout vient d'un astronome italien. En 1877, l'homme scrute Mars au télescope. La lunette pourrie donne une image floue. Mais vous savez comment sont les Ritals : toujours prêts à transformer un pigeon en aigle royal. Notre astronome, donc, croit déceler une multitude de « *canali* » réguliers. Il est vrai, comme l'explique le sociologue Pierre Lagrange[1], que « l'œil a tendance à créer un ordre là où il n'y en a pas. De plus, *canali* a été traduit par canal. En français, le mot donne l'idée d'une construction artificielle, ce qui n'est pas le cas en italien ». Le canal de Panamá étant en cours de construction, les masses sont mûres pour gober l'histoire : désormais, et pour près d'un siècle, Mars sera perçue comme une planète habitée.

En 1897, H. G. Wells rajoute une couche en publiant *La Guerre des mondes*, qui décrit une invasion martienne. Dès lors, la science-fiction ne cessera d'entretenir le mythe : « Dans les premières revues de science-fiction des années vingt, les extraterrestres restent souvent des Martiens », note Pierre Lagrange. En 1938, même succès. Quand Orson Welles adapte *La Guerre des mondes* à la radio, « un million d'auditeurs croient sérieusement à l'histoire ». Il faut dire que la guerre est sur le point d'éclater. Les petits hommes verts évoquent alors d'autres monstres, vert-de-gris ceux-là : « Lorsqu'il a entendu les réactions suscitées par l'émission de radio, le scénariste d'Orson Welles a cru que Hitler avait envahi un pays. »

1965, c'est l'apogée du mythe martien. Premières photos de la planète. Re-vague de soucoupes volantes. Mais voilà... en dévoilant l'intimité de la star, les clichés ont amorcé son déclin ! Et, peu à peu, l'imaginaire collectif délaissera la déesse rouge.

Car il est facile, quand on scintille au firmament de l'inaccessible, de faire palpiter les âmes. Mais il est moins évident d'allumer les fantasmes quand vos dessous rocailleux s'offrent à toutes les sondes. Bien sûr, on ne va pas regretter les élucubrations des tarés de la soucoupe. N'empêche, ce serait bien, en astronomie comme dans d'autres domaines, de revivre quelquefois les frissons du premier pas...

A. F.

1. Auteur de *Sont-ils parmi nous? La nuit extraterrestre,* Gallimard « Découvertes » hors-série, 1997. À lire aussi : C. Frankel, *La Vie sur Mars,* Le Seuil, 1999.

L'AUTRE GUERRE DES PIERRES

Pour comprendre l'enjeu des fouilles palestiniennes, il suffit d'entendre Djalal Kazzoub, chef du département d'archéologie de Naplouse, commenter ses derniers travaux: « Ces découvertes de l'âge du bronze établissent nos racines dans ce pays. [...] C'est là le plus grand défi lancé à ceux qui possèdent cette terre et disent avoir des liens historiques avec elle. » D'après lui, les archéologues juifs n'ont exploré que l'époque « israélite », celle qui concerne la Bible, à partir du Ier millénaire avant notre ère. En fouillant aujourd'hui des couches plus profondes, les Palestiniens se découvriraient des filiations avec les anciens habitants, les Cananéens, démontrant ainsi leur antériorité sur cette terre.

Une argumentation logique pour certains, comme Jean-Baptiste Humbert, archéologue à Jérusalem: « Il n'y a pas de filiation directe entre les Israéliens d'aujourd'hui et les Juifs du Ier siècle. En revanche, il y en a plus entre les Palestiniens d'aujourd'hui et les Cananéens. »

Mais, pour beaucoup, ce discours est surtout guidé par la fibre chauvine, aux dépens de la rigueur scientifique. C'est notamment l'avis de Pierre de Miroschedji, directeur de recherches au CNRS: « Les Israélites viennent aussi des Cananéens. Les Palestiniens n'ont pas plus de raisons que les Israéliens de se proclamer leurs descendants. »

Difficile de trancher dans ces polémiques politico-archéologiques. Cependant, tous reconnaissent que l'archéologie palestinienne est moins habitée par l'objectivité scientifique que par l'exaltation de la nouveauté. Remarquez, cela se comprend. Ce n'est que depuis 1995, à la suite des accords d'Oslo, que les Palestiniens peuvent réaliser des fouilles. Auparavant, ils étaient cantonnés à des recherches théoriques. De leur fenêtre, ils voyaient les Israéliens creuser leur terre, une bible à la main. La moindre poterie servait à cautionner les écritures saintes ; le moindre squelette devenait un symbole juif, et les couches archéologiques plus récentes étaient parfois détruites pour arriver plus vite à la période israélite. Mais aujourd'hui, ce qui les agace le plus, c'est l'israélo-centrisme du vocabulaire archéologique (qui, par exemple, parle de « période israélite » pour l'âge du fer, ou date toujours les périodes historiques en référence au temple de Jérusalem…).

Voilà maintenant plus de vingt ans que l'archéologie israélienne s'est libérée du démon nationaliste (mettons de côté les attaques des ultra-orthodoxes, qui veulent empêcher l'exploration des tombes et ont même proposé une loi demandant le contrôle des fouilles par des religieux…). Cela n'empêche pas l'archéologie palestinienne d'adopter les travers nationalistes des Israéliens des années soixante. Pour Pierre de Miroschedji « c'est normal, car le nationalisme est la maladie infantile de l'archéologie. Comme la varicelle, cela passe généralement avec le temps ».

Peut-être… Mais en tout cas, on est encore loin d'une archéologie qui – à l'instar de la génétique, qui a balayé les distinctions raciales – s'attacherait à souligner les convergences entre les peuples…

A. F.

SCIENCE ET CONDITION ANIMALE

Quoi de neuf pour les animaux? Une bonne nouvelle pour commencer. L'OCDE – Organisation de coopération et de développement économiques, le club des pays riches – a décidé de sauver des rats. Jusqu'ici, pour évaluer la toxicité d'un produit chimique, on prenait une vingtaine d'animaux (rats et souris en général, mais chiens parfois). On leur administrait une forte dose de la substance à tester, puis on les laissait agoniser deux semaines. S'il n'y en avait que trois qui mouraient, on augmentait la dose. S'il y en avait quinze, on la diminuait. Et ainsi de suite, jusqu'à ce qu'on trouve la quantité qui tue exactement la moitié des animaux. Ce test, c'est le LD 50, pour *Letal Dose, 50 %*, dose mortelle à 50 % si vous préférez. Eh bien, l'OCDE vient de décider sa suppression. Parce qu'il est cruel, mais surtout inutile.

D'abord, les résultats dépendent de l'animal. Entre un rat et une souris, on peut trouver un rapport de un à six entre les doses létales. Et pour une même espèce, mais testée par plusieurs labos, les valeurs peuvent varier de un à huit. Autant dire que la dose qui sera décrétée toxique pour l'être humain tiendra davantage compte de la cotation boursière de Rhône-Poulenc que de l'objectivité scientifique. Désormais, les labos devront étudier les signes de toxicité, sans aller jusqu'à tuer les animaux. Ce qui donnera des résultats plus fins que le bulldozer meurtrier du LD 50.

Une mauvaise nouvelle, maintenant. Le Japon vient d'envoyer cinq navires en Antarctique. Leur mission: tuer quatre cents baleines. Mais l'Antarctique étant un « sanctuaire baleinier », seules les expéditions scientifiques y sont autorisées. Alors voilà que le Japon prétend chasser les baleines dans un objectif scientifique! La belle foutaise. Parce que, évidemment, on ne tue pas les baleines pour les étudier. Et surtout parce que le produit de ces « recherches », c'est dans les restos qu'on le trouve. Mais, à part le WWF et les militants de Greenpeace qui s'enchaînent aux harpons, silence total sur ce commerce sanguinaire réalisé au nom de la « science ».

Une bonne nouvelle, pour finir. On se souvient de l'autoroute A 28, dont les travaux sont toujours bloqués vers Le Mans, à cause d'un scarabée protégé par une directive européenne (voir plus loin, « L'autoroute et le scarabée »). Eh bien, on vient de découvrir qu'une chauve-souris, également protégée par une directive européenne, niche sur le trajet de l'autoroute. Ces petites bêtes qui défendent les arbres et empêchent l'enrichissement des notables, ça a du bon, l'Europe!

Tout ça montre que des choses impensables il y a quinze ans peuvent se réaliser aujourd'hui. La sacro-sainte expérimentation animale et l'inexorable marche du progrès remises en question par des bêtes! On ne va pas se lancer dans l'éloge des experts de l'OCDE ou du Parlement européen. Mais reconnaissons qu'ils contribuent à faire sortir la cause animale du ghetto des mémères-à-chien-chien-qui-préfèrent-les-animaux-aux-humains, où l'on a longtemps voulu la cantonner. Peut-être est-ce le signe que, à la longue, le discours des défenseurs des animaux finit par agir sur les consciences.

Évidemment, ça ne marche pas toujours. L'autre soir, sur Arte, au cours d'un « Théma » sur la souffrance animale, le présentateur déclarait: « Comment pouvez-vous parler de droits pour les animaux, puisque pour avoir des droits, il faut aussi des devoirs? » Et alors: le bébé qui passe sa journée à téter et chier, c'est quoi, ses devoirs? Vivre sa vie de larve, point. Ça ne l'empêche pas d'avoir le droit de ne pas être jeté au vide-ordures. Les animaux, c'est pareil, ils n'ont que les droits que veulent bien leur accorder les humains dotés d'une conscience, d'une morale et du sentiment d'empathie qui fait la civilisation.

A. F.

FUME, C'EST DU FOSSILE !

Imaginez-vous paléontologue flairant quelque bonne couche fossilifère quelque part dans une région agricole pauvre du nord-est du Brésil. Au moment où, au fond d'un trou, vous posez la main sur une pierre prometteuse, vous sentez la pointe d'un canon vous chatouiller la tempe. Un paysan vous menace de son fusil en vous expliquant qu'ici, c'est « son » trou, et que vous feriez mieux d'aller fouiner ailleurs. Ce n'est pas du « Far West » ni la « ruée vers l'Or », mais ça y ressemble beaucoup. Cela est réellement arrivé à plusieurs paléontologues « officiels », même brésiliens. Car un paysan pauvre de cette région sèche ne vit que difficilement de l'agriculture. Aussi, il complète par des activités de fouilles. En 1992, dix heures de fouilles lui rapportaient l'équivalent d'un dollar américain. Un nodule contenant un petit poisson fossilisé pouvait rapporter en ville quinze fois plus. Sur le marché international – illégal – le fossile d'une nouvelle espèce de vertébré tétrapode peut atteindre les 80 000 dollars.

Le paysan qui fouille est appelé le « poissonnier ». Un « dealer » local revend les fossiles à un trafiquant d'envergure internationale aux allures respectables. Celui-ci vend ses fossiles à de riches particuliers de tout pays, des collectionneurs privés, des joailliers, des marchands de pierres précieuses. Il peut aussi vendre ses trésors à un mécène bidon, lequel « donne » ses fossiles à des institutions scientifiques. Ainsi, plusieurs musées américains, allemands, italiens, japonais ou brésiliens ont incorporé dans leurs collections les

objets de ce trafic. Une infime partie des fossiles servira ainsi – illégalement! – à la science. Par le moyen de relations individuelles qui se veulent secrètes, musées et universités ont le pouvoir de créer un « effet d'appel » sur les petits dealers. La boucle est bouclée.

Il est entendu que le paysan qui effectue les fouilles, même si cette activité paye bien, touche une infime partie du butin qu'empochent les intermédiaires. Aucune retombée économique pour la population locale, qui, en revanche, subit le climat de terreur imposé par la mafia des fossiles. Pour doper leur valeur marchande, les fossiles sont très souvent truqués grâce à des moyens parfois très sophistiqués. Les musées ne s'y laisseront pas prendre, mais le riche gogo bavera devant son fossile de ptérodactyle à huit ailes trônant sur la télé. Pensez donc, y avait tellement de bêtes bizarres à c't'époque-là!

Le Brésil n'est pas le seul pays concerné. Le Maroc, le Venezuela et le Liban sont des pourvoyeurs bien connus. Mais le Brésil s'est depuis longtemps doté de lois (lois de 1937, 1942, 1990) déclarant les fossiles comme monuments naturels du patrimoine artistique et historique national. En faire le trafic est un « crime contre l'Union brésilienne ». Un particulier peut se faire confisquer ses fossiles par les forces de l'ordre, et se voir inculpé, en vertu des articles 163 et 180 du Code pénal brésilien. Les musées étrangers ne sont pas à l'abri: tout fossile ayant fait l'objet d'un trafic par voie de contrebande vers l'étranger effectué après le 31 mai 1973 peut être réclamé par voie diplomatique et ramené immédiatement dans son pays d'origine, selon une convention ONU/UNESCO.

Dans certains États du Brésil, l'agriculture est « mixte »: sur le pourtour du champ, on fait pousser du maïs. À l'intérieur du champ, on fait pousser de la marijuana. Les plantes narcotiques et les fossiles quittent parfois par le même convoi leur État d'origine pour un autre État brésilien. Pour qu'un fossile acquière toute sa valeur scientifique, il faut tout de même un peu plus de transparence sur les circonstances de sa découverte et sur son parcours. Ce pillage organisé est une perte pour la connaissance universelle.

G. L.

HOMMAGE À LA SCIENCE ARABE

À l'école, on nous parle de la science des Grecs, puis de la Renaissance, à partir de laquelle se développe la science en Occident. Sans véritable cours d'histoire des sciences, on embraye vite fait sur l'immense corpus des connaissances scientifiques, dont il faut bien avoir quelque notion. Le commun des mortels a vaguement entendu parler de technologies chinoises datant d'époques antédiluviennes. Mais pour lui, entre Grecs antiques et Léonard de Vinci subsiste un trou noir peuplé de sorcières. La science a-t-elle disparu de la surface du globe durant 1 500 ans ? Bien sûr que non. Notre égocentrisme naturel nous porte à oublier un peu vite ce qui se passe chez nos voisins. Un exemple qui fait plaisir : ces salauds d'Amerloques, qui ne cessent de redécouvrir le fil à couper le beurre, à force de ne pas lire la littérature scientifique publiée hors de leurs frontières. Un exemple qui nous botte le cul : nos voisins, ce sont aussi les Arabes. Les colonisateurs que nous avons été, tous gonflés de « mission civilisatrice », ont-ils oublié le fabuleux passé scientifique des colonisés ? Ou l'ont-ils volontairement occulté ? Car l'âge d'or de la science arabe se situe précisément dans notre Moyen Âge européen le plus obscurantiste. Car le prétexte de la mission civilisatrice tiendra d'autant mieux qu'on aura nié chez l'autre tout signe ou souvenir de civilisation. Jusqu'à la décolonisation, on ne parlait de science arabe que sous forme d'allusions. Dans le meilleur des cas, on acceptait de reconnaître aux scientifiques arabes leur rôle de transmission de textes entre la Grèce antique et la Renaissance européenne. Rien sur leur contribution propre. Il m'a fallu attendre la cinquième année après le bac pour entendre un enseignant parler de la contribution des scientifiques arabes du Moyen Âge à ce qu'on appelle « la science », entendez par là, à la somme des connaissances objectives que possède aujourd'hui l'humanité.

L'historien des sciences Ahmed Djebbar entend rafraîchir la mémoire du public francophone, en publiant sous forme d'entretiens avec Jean Rosmorduc *Une histoire de la science arabe* (Seuil, « Point Sciences », 2001)[1]. Entre le VIIIe et le XVe siècle, de Bagdad à l'Andalousie, les Arabes traduisaient les ouvrages grecs et indiens, pratiquaient la science expérimentale, développaient les mathématiques, la logique, la physique, l'astronomie, la médecine, observaient et rangeaient les êtres vivants. Qui irait imaginer qu'un État construisit à Maragha, en Asie centrale, un observatoire astronomique en plein XIIIe siècle, avec ses bâtiments, instruments et astronomes rattachés à l'établissement ? La rationalité s'est appliquée dans le domaine juridique et politique, au cœur de la vie de la cité, à une époque

où, chez nous, la féodalité nous maintenait dans la superstition et les traditions inégalitaires. Au Moyen Âge, les savants occidentaux étaient tous des gens d'Église, lesquels continuèrent à « tenir » la Sorbonne jusque tard dans le XVIIIe siècle. En pays d'Islam, les hommes de science venaient de tous les horizons et n'avaient, pour la plupart, aucun lien avec les théologiens ou les religieux. Il est temps de restituer les véritables rôles et mérites des hommes, des cultures et des États dans la constitution du patrimoine scientifique de l'humanité.

G. L.

1. Lire aussi du même auteur *L'algèbre arabe, genèse d'un art,* Vuibert, 2005.

POUR ÉCHAPPER AU SIDA, COUPEZ-VOUS LA BITE

Musulmans, Juifs ou Animistes, les réducteurs de sexe de tout poil peuvent se réjouir. Le prépuce les rapprochait déjà de Dieu, on apprend maintenant qu'il les éloigne du sida. En clair, il semblerait que la circoncision réduise les risques de transmission du virus. C'est une équipe de scientifiques (dont des membres de l'Inserm, Institut national de la santé et de la recherche médicale), qui l'a déclaré tout récemment dans un colloque à Rio de Janeiro.

En soi, l'idée n'a rien de révolutionnaire. Le rôle de la circoncision dans la réduction de transmission du VIH est un serpent de mer qui a déjà fait l'objet d'une bonne trentaine d'études. Mais toutes s'étaient contentées de comparer le taux d'infection entre circoncis et non-circoncis. Quand elles concluaient que les premiers étaient moins infectés, ça ne démontrait pas grand-chose : peut-être que les circoncis étaient moins séropos… tout simplement parce qu'ils forniquaient moins, étant plus bigots. Là où les travaux exposés à Rio sont novateurs, c'est qu'ils se basent pour la première fois sur un protocole expérimental.

Les chercheurs ont suivi trois mille hommes en Afrique du Sud. Ils en ont circoncis la moitié, choisis au hasard. Ils ont ensuite filé des capotes et les mêmes conseils de prévention à tout le monde. Et trois ans plus tard, ils ont compté les hommes contaminés : 18 chez les circoncis, contre 51 chez les non-circoncis. Forts de cette différence de contamination (65 % !), les chercheurs frétillent de passer à la prochaine étape, intégrer la circoncision dans les politiques de santé des pays africains. « Mon rêve, c'est que la circoncision soit généralisée. L'épidémie serait ainsi divisée par deux ou trois », commente Bertrand Auvert, chercheur à l'Inserm.

Admettons. Il est vrai qu'après la circoncision la surface de muqueuse susceptible d'entrer en contact avec les sécrétions vaginales est réduite : logique que le virus rencontre moins de portes d'entrée. Et puis, mis à nu et sans protection, le gland finit par se durcir à la manière d'une main de bûcheron : normal, encore, que le virus rencontre de la résistance au passage.

Dans tout ça, on oublie quand même une chose. C'est de mutilation qu'il s'agit. Le fait est indéniable, scientifique : l'ablation du prépuce entraîne la suppression de milliers de terminaisons nerveuses parmi les plus sensibles de tout l'organisme[1].

Mais le raisonnement des chercheurs est mathématique. Sachant qu'en Afrique le préservatif est peu utilisé (seul un rapport sexuel sur cinq est

protégé), et tenant compte du fait que la circoncision divise par trois les risques de contamination, alors, si tous les hommes sont circoncis, ça fera toujours ça de gagné.

C'est là que je me permets de douter. L'Afrique est pourrie par les rumeurs les plus farfelues sur le sida. Par exemple, les Africains du Sud croient échapper au virus en violant une fille vierge, pendant que les Gabonais s'imaginent guérir en achetant les prières d'un pasteur évangéliste. La promotion de cet ersatz de solution que serait la circoncision risque de bordéliser encore davantage les esprits. Les hommes négligent la capote même lorsqu'ils sont bien informés. Comment imaginer qu'ils vont davantage la mettre en se croyant immunisés par la suppression du prépuce ? C'est évidemment l'inverse qui va se produire. Vas-y, Popaul, vu qu'il y a moins de risques ! Et il faudra s'attendre à davantage de contaminations, surtout chez les femmes, que la circoncision masculine ne protège en rien du virus.

Non. La seule et unique solution, c'est de continuer à marteler qu'il n'y a pas de salut en dehors de la capote, et ce n'est certainement pas en cautionnant une tradition barbare qu'on va aider l'Afrique. Il y a là-dessous les relents d'un nouvel ordre hygiéniste aux arrière-goûts de bigoterie. Qu'elles s'appuient sur des prétextes sanitaires ou religieux, les mutilations sexuelles sont inadmissibles. Supprime-t-on les muqueuses nasales afin d'éviter la grippe ? Non. Alors, fichez la paix à nos pénis et à nos vulves.

A. F.

1. Sous prétexte que la circoncision n'empêche pas l'orgasme, elle est généralement considérée comme non handicapante. Par fierté ou par pudeur, les hommes circoncis ont du mal à admettre qu'ils ont moins de plaisir que les non-circoncis. Ils oublient que la comparaison leur est difficile, vu qu'ils ont généralement été circoncis très jeunes. N'empêche qu'aux États-Unis, où les bébés masculins sont circoncis de façon quasi systématique, des associations d'hommes demandent réparation contre cette atteinte à l'intégrité qui leur a été imposée.

3

Quand science rime avec résultats

La science vue comme un ensemble de connaissances disponibles à une époque donnée

À l'école, on nous apprend un « socle » de connaissances présentées comme vraies à jamais. Des trucs gravés dans le marbre. Si tu ne te destines pas à être un scientifique, tu quittes l'école, bachelier ou non, avec cette idée qu'il existe des connaissances immuables. En parallèle, tu découvres assez vite dans un magazine que ce que tu croyais vrai est faux. Tu croyais que la Terre est sphérique? Hé non, elle est aplatie aux pôles! Tu croyais que les poissons existent? Hé non, c'est un terme de cuisine! [1] *Pire, il se peut même que tu entendes à la radio le récit d'une découverte, et peu après son démenti. La science est souvent vue comme capricieuse, car elle peut se contredire. À tel point qu'elle peut y perdre sa crédibilité.*

On croit – naïvement – que la stabilité d'un savoir est un signe de sa scientificité. Il n'en est rien. La stabilité n'est pas une qualité scientifique. Le propre d'une qualité scientifique est, au contraire, de porter le changement en germe. En effet, une proposition scientifique a d'autant plus de valeur qu'elle se laisse vérifier ou réfuter – préliminaires au changement –, ou qu'elle est féconde en prolongements qui apporteront du nouveau.

On croit – naïvement – que les choses portent en elles le sens qu'on leur donne et les énoncés qui s'y rapportent. On confond nos outils d'investigation et les propriétés des objets étudiés. Prenons un exemple. En science, comme dans les enquêtes policières, les investigateurs utilisent le principe d'économie d'hypothèse. Ils préfèrent la théorie qui implique le plus petit nombre d'hypothèses non vérifiées. C'est le principe de parcimonie. Quand les scientifiques cherchent à reconstituer les scénarios du passé qui expliquent l'état actuel de la nature, ou à interpréter ce qui se passe dans un tube à essais opaque, ils utilisent ce même principe. Une erreur répandue consiste à penser que ce principe implique que la nature est parcimonieuse, en d'autres termes que les molécules qui s'agitent dans le tube se déplacent et agissent au plus économique. C'est un peu comme si, parce que le commissaire reconstitue le crime en limitant au maximum le nombre d'hypothèses non vérifiées, le criminel lui-même avait tué le moins possible de victimes, ouvert le moins possible de portes, et économisé son carburant. Avec de tels raisonnements, tous les criminels seraient des feignants. Bien entendu, il n'en est rien. Le principe d'économie d'hypothèse est une mesure de notre propre cohérence – trop d'hypothèses rendraient notre interprétation incohérente – et ne tient rien de la nature. D'autre part, cette croyance pousse parfois jusqu'à croire que les noms posés sur les objets naturels leur sont intimement liés: « comment avez-vous fait pour découvrir que cette pierre s'appelait ainsi »? Résultat de tout cela: lorsque notre interprétation du monde change, le monde lui-même semble s'écrouler. D'où, parfois, les refus violents d'un résultat nouveau.

On croit encore – naïvement – que plus c'est abscons et plus c'est scientifique. C'est faux: la transparence des procédures et la clarté de leur exposé conditionnent la possibilité donnée à d'autres de reproduire l'expérience. Seulement voilà, plus la science avance, plus elle cerne le réel avec minutie et précision, si bien que les mots de la vie courante sont insuffisants pour décrire tous les phénomènes et les objets. Il faut bien un mot nouveau pour parler avec précision de tel nouveau concept, d'une nouvelle espèce, ou d'une nouvelle particule. D'où le jargon apparent. Certes, il peut y avoir ici ou là des excès de jargon, et même des charlatans qui, en sciences comme en philosophie, cachent leur vacuité derrière une fumée de néologismes. Mais fondamentalement, les mots nouveaux ont leur utilité, et autorisent – paradoxalement – plus de clarté car ils permettent d'être à la fois court et précis.

La crédibilité de la science dans nos sociétés médiatiques tient en partie à la différence entre le temps nécessaire à la validation d'une découverte et l'immédiateté de sa diffusion au grand public. Il existe en sciences un temps nécessaire à la vérification d'une découverte. Une sorte d'adolescence de la connaissance, entre sa naissance, date de la première publication professionnelle, et sa maturité, époque où elle est admise par tous car elle a été vérifiée. Par exemple, l'un d'entre nous a communiqué aux États-Unis certaines de ses découvertes en 2000. À l'époque, elles étaient trop nouvelles pour pouvoir être acceptées tout de suite. Depuis, des équipes de recherche japonaise et américaine ont retrouvé les mêmes résultats. Si bien qu'aujourd'hui, ils sont unanimement acceptés. Cela implique que la nouveauté en sciences demande du courage et de la patience. Mais surtout, cela implique que les médias attendent que l'adolescence des connaissances soit passée avant de diffuser les résultats dont le processus de validation n'est pas achevé. Or, le temps médiatique et la soif de reconnaissance de certains chercheurs ont raison de la patience nécessaire. La science semble se contredire en partie parce que les revues assoiffées de scoops la cueillent dès la naissance, sans attendre la maturité. Du coup, les démentis ou les résultats contradictoires se font jour. La « mémoire de l'eau » correspond à une publication d'expériences qui n'ont jamais pu être reproduites par d'autres équipes que celle des auteurs. La « loi de l'évolution » [2] *est passée dans le public à grands renforts de prime time sur TF1 alors qu'elle fait rigoler tous les scientifiques à l'heure du café. Les contradictions se font jour artificiellement, dans ce sens où, si elles font partie de la marche normale de la genèse des connaissances objectives, elles brouillent davantage qu'elles n'aident un public pas toujours attentif. Et, compte tenu de la croyance – certes naïve – selon laquelle toute bonne science produit des résultats stables, contradictions et scoops éphémères nuisent indûment et inutilement à l'image de la science. Certains pensent alors: « La science, c'est des conneries: ça change tout le temps! »*

La science passe son temps à nous démontrer des réalités qui échappent à nos sens. Elle produit de la surprise, du contre-intuitif. C'est en ce sens que les « leçons de choses » nous émerveillent et, à ce titre, méritaient de figurer dans la rubrique scientifique de Charlie Hebdo. *Mais le simple fait de comprendre un phénomène est déjà, en soi, une sorte d'émotion. On passe de la fascination à l'excitation lorsque la science se charge de nous parler de nous-mêmes, de révéler des parties inattendues de notre nature, d'enraciner celle-ci parmi les animaux, et d'éclairer ainsi nos comportements, voire nos façons de penser. C'est pourquoi nous nous sommes attachés à vous rapporter les résultats de la science concernant nos ressorts intimes, ou nos ressemblances avec les animaux (tout en étant bien conscients qu'il est absurde de justifier les lois humaines par une Nature fantasmée).*

---

1. Sur le plan de l'évolution, les poissons n'ont pas d'origine unique; et les scientifiques n'utilisent pas ce terme dans leurs classifications.
2. Une pseudo-loi qui prétend prédire l'avenir de l'évolution des êtres vivants à partir de présupposés erronés.

3

I. La science parle de nous...

JE BAILLE DONC NOUS SOMMES

Si la Déclaration des droits de l'Homme existe, c'est peut-être parce que ledit homme bâille (ainsi que sa compagne, d'ailleurs). Je sais, ce n'est pas immédiat. Mais attendez les explications…

Partons du bâillement. Tous les mammifères le pratiquent. Mais comme un plaisir solitaire. Seul l'Homme a hissé le déboîtement de mâchoire au rang d'activité contagieuse et collective (pensez-y très fort, vous allez bien finir par bâiller…). « Même chez les singes, le bâillement n'est pas communicatif », affirme Bertrand Deputte, primatologue au CNRS de Paimpont, en Bretagne.

À quoi il sert, on ne sait pas trop… On a dit que, sous l'effet de la fatigue, la respiration était moins fréquente, et que bâiller permettait de récupérer rapidement un grand bol d'air. Mais des mesures en labo ont balayé cette rumeur. Le bâillement agirait plutôt comme un « étirement », une sorte de décontraction générale.

Imaginons nos ancêtres, tapis au fond d'une grotte, une nuit d'hiver, le vent et les ours mugissant à l'entrée. Le bâillement devait inviter la communauté à se serrer les flancs dans un réchauffement salvateur. Mais alors,

pourquoi chez les babouins, qui ont le même besoin de chaleur animale, le bâillement n'est-il pas contagieux?

Il y a donc autre chose. De l'imitation? Peut-être… Mais pas du genre qui consiste à copier les tics du chef ou à se plier au conformisme dominant. Elle serait plutôt à mi-chemin entre une activité sociale (chanter en groupe pour se réchauffer…) et un acte purement réflexe (hurler si on vous écrase le pied…).

Selon Bertrand Deputte, bâiller par contagion traduirait l'« envie subconsciente de s'harmoniser à l'état physiologique de l'autre ». Ce qui sous-tend la capacité à élaborer, plus ou moins consciemment, des conjectures sur ce que ressent votre voisin: ce qu'on appelle l'« empathie ». Et ça, c'est de l'humain pur jus, car « rien ne permet de penser qu'un animal puisse se mettre dans la tête d'un autre ».

On peut même dire que le bâillement illustre toute l'histoire de l'évolution. Chez la plupart des mammifères, le bâillement ne fait que suivre le cycle du sommeil: on bâille au réveil et c'est tout. Avec les primates, les premiers facteurs sociaux entrent en jeu: « Ils baillent souvent après une activité qui augmente leur vigilance, comme une bagarre ou une copulation. » Et enfin, chez l'Homme, vient l'aspect contagieux, archaïque manifestation du désir d'empathie avec son prochain.

Autre argument qui va dans ce sens: l'enfant ne répond au bâillement d'autrui qu'à partir de deux ans (alors que seul il baille même dans l'utérus). Or, c'est justement à cet âge qu'il se reconnaît dans un miroir, exprimant ainsi la conscience de soi! Et de la conscience de soi à celle des autres, il n'y a qu'un pas…

Donc, revenons à la Déclaration des droits de l'Homme. Si je condamne l'arrachage des ongles, c'est que, même sans l'avoir personnellement expérimenté, je peux m'identifier à celui qui le subit. Autrement dit, c'est l'empathie qui constitue le socle mental de tels principes. Et la contagion du bâillement montre que ce substrat ne va pas à l'encontre de je ne sais quels principes « naturels » d'égoïsme et de domination, mais qu'il est au contraire profondément ancré dans la spécificité humaine.

A. F.

POURQUOI LA GAUCHE FAIT PEUR

Imaginez que la « gauche » s'appelle la « droite », et vice versa. Nul doute que plus de gens voteraient à droite (donc, à gauche). Que voulez-vous, la gauche a mauvaise réputation. La preuve, on se « lève du pied gauche », quelqu'un de maladroit est « gauche », on « passe l'arme à gauche », etc. Le mouvement progressiste n'aurait pas eu tant de déboires s'il n'avait porté ce nom maudit qui fait trembler les âmes: la « gauche ». Tout a commencé après la Révolution, quand les monarchistes se sont installés du côté droit de l'Assemblée, et les révolutionnaires à l'opposé. Dire que l'Histoire aurait été bouleversée s'ils avaient posé leur cul ailleurs...

Si la gauche est mal vue, c'est que la plupart des gens sont droitiers. De tout temps et en tous lieux. Même dans les tribus les plus isolées. Même chez les hommes préhistoriques, comme le montre l'étude des pierres taillées ou des mains peintes dans les grottes.

Et pourtant, on ne sait ni pourquoi la plupart des gens sont droitiers, ni pourquoi les gauchers sont gauchers. On sait quand même deux ou trois

choses : par exemple, qu'on a plus de chances d'être gaucher si nos parents le sont. Mais difficile de faire la part de l'acquis et de l'inné, comme on dit. Certains croient à une origine génétique – mais on n'a pas encore identifié de gène – ou à des troubles précoces du développement – mais rien de démontré, là non plus…

On sait aussi que les gauchers ont plein de défauts. Ils ont une espérance de vie plus courte que les droitiers (d'un ou deux ans, pas plus, qu'on se rassure), ils sont plus petits et plus frêles, et leur proportion est plus élevée chez les handicapés mentaux.

Ce qui pose une autre question. S'ils n'ont que des inconvénients, pourquoi les gauchers n'ont-ils pas été éliminés par la sélection naturelle ? Puisqu'ils existent encore, c'est bien qu'ils ont des avantages en compensation. Michel Raymond, du CNRS de Montpellier, pense qu'aux temps héroïques où l'on se battait entre hommes, les gauchers étaient avantagés dans les combats, car ils pouvaient surprendre l'adversaire. C'est l'« avantage du rare » : est favorisé celui qui possède un caractère peu commun. Pour étayer l'hypothèse, Michel Raymond a étudié les sportifs : et, effectivement, les gauchers sont plus nombreux dans les sports de confrontation deux à deux que dans les sports collectifs ou individuels.

Vous allez dire, ce genre d'avantage est discutable depuis qu'on a moins l'occasion de se battre à mains nues. Peut-être les gauchers vont-ils disparaître dans le futur… À moins qu'ils aient d'autres avantages, encore insoupçonnés. D'où l'idée de la thèse que vient de démarrer Charlotte Faurie, sous la direction de Michel Raymond : « Je vais étudier les proportions de gauchers dans les différentes professions. Le but est de voir si on en trouve davantage dans les classes sociales élevées. »

Espérons que cela servira à réhabiliter les gauchers et, par là, tout ce qui est relatif au mot « gauche »… De la sorte, les électeurs se libéreront peut-être de leur gauchophobie irrationnelle.

A. F.

LE FOOT ABRUTIT ET TUE

À Charlie, on sait depuis longtemps que le foot est un fléau social. Mais aujourd'hui, c'est enfin officiel : un juge londonien vient de reconnaître que le footballeur Jeff Astle est mort d'une maladie dégénérative du cerveau due à ses coups de tête dans le ballon. Précisément, le magistrat a établi un verdict de « mort par maladie industrielle », seule façon d'exprimer que Jeff Astle a été tué par son boulot[1]. Pour la justice anglaise, jouer au foot est désormais aussi risqué que respirer de l'amiante ou manipuler de l'acide.

Jeff Astle avait acquis une grande notoriété, grâce à 174 buts marqués en 361 matchs – la plupart avec la tête. Vainqueur de la Coupe d'Angleterre en 1968, il était ensuite devenu laveur de carreaux, puis animateur dans un show de la BBC. Sur la fin, il ne reconnaissait plus ses proches et avait perdu tout sens de l'orientation. Et il est mort en janvier, à l'âge de cinquante-neuf ans.

Après de nombreux examens au scanner, le neurologue Derek Robson a établi que le cerveau de Jeff Astle présentait des « traumas mineurs répétés » identiques à ceux des boxeurs. Précisément, ces trous étaient localisés dans la partie frontale du cerveau, à l'endroit où Jeff Astle frappait la balle.

Il est vrai que, dans les années soixante-dix, les ballons étaient plus lourds qu'aujourd'hui. Tout en cuir, ils se gorgeaient d'eau sous la pluie et se transformaient en boulets qui frappaient à 100 km/h la caboche du buteur. Pourtant, bien que les ballons soient aujourd'hui synthétiques, ils ne sont pas inoffensifs pour autant. Des médecins ont relevé les électroencéphalogrammes d'un échantillon de footballeurs : 35 % étaient anormaux, contre 13 % chez les non-footballeurs. En faisant des tests sur les capacités mentales, on arrive à des conclusions encore plus impressionnantes : 81 % des footballeurs présentent des faiblesses de concentration, de mémoire, de temps de réaction, ainsi que des « difficultés à trouver le mot juste ». Et, comme si cela ne suffisait pas, de récents travaux suggèrent que les substances chimiques libérées par le cerveau lors d'un choc augmentent les risques de développer la maladie d'Alzheimer. Avec ça, on comprend mieux les interviews de Cantona (quoique le doute subsiste quant au fait de savoir si les footballeurs sont devenus cons parce qu'ils jouaient au foot, ou s'ils se sont mis à jouer au foot parce qu'ils étaient déjà cons à la base…).

La décision du tribunal londonien – une première mondiale, il faut le souligner – est un espoir pour tous les footballeurs gâteux (pléonasme). D'ailleurs, il serait judicieux que Sarkozy s'en inspire, lui qui – pour le bien

de la jeunesse – part en croisade contre le tabac, les pétards, les raves et les films de cul (et quoi d'autre, bientôt ?). Les thuriféraires de l'ordre moral veulent nous faire croire que la notion de « risque » est objective. Les dégâts du foot nous montrent qu'elle est purement idéologique. Sinon, Sarkozy se battrait aussi contre ce « sport » qui pourrit la cervelle.

Et d'ailleurs, puisqu'il est question de combattre la prostitution en ce moment, quelle différence entre un proxénète et un entraîneur de foot ? Le premier exploite une prostituée qui loue son cul, le second un footballeur qui flingue son cerveau. N'est-ce pas aussi grave ? Si les moralistes qui nous gouvernent étaient sincères, ils enverraient vite leurs valeureux cow-boys emprisonner les maquereaux des stades.

A. F.

---

1. J'avais déjà abordé le sujet dans le hors-série de *Charlie : L'Horreur footballistique*. Depuis, de nombreuses publications ont confirmé les dégâts du foot. Par exemple : J. T. Matser, A dose-response relation of headers and concussions with cognitive impairment in professional soccer player, *Journal of Clinical and Experimental Neuropsychology*, décembre 2001.

INTERNEZ SCHWARZENEGGER!

On se doutait bien que pour passer sa vie dans une salle de musculation, il ne fallait pas être très net. Mais cela restait à prouver. C'est aujourd'hui chose faite, grâce aux travaux d'Eric Hollander, psychiatre à la Mount Sinaï School de New York.

Ce chercheur part d'une observation: les bodybuilders ne se croient jamais assez musclés, et passent leur temps à se scruter sous tous les angles. Il remarque alors que leurs symptômes se rattachent à une pathologie plus vaste, le « désordre dysmorphique du corps ». En sont atteints ceux qu'obsèdent des défauts physiques imaginaires, qui évitent les miroirs, ou qui, au contraire, passent des heures à s'y mirer (ce n'est pas un hasard si les salles de musculation sont tapissées de glaces). Eric Hollander fait ensuite le lien avec les « troubles obsessionnels compulsifs » (TOC), ces comportements répétitifs qui consistent, par exemple, à se laver les mains à longueur de journée ou à vérifier vingt fois qu'on a bien fermé le gaz. Or, on sait que le TOC est soulagé par une augmentation du taux de sérotonine, un neurotransmetteur du cerveau (c'est le principe des antidépresseurs). L'argument scientifique est alors le suivant: vu que la pratique du culturisme ressemble à un TOC, elle devrait, elle aussi, être soignée par la sérotonine.

Restait à tester l'hypothèse. Eric Hollander a traité un échantillon de bodybuilders. Et, miracle, la plupart ont fini par délaisser les haltères, au point de reprendre – parfois – les études qu'ils avaient abandonnées. Fort de ces résultats, le psychiatre a alors défini un nouveau trouble, aujourd'hui classé dans le manuel des psychiatres américains[1], la « bigorexie ». Par opposition à l'anorexique, qui se croit toujours trop gros, le bigorexique ne se trouve jamais assez musclé.

Cette expérience apporte un nouvel éclairage sur la société. On pourrait, par exemple, l'étendre à tous les obsédés de l'apparence. Ce qui est évidemment le cas de la plupart de nos stars. Nul ne devient Adriana Karembeu ou Arnold Schwarzenegger s'il n'est obnubilé par le verdict de sa balance ou de son double décimètre (pour mesurer le tour de biceps s'entend, car, chez les culturistes, tout est hypertrophié, sauf les deux seuls organes qui en vaille la peine : le cerveau et le pénis).

Grâce aux travaux d'Eric Hollander, on sait maintenant que ces victimes de la dictature esthétique sont des malades mentaux. Alors ce n'est pas un service à leur rendre que de les ériger en modèles de perfection. Plutôt que de les vénérer à longueur de magazines *people* et d'émissions télé, regardons-les pour ce qu'ils sont : des obsessionnels compulsifs et narcissiques qui méritent un traitement psychiatrique. Ça permettra de changer d'idoles, en attendant de changer de société.

A. F.

1. DSM-IV : *Diagnostic and Statistical Manual of Mental Disorders*

LA SCIENCE À LA PLAGE

En un éclair, vos regards se sont croisés. Mais, déjà, vos routes se séparent, vous vidant de l'espoir de jamais la revoir. Pourtant, cette passante ne vous est peut-être pas aussi étrangère que vous ne le pensez. Prenons deux personnes dans une population de 60 millions d'habitants. Vous et la passante, par exemple. Il y a 99 % de chances pour que vous soyez reliés par deux intermédiaires: vous connaissez André, qui connaît Julie, qui connaît la passante. Il suffirait que ces deux intermédiaires vous invitent dans une même soirée pour que le coup de foudre se concrétise.

Cela paraît étonnant. Mais c'est mathématique. Supposons que vous connaissiez, au sens large, 1 000 personnes (amis d'enfance, commerçants, voisins, etc.). Chacune de ces personnes connaît également 1 000 personnes (on est déjà à 1 million de connexions...), qui elles-mêmes connaissent aussi 1 000 personnes chacune (1 milliard de connexions...) et ainsi de suite... L'ensemble de ces relations dessine une toile sociale... Et le plus surprenant, c'est qu'il suffit d'un nombre réduit de connexions pour rejoindre deux personnes!

Ces statistiques fonctionnent aussi pour les relations sexuelles. On suppose généralement que deux humains quelconques sont séparés par six coïts. Par exemple, revenons à la passante. C'est la première fois que vous la voyez. Mais vous avez couché avec Sophie, qui a couché avec Daniel, etc. Au bout de six copulations, on retombe sur la passante!

Imaginez que vous pensiez à une personne à laquelle vous songez une fois tous les trois ans. Et que, cinq minutes plus tard, vous la rencontriez... alors que vous ne l'avez pas vue depuis quinze ans! Face à une telle situation, il y en a qui courraient téléphoner à TF1 pour passer dans la prochaine émission sur les médiums. Pourtant, c'est assez banal... Mieux: des chercheurs ont calculé la probabilité de penser à une personne, et d'apprendre sa mort dans les minutes qui suivent. Pour un individu, la probabilité d'une telle coïncidence est très faible. Mais si on la multiplie par 60 millions d'habitants, on trouve qu'en France elle se produit plus de cinq cents fois par an! Ce qui nous paraît exceptionnel à un niveau individuel peut donc devenir banal à grande échelle.

Continuons de nous instruire en regardant les passantes. L'été, c'est la saison des complexes. Les filles croient que plus elles sont maigres, plus ça plaît aux hommes. Or, elles se plantent un peu, les filles. Des chercheurs ont demandé à des hommes d'évaluer la beauté de silhouettes féminines. Ils ont découvert que ce qui plaît, ce n'est pas tant la minceur globale...

que le rapport entre la taille et les hanches. Une belle courbe enrobée est préférable à une ligne filiforme mais sans rondeurs. Les résultats ont même été quantifiés : la silhouette la plus prisée avait une taille 0,7 fois plus mince que les hanches.

Cela s'explique scientifiquement. Les hormones féminines, les œstrogènes, augmentent la fertilité. Or, elles stimulent aussi le dépôt de graisse vers les hanches, tout en le réduisant à la taille : ce qui diminue le rapport taille-hanche. En étant excités par un rapport de 0,7, les hommes s'orienteraient donc vers les femmes les plus fertiles. Ceux de nos ancêtres qui avaient ces goûts ayant davantage d'enfants, ils furent avantagés par la sélection naturelle.

Heureusement, les goûts ne sont jamais figés. Lorsque les hommes étaient affamés, ils aimaient les femmes pulpeuses… Et depuis qu'ils sont suralimentés, ils bandent pour les rachitiques ! Donc, aujourd'hui que la sexualité est affranchie de la reproduction, il n'y a pas de raison que le désir obéisse encore à des critères de fertilité. C'est pourquoi la dictature du 0,7 tombera peut-être un jour. La bandaison, ça ne se commande pas, et on n'a pas une calculatrice dans le slip.

A. F.

COMBIEN DE PERSONNES CONNAIS-TU ?

Elle n'a pas l'air très scientifique, cette question. D'abord, parce qu'elle dépend de ce qu'on entend par « connaître ». Il y a le « connaître bibliquement », dont la réponse varie entre zéro – théoriquement – pour les curés et les bonnes sœurs et plusieurs douzaines pour les chauds lapins. À l'autre extrême, tout le monde « connaît » Marilyn Monroe, tout au moins son visage. Pourtant, entre la connaissance biblique et celle de Marilyn subsiste un espace d'investigation pour les scientifiques. Si l'on définit précisément ce qu'on entend par « connaître », les sociologues peuvent alors mesurer les limites du réseau que connaît l'individu humain et les comparer avec les résultats obtenus chez les autres primates.

Le primatologue anglais Robin Dunbar, de l'Université de Liverpool, comprend « combien de personnes connais-tu? » dans le sens de « combien de personnes peux-tu rencontrer dans la rue, dont tu te souviens assez pour aller prendre un verre avec? ». Avec cette définition, chacun connaît cent cinquante personnes. Dans une enquête effectuée à l'Université de Floride, Christopher McCarty et Russell Bernard ont demandé aux gens combien de diabétiques, combien de séropositifs VIH, combien d'Indiens, etc., ils connaissaient. Comme la proportion de ces groupes humains dans la population américaine est connue assez précisément, si un échantillon représentatif de la population américaine est interrogé, on obtient par extrapolation combien de personnes connaît l'Américain moyen. Pour McCarty et Bernard, ça tombe autour de trois cents.

Robin Dunbar a corrélé son résultat à d'autres types de données. Pour lui, le nombre de personnes que tu connais personnellement est lié au volume du néocortex, cette partie « la plus récente » du cerveau associée à des fonctions complexes. Chez tous les mammifères, donc primates compris, il existerait une corrélation statistique entre le volume du néocortex et la taille des groupements sociaux de chaque espèce. Cette correspondance s'exprime par une courbe sans cassure qui passe par cinquante individus par regroupement chez les singes de type macaque, puis par soixante-quinze à quatre-vingt-dix chez les primates anthropoïdes (de type gorille ou chimpanzé), puis par cent cinquante chez l'homme. Dunbar corrèle aussi ce chiffre à la taille de toute unité militaire de base (la brigade) depuis que l'histoire est écrite. Ce serait aussi la taille maximale

de toute organisation sous l'autorité d'un seul patron, avant que celle-ci ne se hiérarchise en sous-unités dirigées par des p'tits chefs.

Les sociologues divergent quelque peu sur la mesure du « connaître » autrui. Certains comptent les cartes de vœux que les gens ont envoyées ou reçues à Noël. Pour d'autres, on « connaît » quelqu'un lorsqu'on se sent capable de lui téléphoner et d'avoir une conversation spontanée, ce qui a l'avantage technique de pouvoir utiliser la liste des numéros personnels des agendas des interrogés. Pour d'autres encore, « connaître » c'est avoir eu au moins une conversation face à face durant les six derniers mois. Mais, dans la plupart de ces mesures du « connaître », la prise de parole reste centrale. Selon Dunbar, cette remarque explique pourquoi un homme connaît quasiment deux fois plus de monde qu'un chimpanzé. Chez les primates non humains, se « connaître » c'est faire du « grooming » ensemble, c'est-à-dire se piquer les puces et autres délices de la fourrure. Ça apaise, ça crée du lien social. À défaut de se chercher mutuellement les morpions, le bavardage n'est que la forme humaine du « grooming ». L'avantage numérique de l'homme sur le chimpanzé viendrait du fait qu'on peut parler à plusieurs personnes à la fois, et même à distance, ce qui est impossible avec le grooming.

G. L.

LE POIL, ARME DE GUERRE

À propos des islamistes, on parle de choc des civilisations. De croisade du Bien contre le Mal… Erreur. En vérité, tout ça n'est qu'une question de poil. Les islamistes mesurent la vertu à la longueur de la barbe. Pendant que les pays occidentaux exaltent le rasage de près. Regardez les pubs, rien de plus viril qu'un menton frais, caressé par un rasoir qui devient le phallus moderne. Chez nous, la barbe ou la moustache, ça fait louche (hormis la barbe de trois jours qui fait artiste. Par exemple, une chasseuse de têtes me confiait qu'un moustachu n'avait aucune chance d'être recruté comme cadre supérieur pour cause de ringardise). Quant aux hommes politiques, s'ils veulent avoir des chances d'être élus, ils ont intérêt à se raser (à part les écolos, mais ça va avec leurs idées, et Séguin, qui s'est laissé pousser la barbe pour montrer qu'il n'en a plus rien à foutre de tout).

Au fond, le combat entre les États-Unis et l'Afghanistan traduit deux visions de la pilosité. Mais d'où vient cette obsession des talibans pour le poil (je parle ici de la barbe, pas de la moustache maghrébine ou turque, qui est plus liée au code social qu'à la religion, comme une sorte de cravate permanente) ? En fait, le Coran ne dit rien sur la barbe. Ce sont les religieux qui en parlent. Et comme chacun y va de son interprétation, même les fondamentalistes se déchirent sur le sort à réserver au système pileux. Faut-il laisser la barbe pousser anarchiquement, ou bien la tailler proprement ? Peut-on la teindre ou doit-on arracher les poils blancs ? Les débats divisent les théologiens islamistes. Cependant, tous s'accordent sur l'obligation de bannir les imberbes (les photos des auteurs des attentats du 11 septembre montrent des minois glabres, mais c'était du camouflage stratégique).

Officiellement, c'est parce que la barbe est l'œuvre de Dieu. Se raser, c'est blasphémer. Pourtant, le croyant en modifie d'autres, des œuvres divines. Les poils de cul, par exemple. En effet, les intégristes doivent se raser les aisselles et le pubis. Dieu s'arrêterait-il au slip ? Oui, répondent sans hésiter les autorités fondamentalistes. Il s'occupe de ce qui est montré, comme le visage. Mais, le caché, c'est le domaine du démon. Satan se camouflant dans les poils du pubis, il faut les supprimer impitoyablement, tant chez l'homme que chez la femme (en attendant de savoir quelle tête ont les femmes afghanes sous leur burqa, on sait au moins à quoi ressemble leur minou).

Évidemment, tout ça est affaire de symbole. À première vue, on pourrait interpréter la barbe comme un substitut phallique attestant du pouvoir masculin. Pas si simple, répondent les spécialistes. Pour Mohammed Benkheira[1], de l'École pratique des hautes études : « La barbe ne représente pas la domination de l'homme, mais la soumission à Dieu. L'homme est tenu de porter la barbe, de la même manière que la femme est tenue de porter le voile. Symboliquement, c'est la même chose. »

La barbe sert aussi à différencier les hommes des femmes (un homme rasé, c'est presque une gonzesse) et à uniformiser les hommes entre eux (je ne veux voir qu'une seule barbe). Et puis, toutes les sectes ont l'obsession du poil : les moines ont la tonsure, les punks la crête, et les Krishna la boule à zéro… Pour les islamistes, la barbe est aussi un moyen de se démarquer des juifs et des chrétiens, « de ne pas imiter servilement les Occidentaux », souligne Mohammed Benkheira.

Pour les télés, ça tombe bien, visuellement parlant. Un méchant bien typé, c'est toujours plus vendeur. Hitler et Staline portaient la moustache. Saddam Hussein aussi. Milosevic est l'exception, mais il fait un peu pâlot. Avec les talibans, on ne pouvait pas imaginer meilleur casting. On devine déjà les affiches des futurs films, avec Ben Laden surplombant l'Empire State Building de sa barbe menaçante. Sûr que des scénaristes sont déjà au boulot.

A. F.

1. Auteur de *L'Amour de la loi. Essai sur la normativité en islam,* PUF, 1997.

ÉTUDIANTS : RÉVISEZ EN JOUANT AU FOOT

Peut-être vous aussi, à l'école, trépidiez des pieds, mâchouilliez du chewing-gum, ou mordilliez vos stylos. Et lorsque vous obéissiez aux sarcasmes des profs – du style : « Vous avez des vers ? » ; « On ne veut pas de ruminants », etc. –, vous perdiez tous vos moyens. Eh bien, selon Siegfried Lehrl, chercheur à l'université allemande d'Erlangen, c'est vous qui aviez raison : on réfléchit mieux lorsqu'on bouge.

Cette hypothèse est fondée sur des expériences de mémorisation. Les sujets sont placés devant un écran d'ordinateur, sur lequel défile une liste de mots. Dans un second temps, une autre liste est présentée. La tâche consiste à reconnaître les mots déjà vus. La moitié des « cobayes » sont immobiles, tandis que les autres pédalent sur un vélo d'appartement. Le résultat est net : les pédaleurs reconnaissent 20 % de mots supplémentaires ! Pour Siegfried Lehrl, l'explication est simple : « Le mouvement produit du glucose dans le cerveau. C'est ce qui favorise l'activité des neurones. »

Siegfried Lehrl a alors cherché à exploiter ce résultat pour améliorer le sort des potaches. Faut-il installer des pédales sous les sièges de classe ? Programmer les cours de gym pendant les leçons de maths ? Pas évident... Restait un compromis : la mastication. Pour le vérifier, il a distribué, en début de cours, du chewing-gum à la moitié de ses étudiants, puis il a filé une interro à la sortie. Là encore, les résultats sont nets : « Les mâcheurs ont de meilleures notes. Et ils posent davantage de questions, ce qui montre qu'ils sont plus éveillés. » L'efficacité du chewing-gum est la même, qu'il soit sucré ou *light*. Inutile donc de se goinfrer de bonbons, seule compte la mastication.

Je devine certains esprits sarcastiques rétorquer que, si le chewing-gum rendait plus intelligent, cela se verrait sur les Américains ! À première vue, l'argument est imparable. Mais c'est oublier que les milliers de stimuli abrutissants qui submergent le citoyen des États-Unis contrebalancent largement les effets bénéfiques du mâchouillage.

Autre argument des sceptiques : si le mouvement rendait plus intelligent, cela se verrait sur les sportifs. Ce qui, de toute évidence, n'est pas le cas. En fait, explique Siegfried Lehrl, « comme la pensée consomme du glucose, la quantité nécessaire pour le corps est réduite. Aussi, un coureur d'endurance tiendra-t-il moins longtemps s'il pense ». Ce qui confirme une vieille évidence : trop de sport nuit au cerveau.

Un tel entrain à vanter les bienfaits du chewing-gum pourrait laisser croire que Siegfried Lehrl est à la solde des multinationales de la pâte à mâcher. Mais il jure n'être financé ni par Hollywood ni par Malabar. Sa seule fierté, c'est qu'« en Allemagne, à la suite de ces travaux, beaucoup de profs autorisent le chewing-gum en classe ».

Pour ceux qui voudraient réviser leurs examens sans enrichir l'industrie de la mandibule, les substitutifs ne manquent pas. Ils peuvent battre le rythme de *L'Internationale* avec leur stylo, malaxer des boules anti-stress, se masturber, tricoter, déchiqueter des bouts de papier… Un seul conseil: mieux vaut bouger les mains et les doigts que les jambes. Car « la main active des zones cérébrales proches de celles du langage, qui sont elles-mêmes associées à celles de la pensée ».

En tout cas, les travaux de Siegfried Lehrl font plaisir. Car ils balancent une claque aux fachos du tableau noir, qui croient nécessaire de rester figés comme des militaires en revue pour comprendre Pythagore ou Spinoza.

A. F.

LA GÉGÈNE AU BANC D'ESSAI

C'est un bon père de famille. Fier d'être admis dans un labo universitaire. Il sert d'assistant pour une expérience concernant l'« effet de la punition sur la mémoire ». En face de lui, le « cobaye » qui doit apprendre une liste de mots. Le père de famille a reçu des consignes précises : à chaque erreur du cobaye, il doit appuyer sur une manette qui lui balance une décharge de plus en plus forte, jusqu'à 480 volts. Voyez comme il crie et gesticule. Mais ce que le père de famille ne sait pas, c'est que le cobaye ne reçoit aucune décharge. Qu'il joue la comédie. Que le vrai cobaye, c'est lui, le père de famille. Et qu'on est en train de mesurer jusqu'où peut aller son obéissance à l'autorité.

Ce scénario a été imaginé à la fin des années soixante par le psychologue américain Stanley Milgram. Il voulait comprendre comment des gens « normaux », cultivant des géraniums et jouant avec les gosses, ont pu déchirer des vagins et asphyxier des bébés à Auschwitz et Treblinka. L'expérience, répétée plus de 1 000 fois, a permis de révéler une foule de choses sur la psychologie du tortionnaire. D'abord, qu'environ deux tiers des participants « électrocutent » sans broncher. Femmes ou hommes, jeu-

nes ou vieux, universitaires ou analphabètes, tous affichent la même servilité. Avec d'autant plus de zèle que le labo semble « officiel » et « prestigieux ». Le seul moyen pour réveiller un reste de conscience, c'est le regard réprobateur d'un pair : si un complice du chercheur feint de se rebiffer contre le procédé, le taux d'obéissance chute jusqu'à 20 %.

Il reste, bien sûr, ce tiers de rebelles qui finissent par rejeter l'expérience. « C'est généralement parce qu'ils ont intériorisé un fort idéal, chrétien ou communiste, par exemple », explique le psychologue Adam Kiss. Ce qui leur permet de conserver un état « autonome », où ils n'obéissent qu'à leurs propres normes. Alors que les « moutons » ont adopté ce que Milgram nomme l'« état agentique », où ils délèguent toute responsabilité à l'autorité en place.

Autre expérience édifiante, réalisée par le Pr Jean-Léon Beauvois. Un groupe de volontaires est censé participer à une épreuve d'endurance. Durant plusieurs jours, certaines pratiques leur sont interdites (fumer…), et d'autres prescrites (manipuler des serpents…). Un second groupe subit la même épreuve, mais à la nuance près qu'ils peuvent interrompre à tout moment l'expérience. Eh bien, croyez-le ou non : non seulement ils obéissent autant que le premier groupe, mais en plus ils invoquent un tas de prétextes pour justifier leur soumission. Ce qui fait dire à Adam Kiss qu'« une société dite libre ne l'est pas forcément plus qu'une autre, mais on y rationalise le manque de liberté ». Bref, d'Auschwitz à Santiago du Chili, c'est moins la crainte de la punition que la soumission des bourreaux à l'autorité, qui transforme un abbé Pierre en Dr Mengele et un fonctionnaire trop zélé en Maurice Papon.

Mais alors, comment expliquer les révoltes de 1917, ce mimosa dans un bourbier de chair ? Selon Adam Kiss, « c'est difficile, car jusqu'ici on a surtout étudié l'obéissance. Mes recherches ont justement pour but de déterminer les circonstances dans lesquelles un homme est amené à dire non, afin de mieux lutter contre les atteintes aux droits de l'Homme ». Un espoir, peut-être, pour dépaponiser l'humain et développer la graine subtile, rare et vivace de la mutinerie.

A. F.

PSYCHANALYSE DU NAIN DE JARDIN

Les nains de jardin, *a priori*, quand on en croise, on change de trottoir. Il faut dire qu'à côté il y a généralement un molosse débile, des tessons de bouteille sur le mur et une carabine chargée au salon. C'est Blanche-Neige en vitrine et Hitler au garage.

Mais il ne faut pas s'arrêter là. Le nain de jardin en dit bien plus long sur la société. Avant tout, il paraît qu'il descend de Priape, vous savez, le dieu qui a une grosse bite (est-ce là l'origine de la rumeur selon laquelle les nains sont bien membrés ?). En fait, c'est parce que Priape était le dieu des jardins pauvres. Sur les pelouses, il a perdu son arrosoir viril, mais il a gagné un bonnet rouge. D'ailleurs, il y a deux types de nains de jardin : ceux dont le bonnet est droit, et ceux dont le bonnet pendouille. Eh bien, ce sont les premiers les plus vendus ! Ce qui n'est sans doute pas un hasard.

Pas un hasard non plus si toutes les tentatives pour créer une naine de jardin ont échoué. Le gnome à brouette serait-il un symbole phallique ? Pas évident, à première vue, comme le rappelle Daniel Cueff, président de l'association Nains de jardin (et prof en sciences de l'éducation à l'université de Rennes) : « Le nain de jardin subit l'autorité de Blanche-Neige. Il est resté au stade prépubertaire. » Pour les retraités, sur-représentés chez les possesseurs de nains, il s'agit plutôt d'injecter du Walt Disney dans la vie quotidienne. « C'est une façon de dire qu'ils ont travaillé toute leur vie et que maintenant ils refusent d'aller plus loin et regardent leur enfance. »

Ce qui plaît dans le nain, c'est son côté poupée. On le sort, on le rentre, on le déplace… Un animal de compagnie, avec les crottes et la bouffe en moins. On peut aussi lui parler, et il est toujours d'accord. D'ailleurs, il écoute sans jamais répondre : en fait, c'est un parfait lacanien. Son rôle thérapeutique est donc énorme. C'est pourquoi les victimes du Front de libération des nains de jardin (FLNJ) ont toujours du mal à se remettre d'un vol, qu'ils vivent comme un arrachement.

Ce vol est aussi un révélateur social. On sait que le nain de jardin est un objet prolo. Ce qui fait dire à Daniel Cueff que « le mépris du nain de jardin relève d'un bizutage social. C'est le mépris du non cultivé, de celui qui a échoué à l'école ». Cette culture populaire, le bourgeois la récupère parfois. Le nain à poil ou en sado-maso, c'est comme Chantal Goya : hyper-tendance. Dans ce cas, on appelle ça du *kitsch*. Or, la définition du kitsch est éminemment politique. Pour Gérard Creux, qui fait une thèse sur les

nains de jardin, « le kitsch n'est défini que par l'ignorance de l'autre. C'est pourquoi le nain de jardin n'est pas plus kitsch qu'autre chose ».

Cela ne veut pas dire qu'il faut encenser tout ce qui vient du peuple. À ce compte-là, vive la chasse et le foot. Mais à la différence de ces pratiques, dont la première tue et la seconde rend con, le nain de jardin n'offense que les aficionados du « bon goût ». Et ce dont rigolent les lycéens « libérateurs » de nains, c'est moins l'objet en tant que tel que la culture ouvrière qu'il symbolise (et dont ils sont rarement issus).

A. F.

EXTRATERRESTRE, MON FRÈRE

« Tous parents, tous différents », proclamait une récente expo du musée de l'Homme. Désormais, il faudra généraliser le concept à l'Univers entier. Car la vie extraterrestre, si elle existe, est peut-être construite avec les mêmes « briques » que sur la Terre.

Chez nous, en tout cas, tous les organismes vivants sont composés d'acides aminés. Pour expliquer leur apparition, il y a 4 milliards d'années, trois scénarios s'affrontent. Soit les acides aminés sont nés sur la Terre – dans l'atmosphère, ou au fond des océans (voir plus loin « L'homme descend du caillou ») –, soit ils ont été apportés par les météorites (les étoiles filantes, si on préfère).

Cependant, aucune théorie n'explique le mystère suivant. Les acides aminés s'assemblent en longues chaînes pour donner des protéines. Il leur arrive alors de s'embobiner. Dans ce cas – et c'est là le mystère –, ils s'enroulent toujours dans le même sens: à la manière d'un tire-bouchon vu de dessus (je tourne à droite et je descends). Certes, ça n'a l'air de rien... Mais de s'enrouler à gauche ou à droite, les protéines ne s'en porteraient pas plus mal. Or, du cloporte de Réaumur (si, si, ça existe...) à Ophélie Winter (ça existe aussi...), la vie a choisi le tire-bouchon vu de dessus, et rien d'autre.

En fait, c'est la faute aux acides aminés, qui ne sont pas symétriques. Si l'on préfère, ils sont « abîmés » d'un côté. Imaginons des pneus de voiture qui s'usent toujours à droite: à la longue, la voiture dévie. Eh bien, les protéines qui, elles, sont formées d'acides aminés, tire-bouchonnent. Et ça, on ne savait pas l'expliquer.

Mais récemment, un indice a jailli. En disséquant une météorite, des chercheurs y découvrent des acides aminés semblables aux nôtres. Du genre « bancal », donc qui donne des protéines tire-bouchonnées. Une révélation pour Bernard Barbier, biochimiste au CNRS d'Orléans: « Cela suggère que les météorites ont ensemencé la Terre. La vie s'est ensuite servi des molécules disponibles à l'époque. »

Puis, deuxième indice. D'autres chercheurs braquent leur télescope sur la nébuleuse d'Orion, un berceau d'étoiles en formation. Ils y voient de la lumière « polarisée », comme celle d'un filtre photo. Or, dans l'ultraviolet, ce genre de lumière esquinte les acides aminés... et toujours du « même côté »! On en revient aux pneus de tout à l'heure et aux protéines tire-bouchonnées.

L'hypothèse se précise alors. L'étoile en formation, c'est le chaudron. La soupe, ce sont les acides aminés. Une pincée de lumière polarisée... Des

météorites qui passent dans le coin embarquent les acides… Puis ensemencent la Terre qui, avec sa flotte et son climat, représente une excellente planète d'accueil… Et c'est la vie ! Mais, précise Bernard Barbier, « la théorie sera renforcée si on trouve le même type d'acides aminés sur d'autres planètes, comme Mars ».

Dans ce cas, il faudrait voir les pluies d'étoiles filantes qui balaient le cosmos comme des éjaculations sidérales gorgées d'acides aminés. Aux planètes, ovules plus ou moins fertiles, de faire germer ou non la semence. Supposons que la sauce ait pris ailleurs. La « mère » serait différente, mais le « père » identique : par conséquent, si une gélatine tentaculaire ou un arachnide macrocéphale débarquent un jour du ciel, il faudra les considérer comme nos demi-frères.

A. F.

L'HOMME DESCEND DU CAILLOU

Il y a des fois, on aurait presque envie de plaindre les catholiques. Les voilà à peine remis de la théorie de l'évolution – certains n'admettant toujours pas que l'orang-outan du Jardin des Plantes soit cousin de Jean-Paul II – qu'une nouvelle avancée scientifique lamine le piédestal sur lequel ils avaient planté l'homme. En effet, nos ancêtres les plus lointains ne seraient pas de sculpturaux éphèbes gambadant dans d'idylliques prairies, mais de minables caillasses stagnant dans les vapeurs sulfureuses des fosses océaniques.

Certes, cela fait un bail qu'on sait fabriquer des molécules organiques avec de la matière inerte. Précisément depuis l'expérience de l'Américain Stanley Miller en 1953 : une éprouvette bourrée des gaz de l'atmosphère primitive, une étincelle par là-dessus et, au bout d'une semaine, débarquent des acides aminés, les briques élémentaires du vivant. Le reste n'est que routine évolutionniste : un milliard d'années pour les premiers micro-organismes, deux milliards pour les pluricellulaires, et encore un petit milliard pour arriver à nous.

Mais depuis peu, ce scénario bringuebale un tantinet. Le bruit court dans les labos que la mixture de Miller ne serait pas conforme à l'atmosphère primitive. Donc, certains ont cherché ailleurs l'origine de la vie. Dans les fonds océaniques par exemple, bien commodes puisqu'ils n'ont pas frémi d'un poil de crevette depuis 3,7 milliards d'années.

Seulement, à 2 600 m de profondeur, dans un noir de soutane, et sous 400 fois la pression atmosphérique, on trouve autant de vie que de communistes à Saint-Nicolas-du-Chardonnet. Seules exceptions, les sources hydrothermales. Des cheminées crachant une eau à 300 degrés, où s'épanouissent, agrippés à la roche, des vers de 2 m de long, des moules de 10 cm, des algues pharaoniques… Le tout dans un cocktail – soufre, carbone… – idéal pour l'apparition de molécules organiques.

Parallèlement, d'autres chercheurs ont scruté les roches. Avec une idée toute simple : agglutinés sur un caillou, on a moins de place qu'en ballottant comme des sauvages au gré des flots. Ce qui facilite les contacts entre molécules, donc les réactions chimiques. Et pour ce genre de flirt, les clubs de rencontre étaient plutôt limités sur la Terre d'antan : essentiellement des argiles et des pyrites.

C'est là que les choses deviennent intéressantes, l'étude des roches et celle des fonds océaniques s'harmonisant dans une de ces symbioses qui font les *love story* de la science. Car, je vous le donne en mille, de quoi sont tapissées les sources hydrothermales ? Justement de pyrites ! Déduction : la vie serait née là, avant de coloniser l'océan, puis la terre.

Reste évidemment à confirmer l'hypothèse en labo. « Pour l'instant, on sait fabriquer des assemblages d'acides aminés grâce à des argiles, précise Marie-Christine Maurel, professeur de biologie à l'université Paris-VI. Cela sera sans doute prochainement possible avec des pyrites, dès que nous serons équipés d'un aquarium permettant de reproduire les conditions des sources hydrothermales. »

Ces conditions ? Vapeurs sulfureuses, chaleur de fournaise, pression apocalyptique… Bref, l'enfer. Marrant, non, de voir qu'une fois de plus l'imagerie catho se rétame en faisant un symbole de mort des conditions qui sont précisément celles de la vie !

A. F.

SINGERIES DE SPÉCIALISTES : L'HOMME, CE MAL-CLASSÉ

Classer les êtres vivants, c'est les répartir dans des « boîtes ». Mais selon quels critères ? Les classifications des zoologistes et des botanistes traduisent leur vision du monde. Le critère utilisé témoigne de leur préoccupation du moment, mais trahit aussi leurs préjugés. De tout temps, le classificateur a voulu souligner l'« exception humaine » en mettant l'Homme dans un groupe à part. La classification, même évolutionniste après Darwin, dut encore gommer tout ce qui pouvait rattacher l'Homme à l'animal. Ainsi, Julian Huxley proposa de créer pour l'Homme un règne à part, les *Psychozoa*, puisque celui-ci possédait les facultés remarquables de s'agenouiller sur un prie-Dieu, réciter du Jean-Pierre Gaillard et fabriquer des canons.

Puis, vint l'époque des phylogénies, ces arbres qui montrent « qui est plus proche de qui ». Depuis trente ans, on calque la classification sur ces arbres. Comment fait-on ? C'est très simple. Lorsque, dans l'arbre obtenu, deux bestioles sont « sœurs », c'est-à-dire lorsque leurs branches respectives se rejoignent directement en un point, on crée une boîte qui les contient. Puis le proche parent de la boîte que l'on vient de créer est inclus avec celle-ci dans une boîte de dimension plus grande, de « rang supérieur ». Et ainsi de suite. Il y a donc autant de boîtes que de branchements dans l'arbre, emboîtées les unes dans les autres. Le critère de classification est donc aujourd'hui l'apparentement phylogénétique, fruit d'une histoire évolutive, et non du nombril du classificateur.

Un exemple. Quel est le plus proche parent de l'Homme dans la faune actuelle ? De nombreuses études[1] montrent que ce sont les chimpanzés. Il doit donc exister une boîte propre aux chimpanzés et à l'Homme. Il faut la nommer et lui donner un rang. Et c'est là que des préjugés anthropocentriques refont surface. Il y a ceux qui ne veulent pas faire cette boîte. Puis il y a ceux qui veulent bien, mais à condition de ne pas trop souligner cette promiscuité dégoûtante, c'est-à-dire à condition que le rang de la boîte soit élevé (car, en principe, plus deux organismes sont proches phylogénétiquement, plus le rang de la boîte qui les réunit est petit). Des gens très en vue qui saturent ondes et journaux à longueur d'année, comme Yves Coppens ou Jean-Didier Vincent, n'ont rien compris à la construction des arbres et sont d'autant moins enclins à remettre en cause l'anthropocentrisme de leur classification pifométrique. Il faut les lire servir une soupe d'explications foireuses aux réacs du *Fig Mag*[2] qui penchent bien sûr du

côté de la « spécificité de l'Homme ». Coppens continue à laisser l'orang-outan, le gorille et les chimpanzés dans la famille des pongidés, et à vouloir extraire l'Homme dans une famille à part, les hominidés. N'en déplaise à notre ego, la logique phylogénétique consiste non pas à cacher ce qui relie l'Homme à l'animal, mais au contraire à faire ressortir les exclusivités que partage l'Homme avec certains animaux. Une classification objective implique donc de mettre Homme *(Homo sapiens)* et chimpanzés *(Pan troglodytes* et *P. paniscus)* dans une boîte, la famille des hominidés, voire dans la sous-famille des homininés en étendant les hominidés au gorille. Morris Goodman ou Elizabeth Watson proposent même de mettre l'Homme et les chimpanzés dans le même genre *Homo*, opinion également admise par Véronique Barriel, spécialiste française de la phylogénie des primates. Ainsi, le nom scientifique du chimpanzé deviendrait *Homo troglodytes*. Et là, on entend les cris effarouchés[2] de 90 % de la profession… Mais le comble de l'hypocrisie se trouve là où on ne l'attend pas. À la singerie du Jardin des Plantes, à Paris, dans l'entrée à gauche, il y a un panneau montrant un « arbre évolutif » des primates. L'Homme n'est même pas relié aux autres branches de l'arbre, et reste suspendu dans le vide, tel un ange !

G. L.

---

1. Le colloque public « Les chimpanzés et la question des origines », organisé par Pascal Picq, s'est tenu le 15 décembre 1998 à Paris.
2. *Le Figaro Magazine* du 14 novembre 1998.

L'ÉPURATION LINGUISTIQUE

Frère Cheyenne, on t'a piqué tes terres de chasse pour en faire un Disneyland. Les danses de ton grand-père servent d'attrape-touristes. Tes enfants écoutent Madonna en buvant du Coca-Cola… Que reste-t-il de tes ancêtres chasseurs de bisons ? Rien. Sauf les mots. Mais pas pour longtemps. Du Colorado à la Nouvelle-Guinée, 95 % des langues actuelles sont en train de crever. Pour obtenir ce chiffre, le linguiste Michael Krauss, de l'université d'Alaska, a utilisé un critère évident : une langue va disparaître si elle n'est plus employée par les enfants. Résultat, sur 6 000 aujourd'hui, moins de 300 passeront le XXIe siècle.

La perte des langues est un désastre scientifique. Une expression qui meurt, c'est une organisation de la pensée qui s'anéantit. Prenons les langues bantoues, en Afrique. Elles emploient des articles différents pour les humains, les animaux ou les liquides. Toute une vision du monde s'exprime ainsi. Avec le français ou l'anglais, on oblige les indigènes non seulement à parler, mais encore à penser à l'occidentale. De plus, c'est l'étude des langues actuelles qui permet de remonter aux origines du langage. Avec 5 % du puzzle, on souhaite du courage aux futurs linguistes.

La perte des langues, c'est aussi, évidemment, un désastre humain. En parlant comme Georges W. Bush, le Cheyenne lâche le dernier vestige de son identité piétinée par le colonialisme. « Avec la langue, les Indiens perdent leur culture, ce qui contribue à la progression de l'alcoolisme et du suicide », note Jean-Marie Hombert, directeur du laboratoire de dynamique du langage du CNRS. Et encore, on ne parle pas des langues qui crèvent parce que crèvent simplement ceux qui les parlent, comme les Yanomamis en Amazonie, balayés au napalm par les trafiquants de caoutchouc.

Certains, comme les Indiens d'Amérique, s'accrochent tellement à leur langue qu'ils envoient bouler les chercheurs qui veulent l'étudier. « Ils ont l'impression qu'on leur vole leur âme », rapporte Colette Grinevald, professeur de linguistique à l'université de Lyon-II. « Il faut éviter de les prendre pour des perroquets de laboratoire, et leur donner quelque chose en retour. » Il y a encore trop de ces universitaires, obnubilés par leur carrière, qui, après avoir récolté leurs infos, s'empressent de regagner leur bureau pour rédiger des articles lus par une quinzaine de leurs collègues. Et en délaissant les Indiens, qui, naïfs et floués, attendent un simple manuel pédagogique pour leurs gosses.

Il ne suffit pas non plus, pour défendre les langues, d'ouvrir quelques écoles bilingues, juste pour l'exotisme. Il faut de vrais droits politiques. Ainsi, un linguiste de Bogotá a réussi à imposer la traduction de la Constitution colombienne en quinze langues locales, avec le droit, pour chaque Indien, d'être jugé dans celle de son choix. Mais, le plus souvent, la langue est un tel instrument de pouvoir que l'État s'y accroche comme un CRS à sa matraque. Exemple, la France : en Amazonie, la Guyane française est le seul pays qui, malgré six langues indiennes, refuse encore le bilinguisme.

Pour les « petits peuples », la langue n'est pas le porte-drapeau d'un nationalisme hérissé de barbelés, mais la dernière expression du droit à disposer de soi-même. Si elle meurt, c'est parce qu'elle est du mauvais côté du fusil, et qu'elle a le tort d'appartenir à l'esclave, pas au maître.

A. F.

DIEU EST UN FLIC

Marx l'a dit: la religion est l'instrument du pouvoir. Ça peut paraître évident, mais on avait tendance à l'oublier. Trop ringard, sans doute. Et pourtant, des chercheurs viennent de le démontrer scientifiquement.

Généralement, pour expliquer la religion, on se contente de dire qu'elle sert à soulager l'angoisse de la mort. Un peu léger, car pas mal de religions ne promettent pas le salut éternel[1]. Si elles servaient uniquement à se rassurer, les religions devraient grosso modo présenter les mêmes caractéristiques de par le monde. Or, l'extrême diversité des formes qu'elles revêtent selon les latitudes et les époques donne plutôt envie de s'interroger sur leur rôle social (outre que cela démontre qu'elles sont une invention humaine, mais ça, on s'en doutait).

Michel Raymond est directeur de recherches à l'institut des sciences de l'évolution de Montpellier. Avec l'ethnologue Frans Roes, il vient de terminer l'une des rares études statistiques sur les religions[2]. Le duo s'est appuyé sur les descriptions de plus de 1 000 sociétés, des Papous aux Portugais. Pour chacune d'elles, des centaines de variables ont été répertoriées. Mais celle qui intéressait nos chercheurs, c'était la présence ou non d'un « dieu moralisateur ». On a tendance à croire qu'une religion est forcément associée à un (ou plusieurs) dieu (x), et que ce dieu édicte forcément une morale. C'est le cas des grandes classiques (catholicisme, islam, etc.), mais pas nécessairement des cultes des sociétés traditionnelles. En fait, les ethnologues considèrent quatre cas: 1. le dieu n'est pas personnalisé; 2. le dieu est présent, mais ne s'occupe pas des affaires humaines (c'est le « *deus otiosus* », courant dans les tribus africaines, comme les Fangs du Congo); 3. le dieu est actif dans les affaires humaines, mais il ne s'occupe pas de morale (par exemple, il se contente de donner son avis sur les dates de plantations ou ce genre de choses); 4. le dieu édicte des lois morales.

Michel Raymond et Frans Roes ont regardé à quelles variables la présence d'un dieu moralisateur était reliée. Pour ça, ils ont pris en compte trois critères: la taille de la société; l'importance des conflits; la quantité de ressources disponibles. Résultat: la présence des dieux moralisateurs est directement proportionnelle à la taille de la société. Ce qui s'explique bien, selon Michel Raymond: « Plus une société est grande, plus elle a de chances de remporter les guerres. Mais, pour se maintenir et éviter les conflits internes qui surgissent quand la taille augmente, il lui faut un système moral, d'où l'intérêt d'un dieu moralisateur. » Une interprétation qui va dans le sens de l'hypothèse darwinienne, selon laquelle la morale est une production humaine sélectionnée par l'évolution pour son utilité dans la

cohésion sociale, dans un contexte de conflits permanents entre les groupes humains.

Vous allez dire, on pourrait avoir une morale sans religion. Exact, mais, pour Michel Raymond, « la religion est pratique. Si les principes moraux sont édictés par un groupe d'humains, on pourrait soupçonner celui-ci d'avoir inventé des règles pour servir ses propres intérêts. Quand les lois sont imposées par un dieu, elles ne sont pas négociables, et ont plus de chances de perdurer ».

Les chercheurs ont intégré un autre paramètre, selon que la société est organisée en « classes » ou en « castes ». Contrairement aux classes, les castes sont « étanches » et interdisent la mixité (ce qui existe dans pas mal de sociétés, et pas uniquement en Inde). L'étude montre que toutes choses étant égales par ailleurs, plus une société est structurée en castes, plus grande est la probabilité d'y trouver un dieu moralisateur. Ce qui étaye l'interprétation marxiste: la religion sert à établir des règles « morales » qui servent l'intérêt des dominants.

Cette recherche vient à point, au moment où les cathos du gouvernement veulent rétablir l'éducation religieuse à l'école. Plutôt que de se contenter d'enseigner les prénoms des papes, les profs pourront s'appuyer sur l'étude de Michel Raymond et Frans Roes pour expliquer comment les religions ont été inventées par les hommes pour s'entuber les uns les autres.

A. F.

---

1. Voir: P. Boyer, *Et l'homme créa les dieux,* Robert Laffont, 2001.
2. F.L. Roes, M. Raymond, Belief in Moratizing Gods, *Evolution and Human Behavior,* à paraître.

JÉRUSALEM, LA VILLE QUI REND FOU

Imaginez : vous visitez tranquillement la Ville sainte. Soudain, au beau milieu du chemin de croix… il vous prend une irrésistible envie de haranguer les passants pour leur livrer la parole divine. Pas d'affolement. Vous êtes juste victime du « syndrome de Jérusalem ». Dans les vingt dernières années, cette pathologie a conduit cinq cents touristes dans les hôpitaux psychiatriques de la ville (un par semaine dans les périodes fastes).

Depuis le temps qu'il voit défiler des Jésus dans son service, Moche Kalian a eu le loisir de dresser des statistiques : « Il y a légèrement plus d'hommes que de femmes. Ils ont entre trente et quarante ans. Leur niveau culturel est généralement limité, mais il y a toutes sortes de professions. »

La plupart des victimes s'identifient à Jésus. « Il y en a un, on l'a repéré parce qu'il ordonnait au cuisinier de son hôtel de préparer la cène. Un autre, parce qu'il s'était dévêtu et prétendait soigner les aveugles. » D'autres personnages sont également très prisés : Moïse, le roi David, Saint Jean-Baptiste et même Satan… « Une fois, on a eu un Samson. Il était si costaud qu'il a démoli la fenêtre de l'hôpital pour s'enfuir. » Les femmes, ayant bien moins de choix, se cantonnent au rôle de Marie. « Je me souviens d'une femme qui s'est présentée à l'hôpital en disant qu'elle était enceinte du nouveau messie. » Deux tiers des hospitalisés sont juifs (normal, ils attendent encore le sauveur), contre un tiers de chrétiens (surtout des « apocalyptiques », qui espèrent la seconde venue de Jésus).

On connaît d'autres villes qui rendent fou. Florence, avec son « syndrome de Stendhal » (vous vous évanouissez devant la beauté d'un tableau : une douzaine de personnes par an). Washington s'est spécialisée dans le « syndrome de la Maison-Blanche » (persuadé d'être un chef d'État, vous demandez à rencontrer Bush : une centaine de cas par an). Mais il n'y a qu'à Jérusalem qu'on se sente investi d'une mission spirituelle.

Si vous n'avez jamais eu d'antécédents psychiatriques, vous pouvez visiter la ville en toute insouciance. Sinon, faites gaffe, car la plupart des victimes du syndrome ont un casier mental (maniaco-dépressifs, paranoïaques, etc.). Et sachez que les toubibs locaux n'ont pas le temps de s'adonner à la psychiatrie douce, et encore moins à la psychanalyse. Ils assomment les patients d'antipsychotiques, les gardent enfermés une dizaine de jours, puis les accompagnent sous bonne escorte à l'aéroport.

De plus, une guérison complète est rarement acquise. « La pathologie subsiste, mais en sommeil. Les patients trouvent une logique à ce qui leur arrive, en se disant qu'ils ont raison mais que la période n'est pas propice pour recevoir leur message. » L'ennui, c'est qu'une fois chez eux, tous ces malheureux sont livrés à eux-mêmes, alors qu'une poursuite du traitement serait bienvenue. Comment vit un représentant de commerce qui se prend pour le roi David, ou une sage-femme persuadée d'être la réincarnation de Marie? À cause de Jérusalem, combien de futurs gourous sont-ils largués dans la nature? C'est à la suite d'un pèlerinage que David Koresh a créé la secte texane Waco…

Maintenant, supposons que le bon Dieu existe, et qu'il décide de nous envoyer un nouvel ambassadeur. Celui-ci a toutes les chances de finir dans le service du Dr Kalian. Pour en sortir, il aura intérêt à déployer des miracles autrement plus convaincants qu'une multiplication de petits pains. Finalement, dommage que la psychiatrie n'existait pas il y a deux mille ans. Parce que notre fameux Jésus, là, il aurait subi une bonne camisole chimique qui lui aurait remis les pieds sur terre, et on n'en aurait plus jamais parlé… Et personne ne serait aujourd'hui en train de se battre pour cet insignifiant lopin de terre nommé Jérusalem.

A. F.

L'OREILLE MUSICALE, EMBLÈME DE CLASSE

Un jour il a fait des couacs et on lui a fait comprendre qu'il n'avait pas « d'oreille ». L'élève admet qu'on ne fait pas de ski lorsqu'on est cul-de-jatte. Alors il arrête la musique, comme plus de 90 % des élèves du conservatoire en fin de premier cycle.

Évidemment, tout le monde ne devient pas soliste. Il existe des différences de motivations, de sensibilité et d'environnement. Soit. Mais de là à tout plaquer… Le scandale, c'est de penser l'oreille musicale comme un don, en évitant surtout de chercher à comprendre ce qui se passe vraiment entre les oreilles et le cerveau. Laurent Guirard, maître de conférences à l'IUFM d'Orléans-Tours, en a fait le thème de son livre[1] : « Avec toutes ces histoires de don, dès qu'un élève a des difficultés, on lui fait croire que ces aptitudes ont été fixées une fois pour toutes. Ainsi, il ne pense plus qu'à mesurer les siennes, ce qui l'empêche de les développer. L'erreur, normale dans tout apprentissage, devient échec, source d'angoisse car signe d'incapacité. »

Attribuer le talent musical à une bonne oreille, c'est aussi con que de croire qu'un bon peintre a une rétine exceptionnelle, ou qu'un bon écrivain a les doigts très musclés. L'oreille de Rostropovitch n'est pas la queue de Rocco Siffredi. Ce n'est pas l'organe en bout de chaîne qui fait le boulot, mais le cerveau. Et lui, il apprend.

Pour Laurent Guirard, cette dévotion à l'inné s'explique par un besoin d'emblèmes durables : « Pour prendre conscience de son identité et assurer sa survie, un groupe social a besoin d'emblèmes solides, qu'il vaut mieux chercher dans la nature que dans la culture. C'est pour cela que pour comprendre l'oreille musicale, les musiciens préfèrent – à tort – puiser dans la physiologie ou l'acoustique plutôt que dans la psychologie ou la sociologie. » L'oreille serait donc le blason du musicien, qui lui permet de se voir comme un élu des dieux. De fait, chez les professionnels de la feuille, avoir des « problèmes d'oreille » est aussi tabou qu'un abonnement à *Charlie* chez un cadre de Vivendi. Pourtant, on accepte bien qu'un photographe porte des lunettes, non ? D'après Emmanuel Bigand, professeur en psychologie à l'Université de Dijon, « cette différence vient d'une méconnaissance du fonctionnement de l'oreille. La vision, la perception des formes par exemple, est plus évidente. Mais comme l'audition est plus mystérieuse, on préfère lui trouver une origine physiologique innée ».

Quand on ne comprend pas, on se rabat donc sur le mythe. Celui-ci est d'autant plus absurde que « lorsqu' on évalue leurs performances auditives sur des sons inhabituels, les musiciens n'obtiennent pas forcément de meilleurs résultats que les non-musiciens. »

Bien sûr, cette obsession de l'inné mène à des inepties pédagogiques. Le dépistage des génies précoces, par exemple. On sait qu'un chimpanzé de conservatoire qui fait des prouesses au piano à huit ans ne devient pas forcément bon musicien à vingt ans. Mais cela n'empêche pas profs, parents et institutions de fantasmer sur les petits génies.

Alors qu'aujourd'hui plus personne n'ose soutenir le caractère génétique de l'intelligence – hormis quelques chercheurs américains plus ou moins fachos –, la musique reste le dernier bastion de l'innéisme. Et on sait où ça mène : dire que les Noirs ont le rythme dans la peau et les Slaves le sens inné du lyrique est aussi raciste, con et scientifiquement infondé que de soutenir que les Blancs sont génétiquement doués pour la musique savante.

A. F.

1. Laurent Guirard, *Abandonner la musique ?*, L'Harmattan, 1998.

LA REVANCHE DES PETITES TÊTES

Je ne sais pas vous, mais moi, les neurones, je croyais que plus on en avait, mieux c'était. Que cela permettait de réciter des poèmes pour séduire les filles, et de ne pas voter à droite. Même pour les chercheurs, il était logique de supposer que plus une zone cérébrale était développée, plus elle pouvait, *a priori*, traiter d'informations. Or, la thèse de Martine Chantome, patronnée par Michel Duyme, directeur de recherches au CNRS, vient de tout chambouler: la mémoire est plus performante si elle implique moins de cerveau!

Pour oser s'aventurer sur un terrain si pollué par les dérives racistes, il fallait de bonnes raisons. Pas question pour Michel Duyme, sympathique lecteur de *Charlie*, de suivre ses prédécesseurs qui, pendant un siècle, ont tenté de montrer que les Blancs avaient plus de matière grise que les Noirs, et les hommes de plus grosses circonvolutions que celles des femmes. Non, il s'agissait simplement de chercher à comprendre la maladie d'Alzheimer.

Quand on fait resurgir des souvenirs, deux zones cérébrales, en forme de haricot, turbinent à fond: les hippocampes. C'est leur atrophie qui, dans l'Alzheimer, procure les ravages qu'on sait. Pour y voir plus clair, les chercheurs ont fait passer des tests de mémoire à 80 sujets sains. Et là, stupeur. Ceux qui obtiennent les meilleures performances possèdent paradoxalement les plus petits hippocampes: 3 cm^3 pour les meilleurs, 6 cm^3 pour les moins doués! Tout semble indiquer, selon Michel Duyme, qu'il vaut mieux fonctionner à l'économie: « S'il y a beaucoup de neurones, cela peut entraîner une sorte de saturation. Lorsqu'il y en a moins, c'est plus facile à gérer. Un phénomène similaire avait été observé chez les enfants à développement précoce, qui, pour une même tâche, utilisent une plus petite zone cérébrale que les autres. »

Comme par hasard, c'est à l'ère du téléphone portable et de la minichaîne qu'on découvre qu'un petit truc mignon est plus efficace qu'un gros mastoc. Au XIXe siècle, règne du piston à vapeur, le cerveau était conceptualisé en termes d'« énergie » ou de « pulsion »; au début du XXe, c'était un standard téléphonique qui transmettait des « signaux »; puis, dans les années quatre-vingts, un ordinateur gérant des « mémoires ». Et voilà qu'on le compare à une puce électronique! Dire qu'après ça il y a encore des gens pour croire la science indépendante des lois du marché...

En tout cas, voilà pour une fois une approche plutôt sympa de l'« intelligence ». Ne serait-ce que parce qu'elle démolit ce que l'on pourrait baptiser l'« apologie du bifteck ». À part chez les jockeys, on glorifiait rarement les petits. Biceps pour le premier en gym, crâne d'œuf pour le fort en

maths, poids des testicules pour le macho: c'est toujours la quantité qui, dans l'imaginaire social, symbolise la puissance. Ce babouinisme hérité de la savane, ère proto-libérale où quelques centimètres de viande supplémentaires sur les épaules vous garantissaient un chouette statut de dominant, est aujourd'hui transposé dans la panoplie moderne du mâle triomphant: grosse voiture, grosse bite, grosse cervelle. Donc, mine de rien, ce culte archaïque de la taille en prend un coup avec les petits hippocampes de Michel Duyme. Il faudra juste veiller à ne plus dire aux vigiles du Front National qu'ils ont un petit pois dans la cervelle: ce serait un compliment.

A. F.

DISSÉQUONS JEANNE CALMENT

La doyenne de l'humanité vient de mourir à 122 ans. Vous aussi, vous aimeriez connaître le fameux secret de la longévité ? Eh bien, sachez que la dernière recette pour devenir centenaire, c'est de se crever les yeux. En tout cas, chez les vers, ça marche. Des chercheurs viennent de découvrir que, lorsque ses organes sensoriels sont défectueux, *C. elegans* vit plus longtemps. Mais cette bestiole n'a que deux cents cellules. Et chez l'Homme, aux dernières nouvelles, ça ne marche pas : les aveugles et les sourds meurent comme les autres.

Pourtant, on aimerait bien trouver la méthode pour augmenter la longévité. Pas un de ces trucs chiants comme supprimer le tabac ou faire du sport, et qui vous font davantage (et tristement) ressembler à Théodore Monod ou à l'abbé Pierre qu'à de bons vivants tels Bukowski et Siné. Non, ce qu'il faudrait, c'est un truc jouissif.

Malheureusement, ce n'est pas ce que dit la science. On sait que les mouches vivent plus longtemps quand on les met au frigo, que les vierges meurent plus tard que celles qui copulent (on parle toujours des mouches) et que les rats deviennent vieux quand on les affame… Comme s'il fallait une vie de moine (non pédophile) pour narguer les croque-morts.

Du coup, on en a déduit qu'en ralentissant le métabolisme on allongeait la durée de vie. « Mais c'est une vieille idée, aujourd'hui abandonnée », précise Éric Le Bourg, chercheur au CNRS[1]. Se les geler n'augmente pas la durée de vie : « ça ne marche pas avec les mammifères. Si vous baissez le chauffage, tout ce que vous risquez, c'est une pneumonie. » Le rationnement non plus : on s'est aperçu qu'on comparait les rats affamés à d'autres qui mouraient plus tôt parce qu'ils devenaient obèses. Quant à l'abstinence sexuelle, c'est même l'inverse, puisque les humains qui passent le plus de temps au septième ciel sont ceux qui restent le plus longtemps sur Terre (corrélation n'est pas causalité : les gens en bonne santé s'éclatent plus, et en même temps ils vivent plus longtemps ; mais ce n'est pas l'orgasme qui rajeunit les cellules). Par contre, ce qui pourrait réellement faire rajeunir, c'est… la foire du Trône.

Éric Le Bourg a mis des mouches dans une centrifugeuse pendant deux semaines : elles vivent plus longtemps et, même à un âge avancé, elles escaladent les murs avec une vitalité de mouchette. « Dans la centrifugeuse, elles subissent un stress modéré. Cela crée, dans certaines conditions, des « protéines de choc » qui réparent les dégâts sur les autres protéines. C'est comme si vous aviez une éraflure sur votre voiture et que vous

alliez chez le garagiste. Il en profite pour tout vérifier, et vous repartez en meilleur état. »

Malheureusement, on n'en est pas à réaliser l'expérience sur l'Homme. Chez nous, toujours pas de recette miracle. Même pas les hormones, comme la DHEA, en vente libre aux États-Unis (« Ce sont des charlatans qui vendent des produits dont on ne connaît pas les dangers », fulmine Éric Le Bourg). Le dernier espoir, ça serait une bidouille génétique qui augmente la longévité (ça marche sur *C. elegans* et la drosophile). Mais les centenaires ne sont pas des mouches. Après en avoir étudié des dizaines, Jean-Marie Robine, de l'Inserm, est formel : « On n'a rien découvert de particulier, mis à part qu'ils ont vécu traditionnellement avec une alimentation saine, mais à leur époque c'était normal car il n'y avait pas de McDo. » Reste une idée : étudier Jeanne Calment. On a bien disséqué le cerveau du père de la théorie de la relativité, alors pourquoi pas les ovaires de l'ex « doyenne de l'humanité » ? Il paraît que la maison de retraite a refusé. Pour la laisser en paix, disent-ils. Pourtant, lorsqu'il s'agissait de produire un CD, elle était moins délicate, la maison de retraite… Il est vrai que les bacs de la FNAC, ça rapporte plus que les publications de gérontologie.

A. F.

1. Lire *Le Vieillissement en questions*, Éric Le Bourg, CNRS Éditions, 1999.

RITUELS SANITAIRES: LAVEZ-VOUS LES MAINS AVANT...

Vous rentrez de vacances? Profitez-en pour étudier les mœurs de notre espèce. Messieurs, à l'arrêt pipi, observez un petit détail: après avoir pissé, ces messieurs vont rituellement se laver les mains. Du coup, vous faites plus la queue aux lavabos qu'aux pissotières. Celui qui ne se soumet pas à la cérémonie passe pour un gros dégueulasse. Alors on se demande si tous ces hommes se pissent vraiment sur les mains. En tant que membre de la gente masculine, je peux vous assurer que pour se pisser sur les mains il faut vraiment le vouloir. Ou alors avoir la biroute folle, tel un tuyau d'arrosage lâché à pleine pression. Ce qui, anatomiquement, n'est pas possible. S'ils ne se pissent pas sur les mains, leur pénis est-il vraiment si sale ou puant? Vu les normes d'hygiène d'aujourd'hui, c'est difficile à supposer. Ce serait même le contraire: le pénis, toute la journée enfermé dans son bunker, serait parmi les parties du corps les plus propres qui soient. Mais, au fait, qu'est-ce que « le sale »?

La perception de ce qui est sale est hautement subjective. D'un point de vue rationnel, on dira que ce qui est sale est potentiellement infectant. Alors voyons... Les germes présents sur la peau sont classés en deux groupes: la flore résidante et la flore transitoire. La flore résidante se développe dans les plis microscopiques de la peau et dans les canaux des glandes sébacées et des follicules pileux. De là, elle gagne la surface et se confond avec la flore transitoire, qui se trouve sur les couches épithéliales superficielles. La flore résidante est formée par des bactéries aérobies comme *Staphylococcus epidermis* ou *Propionibacterium acnes*. Leur virulence est peu élevée.

Ces bestioles qui nous aiment bien sont rarement à l'origine d'infections. Rien de méchant, donc. Parlons plutôt de la flore transitoire, laquelle comprend, outre les émergences de la flore résidante, les germes en provenance de personnes et d'objets environnants. La composition de la flore transitoire dépend des endroits où nous faisons traîner notre peau. Et nos mains se promènent beaucoup plus que notre pénis, si on laisse de côté les Don Juan frénétiques et les acteurs de porno qui usinent plus avec leur queue qu'avec leurs mains. Dans les hôpitaux, cette flore transitoire est la principale cause des infections croisées, dont 30 % sont véhiculées par les mains. Par exemple, on peut y trouver le méchant staphylocoque doré, *Staphylococcus aureus*, ou encore *Streptococcus*, *Micrococcus*, et autres *Candida albicans*. Sans parler d'autres infestations possibles, par les œufs

d'oxyures, vers ronds intestinaux, assez courants en milieu scolaire, que l'on peut avaler en portant ses mains à la bouche. Même si on n'est pas dans un hôpital, il faut comparer la saleté des mains et celle du pénis en termes de risques. Les mains, ça traîne partout : on pourrait presque dire que c'est toujours sale. Une fois la toilette intime terminée, la queue, elle, reste sagement rangée dans le slip, à l'abri des germes du dehors. Compte tenu des fréquences de lavage corporel en vigueur aujourd'hui dans nos populations, les mains sont potentiellement plus infectieuses que la bite. Messieurs, si vous respectez l'organe viril, lavez-vous les mains avant d'aller pisser !

Alors, si ce n'est pas un vrai problème d'hygiène, qu'est-ce qui leur fait se laver les mains après ? La bienséance des toilettes d'autoroute ? Un trait ancestral venu du fond du Moyen Âge, voire de la préhistoire ? Peut-on vraiment imaginer qu'aux époques où l'on se lavait moins, le pénis ait pu être plus sale que les mains ? Le vieil opprobre judéo-chrétien sur le sexe ? Le sexe, c'est sale. Et la perception culturelle du sale n'est pas une question d'hygiène rationnelle. La preuve : l'urine, une solution saline aussi propre que le sang, passe pour sale. Bon, allez, bonne route, et n'allez quand même pas vous la tenir avec une pince à sucre stérilisée : là, vous risquez vraiment de vous pisser dessus !

G. L.

ÉLOGE DE LA DÉFÉCATION

Il y a de ces bizarreries dans le langage… Tenez, par exemple, de quelqu'un qui nous ennuie ou nous agace, on dit qu'il nous « fait chier », alors que c'est drôlement agréable d'aller aux toilettes ! Pourquoi une telle contradiction entre langage et biologie ?

Pour tenter d'y voir clair, penchons-nous sur un mystère préalable : la sensation de bien-être qui accompagne la défécation. En fait, l'excrétion agit sur le système nerveux. Plus précisément, il n'y a pas un seul, mais deux systèmes nerveux. Le système sympathique, qui maintient le corps en action, augmente le battement du cœur et la sécrétion d'adrénaline. Et le système parasympathique, qui diminue la pression du sang et relaxe l'organisme. Vous vous énervez : le sympathique agit. Vous vous sentez bien après avoir pleuré : c'est le parasympathique. Le premier gère tout ce qui contracte, le second, tout ce qui détend… et les deux s'opposent.

Donc, la défécation. Le Dr Marc Lémann nous explique que « le relâchement du sphincter anal implique l'activité du système parasympathique ». Conséquence : le sympathique est inhibé. D'où un ralentissement du cœur, une réduction de la pression sanguine… et une sensation de bien-être. D'ailleurs, la défécation produit le même effet qu'une technique conseillée pour l'hypertension, la « manœuvre de Valsalva ». Selon le Dr Lémann, « elle consiste à souffler tout en bloquant la respiration. Cela contracte le diaphragme, et on peut ainsi ralentir le cœur jusqu'à quarante battements par minute ».

Il y a quand même une chose qui ne colle pas dans cette théorie : le relâchement des sphincters provoqué par une forte peur… vu que, lorsqu'on a la trouille, on est loin d'être détendu. En fait, avec le stress, tout est chamboulé. « Le système sympathique est sollicité à l'extrême. Si bien que tout va plus vite : le cœur, la respiration, mais aussi le transit intestinal. » Comme si, au lieu de mettre deux heures, la digestion s'effectuait en quelques secondes !

Ces considérations biologiques devraient permettre de corriger quelques imprécisions sémantiques. D'abord, le banal « c'est chiant » est polysémique. Et il y a de l'injustice à mettre tous les « chieurs » dans le même sac. Le « c'est chiant » lancé à l'ordinateur qui plante pour la quinzième fois traduit l'envie de tuer le premier informaticien qui passe : on est sous l'emprise du système sympathique. Rien à voir avec le « c'est chiant » qui s'adresse à un conférencier soporifique : là, on entre dans une somnolence qui aurait plutôt tendance à solliciter le système parasympathique.

Et puis, c'est injuste. Il est nettement plus agréable de déféquer que de recevoir une piqûre ou de se faire mordre… Mais traiter quelqu'un de « chiant » est une insulte, alors que dire qu'il a du « piquant » ou du « mordant » est un compliment. Allez comprendre… À l'instar de Pierre Perret, qui s'indignait qu'on fasse une insulte du « joli mot con », protestons contre les qualificatifs qui vilipendent une activité aussi plaisante que le moulage de bronze. Il serait temps de réhabiliter cette activité qui a le mérite de placer l'homme le plus puissant[1] face au reflet le plus humble de sa condition animale.

A. F.

1. Quelle dérisoire mais plaisante revanche, d'imaginer un grand de ce monde le slip aux chevilles en train de déféquer.

LE CERVEAU A-T-IL DES COUILLES ?

C'est bientôt Noël, et peut-être aurez-vous la bonne idée d'offrir des livres scientifiques. Si vous errez dans les rayons sciences humaines des librairies, vous ne manquerez pas de tomber sur ces flopées de bouquins qui squattent les panneaux des meilleures ventes, et prétendent dévoiler le mystère de la différence entre hommes et femmes, en rivalisant de titres racoleurs. Du genre : « Pourquoi les hommes marchent à la gauche des femmes », « Pourquoi les hommes descendent de Mars et les femmes de Vénus », « Pourquoi les hommes mentent et les femmes pleurent », etc.

Voilà un bon réservoir à best-sellers. L'agaçant, c'est qu'il nous abreuve – souvent – de vérités scientifiques qui n'en sont pas. Une de celles-là concerne les différences cérébrales. C'est à cause de leurs cerveaux que les garçons joueraient au camion et les filles à la poupée. Ça ne tient pas. Il est vrai que chez le jeune rat on trouve un quart de millimètres de neurones en plus dans l'hypothalamus du mâle. Mais cette différence disparaît chez le rat adulte. Quant aux humains, ils ont bien le même cerveau, quel que soit leur sexe.

Pour chercher les différences entre hommes et femmes, certains scientifiques utilisent l'imagerie par résonance magnétique (IRM). Par exemple, ils demandent à des gens de penser à un mot et visualisent les zones cérébrales qui bossent. Ça donne l'occasion de belles pages en couleurs qui montrent des hommes et des femmes réagir différemment… Et ça met en rage la neurobiologiste Catherine Vidal, de l'Institut Pasteur : « Les très rares travaux qui montrent des différences entre hommes et femmes font la première page des revues, et on oublie les centaines de travaux qui ne montrent pas de différences. » Ou alors si, des différences, il y en a des centaines… À condition de préciser qu'elles sont plus nombreuses parmi les hommes ou parmi les femmes qu'en moyenne entre les sexes. L'illusion vient du fait qu'après avoir effectué des mesures sur plusieurs dizaines de personnes, les chercheurs ne conservent que celles qui servent leur théorie du cerveau sexué.

Autre champ d'investigation, les tests comportementaux. En laboratoire, les hommes seraient plus doués que les femmes pour l'orientation spatiale. Ce qui expliquerait pourquoi les gonzesses sont nulles au volant et incapables de lire une carte routière (c'est pas moi qui le dis, inutile de m'inonder de courrier). Là encore, ça ne tient pas, selon Catherine Vidal. « Il y a peut-être de légères différences (seulement 15 %), mais elles ont de grandes chances d'être acquises plutôt qu'innées. D'abord parce qu'elles

ne sont pas détectables avant l'adolescence, ce qui suggère qu'elles sont dues à l'éducation. Par exemple, les garçons font davantage de jeux en plein air. De plus, si on compare les résultats des tests effectués depuis une vingtaine d'années, on constate que l'écart se réduit. Plus les femmes sont intégrées socialement, moins il y a de différences cérébrales. » Quand bien même les femmes seraient moins douées pour les créneaux, rien de génétique là-dedans.

Finalement, on a l'impression que c'est toujours la même obsession qui revient : trouver des justifications anatomiques à tout ce qui s'écarte de la norme définie comme l'homme blanc hétérosexuel. Tous les « anormaux » y sont passés : Noirs, tueurs en série, prostituées, Prix Nobel, homosexuels… Dernièrement, c'est au tour des pédophiles. Et, chaque fois, les mêmes erreurs scientifiques… Il y a soixante ans, on mesurait le cerveau des femmes pour démontrer leur infériorité. Aujourd'hui, on le passe à l'IRM pour débusquer une quelconque spécificité.

Comme si les différences psychiques entre hommes et femmes étaient si lourdes qu'il était douloureux de les réduire à un bout de viande érectile, et qu'il fallait se rassurer par des différences cérébrales. Et pourtant, c'est comme ça. Le cerveau des femmes n'est ni plus ni moins que celui des hommes enclin aux maths ou à la nurserie. Il y en a pour qui c'est dur à avaler, mais il leur faudra bien s'y faire.

A. F.

HOMOPHOBES = PÉDÉS REFOULÉS : LA PREUVE SCIENTIFIQUE

Il suffit d'en avoir vu une fois (par exemple dans une manfi ultra catho), pour comprendre que les gens qui débordent de haine contre les homosexuels sont des frustrés sexuels. C'était une intuition… c'est désormais une réalité scientifique, grâce au chercheur américain Henry Adams[1]. Il a sélectionné une soixantaine d'hommes, tous hétérosexuels déclarés. Moitié homophobes moitié non homophobes. Il a entouré leur pénis d'un anneau muni de capteurs, afin d'en mesurer les changements de diamètre. Puis il leur a projeté trois genres de films porno : hétéro, lesbien et homo masculin. Les résultats sont édifiants.

Devant un porno hétéro, le pénis normal gagne 23 mm. Celui des anti-pédés 20 mm. La différence est faible, mais l'axe Villiers — Le Pen semble moins concerné par une interaction phallo-vaginale. Face aux douceurs saphiques, la tendance s'inverse : 15 mm pour les spectateurs tolérants, 18 mm pour les homophobes. Ces derniers brandissent un crucifix lorsqu'ils croisent une « gouine ». Alors que dans leur slip le petit Jésus implore l'absolution.

Mais là où les homophobes font réellement bande à part, c'est lorsqu'ils voient des mecs s'envoyer en l'air. Alors que le groupe témoin pense à ses factures (accroissement pénien inférieur à 5 mm), les anti-pédés s'identifient aux acteurs en gonflant de 12 mm. On reste plus proche de la tour de Pise que de la rampe de lancement de cap Canaveral. Mais la différence entre les deux groupes est significative, 54 % des homophobes saturent même le bandomètre, contre seulement 24 % des hommes tolérants.

Henry Adams a aussi demandé aux cobayes d'évaluer leur excitation, par une note de 0 à 10. Pendant les pornos hétéros et lesbiens, ces notes reflètent parfaitement l'évolution érectile. Mais face aux pornos gays, l'homophobe devient schizo : alors que le sang déferle dans sa verge, il s'efforce de nier la chose en attribuant de faibles notes. Chez les pédés refoulés, la bandaison, papa, ça ne se raconte pas.

Certes, on pourrait arguer, comme Christophe André, psychiatre à Sainte-Anne, qu'« une forte émotion peut provoquer une érection qui n'est pas forcément d'ordre sexuel ». Mais bien des observations attestent que les homophobes, lorsqu'ils se lâchent, savent honorer les charmes masculins : citons les « chasses aux pédés qui se terminent en viol collectif de ces derniers[2] », ou les salivations de Le Pen qui ne rechigne pas à aller mater les strip-teaseurs (mâles) des Folies-Bergère…

Tiens, nous étions partis de l'homophobie, et nous voilà au rayon croix gammées… Logique. Car selon le psychanalyste Gérard Bonnet, « on peut établir des parallèles entre la xénophobie, le sexisme et l'homophobie. L'homosexuel refoulé a peur de l'autre car il y voit un semblable qui lui rappelle son désir ».

Résumons. L'homophobe préfère son propre sexe. Comme il refoule cette pulsion, il se venge en haïssant tout ce qui n'est pas comme lui : les Noirs, les femmes… et surtout les gays, qui lui renvoient l'image de sa pulsion coupable.

Vu que l'homophobie n'est pas un privilège masculin, la démonstration devrait s'appliquer aux deux sexes. Pour le confirmer, il suffirait de reproduire l'expérience de Henry Adams avec des femmes (en mesurant, par exemple, leur température vaginale). Je suis sûr qu'on obtiendrait des résultats surprenants chez les grenouilles de bénitier.

A. F.

1. Is homophobia associated with homosexual arousal?, *Journal of abnormal psychology,* août 1996, vol. 105, n° 3.
2. Rapporté par le sociologue Daniel Welzer-Lang, dans *La Peur de l'autre en soi. Du sexisme à l'homophobie,* VLB Éditeur, 1994.

LES BLONDES, ESPÈCE À PROTÉGER ?

Ça vous a peut-être échappé, mais dernièrement, pas mal de blondes ont eu chaud. Tout est parti de la BBC. Selon la radio anglaise, des « scientifiques allemands » auraient « prédit » que la dernière blonde disparaîtra en Finlande en 2202 (admirez la précision). L'info a été reprise par plusieurs médias anglo-saxons – CNN entre autres – et a donné lieu à plusieurs forums de discussions sur Internet. Tant et si bien que, la semaine dernière, l'Organisation mondiale de la santé a dû se fendre d'une déclaration affirmant qu'il n'y avait jamais eu la moindre étude sur l'extinction des blondes.

On pourrait se contenter d'en rire. Mais il est instructif de comprendre les mécanismes de l'histoire. Il faut savoir que les gènes qui expriment la couleur des cheveux vont par paire. Si ces gènes sont identiques – deux bruns ou deux blonds – la personne est soit brune, soit blonde. Si les gènes sont différents, c'est le dominant qui l'emporte au détriment de l'autre gène, qualifié de « récessif ». Selon les « scientifiques » cités par la BBC, le gène des cheveux blonds est récessif. Si bien que, plus les populations se mélangent, plus les blonds auraient tendance à décliner au profit des bruns, et ce, jusqu'à leur disparition totale.

Inutile de faire durer le suspense : ça ne tient pas. Le « gène blond » a effectivement tendance à être récessif (pour être précis, la couleur n'est pas déterminée par un seul gène, mais par un ensemble de gènes dont le caractère récessif n'est pas systématique). De toute façon, les gènes, même récessifs, perdurent au cours des générations. De sorte que tout enfant brun, issu d'un brun et d'une blonde, possède des gènes blonds susceptibles de s'exprimer ultérieurement dans sa descendance.

Au pire, le nombre de blondes diminuerait… en supposant que le brassage génétique devienne aléatoire. Ce qui n'est pas le cas, puisque les blonds ont tendance à se reproduire entre blonds, de même que les noirs entre noirs ! D'ailleurs, supposons qu'il y ait réellement de moins en moins de blondes. Plus rares, elles seraient plus courtisées, ce qui augmenterait leur probabilité de reproduction et favoriserait la transmission de leurs caractères au fil des générations. On voit donc que, par quelque bout qu'on la prenne, il est superflu de déclarer la blonde espèce protégée (personnellement, le plus grand risque que je vois, c'est le trou de la couche d'ozone : s'il continue de s'agrandir, les ultraviolets vont laminer les peaux claires).

En fait, la morale de l'histoire est davantage sociale que biologique. Je n'ai pas pu retrouver les « scientifiques » évoqués par la BBC. Mais, entre nous, des Allemands qui « démontrent » que l'immigration menace les blonds, on peut trouver ça bizarre… Et surtout, cette histoire illustre la paresse journalistique. De la BBC d'abord, qui a joliment déraillé, en se contentant, pour une info aussi déroutante, de citer des « scientifiques allemands », sans en donner les noms ni le laboratoire. Ensuite, des médias qui, aveuglés par la renommée de la radio anglaise, en ont repris la dépêche mot à mot sans le moindre regard critique.

Pourtant, il y en aurait des choses à dire sur les blondes. Pourquoi tant de mythologie flatteuse ou méprisante ? Pourquoi tant de blagues sur les blondes ? Pourquoi cette réputation de stupidité ? Pourquoi parle-t-on de « fausse blonde » et jamais de « fausse brune » ? Si c'est la stigmatisation d'un caractère minoritaire, le phénomène devrait s'inverser dans les pays nordiques. En somme, c'est toute une sociologie de la blonde qui reste à inventer.

A. F.

DARWIN, FREUD ET LOLO FERRARI

On pouvait les trouver excitants ou (et) repoussants. Mais les 130 cm de tour de poitrine de Lolo Ferrari[1] (3 kg de prothèse dans chaque mamelle) ne laissaient personne indifférent. La Barbie porno, remake technologique de ces Vénus préhistoriques aux seins hypertrophiés, semblait avoir poussé à l'extrême, et en le sexualisant, un culte ancestral et mystérieux. Pour expliquer sa vingtaine d'opérations « mammaires », on a parlé des problèmes de Lolo avec « sa mère ». Peut-être... Mais une autre dimension a été négligée : la fascination du sein.

Regardons les animaux. Des baleines aux taureaux, tous les mammifères ont des mamelles. Mais la différence entre une baleine et Lolo Ferrari, c'est que les seins de la première n'intéressent aucun mâle. Chez les bêtes, seules la vulve et sa banlieue font l'objet de convoitises sexuelles. Mais aucun animal, fût-il un chimpanzé, n'aurait l'idée de reluquer, lécher, sucer, palper ou mordiller la tétine de sa femelle. L'homme, donc, et lui seul, a sexualisé la mamelle.

Pour en comprendre la raison, il faut remonter à l'époque où nos ancêtres marchaient à quatre pattes[2]. Comme les mâles se coltinaient en permanence l'arrière-train des femelles à hauteur d'yeux, ces masses charnues agissaient comme des attracteurs sexuels (chez certains singes, la vulve enfle et rougit en période d'œstrus). Le jour vint où *Homo erectus* se dressa. Il était désormais capable de regarder sa compagne dans les yeux. Cependant, il avait tendance à baisser le regard en direction du décolleté. C'est qu'il restait programmé par l'équation : masses charnues = plaisirs en vue. Du coup, les femelles mamelues avaient davantage de succès. Et la sélection naturelle aidant, les seins se généralisèrent. Un phénomène accentué par la perte de l'œstrus : l'humanité s'étant mise à copuler à longueur d'année, et non plus à périodes fixes comme les autres animaux, « les signaux olfactifs et visuels qui annoncent habituellement les périodes de réceptivité féminine sont devenus permanents chez la femme », explique l'anthropologue Maurice Godelier. Les seins s'épanouirent à merveille dans ce nouveau rôle, en même temps que l'origine de leur fascination s'enfouissait toujours plus dans les méandres de l'inconscient (sauf, dit-on, chez les Espagnols et les notaires, auxquels la rumeur prête d'archaïques pratiques).

Voilà pour l'évolution biologique. Mais il y a aussi l'histoire individuelle. « L'allaitement est la première expérience sexuelle », disait Freud. « La première fille qu'on a prise dans ses bras, jamais on ne l'oubliera », a rajouté Brassens. La poitrine féminine allait donc devenir une lucarne sur

le paradis perdu de l'enfance. Mais la psychanalyse va plus loin. Selon Hélène Parat[3], « l'absence de pénis chez la femme renvoie l'homme à son angoisse de castration, et le sein est rassurant à cet égard ».

On peut penser ce qu'on veut de ces théories, mais elles se complètent bien. L'homme est le seul animal qui marche debout, baise en permanence, et affronte l'Œdipe et l'angoisse de castration. Lolo Ferrari n'était que l'aboutissement logique de toutes ces conditions.

A. F.

1. Dont l'autopsie a révélé une overdose de calmants.
2. Voir D. Morris, *Le Singe nu,* Grasset, 1968.
3. Auteur de *L'Érotique maternelle,* Dunod, 1999.

LE GÈNE DES GRANDS DOIGTS

Il parait que certaines filles savent jauger au premier coup d'œil les mensurations masculines les plus intimes. Selon les critères, c'est tantôt la longueur du nez, tantôt celle des doigts ou des pieds, qui préfigurerait l'ampleur de l'excroissance concernée. Jusqu'ici, aucune de ces rumeurs n'avait trouvé de confirmation scientifique.

Mais les travaux du généticien suisse Denis Duboule risquent, le plus sérieusement du monde, de les raviver. Il a en effet découvert, en travaillant sur les malformations génétiques, que ce sont les mêmes gènes – baptisés HOX – qui commandent le développement des doigts et des organes génitaux.

Prenons des souris normales. Avec cinq doigts et un pénis, donc. Si on ôte la moitié des gènes HOX, le sexe raccourcit. Les doigts aussi, et ils sont plus nombreux. Si tous les HOX disparaissent, les souris perdent à la fois leurs doigts et leur pénis. Deuxième étape, les chercheurs ont étudié les hommes atteints de malformations. Comme ils s'y attendaient, des doigts courts et surnuméraires s'accompagnent systématiquement d'un petit sexe.

Malgré son petit côté badin, la découverte chamboule carrément la théorie de l'évolution. Pour Denis Duboule, « si les doigts et les organes génitaux sont commandés par les mêmes gènes, c'est qu'ils ont une origine commune. Ils sont certainement apparus au moment du passage de la vie aquatique à la vie terrestre. »

À l'origine de la vie, tout se passe dans l'eau. Les poissons se fécondent sans pénétration, éparpillant sperme et œufs au petit bonheur la chance. Ni pénis ni doigts. Normal, les gènes HOX ne sont pas activés. Ensuite viennent les premiers tétrapodes, sortes de lézards marchant au fond de l'eau. Avec des pattes comportant sept ou huit doigts. Selon Denis Duboule, « leurs gènes HOX devaient être à moitié activés, comme nos souris génétiquement modifiées, et ils avaient certainement un petit sexe ».

Puis c'est la sortie de l'eau. Et, subséquemment, l'invention du pénis, désormais nécessaire pour féconder les œufs à domicile. À la même époque, les doigts se développent, se stabilisant à cinq chez la plupart des espèces. C'est alors que les HOX fonctionnent à plein rendement.

Vous allez voir comme cette histoire nous mène loin. Jusqu'ici, on considérait, dans la théorie de l'adaptation, les organes indépendamment les uns des autres. Désormais, il faut les considérer dans leur globalité.

Exemple, on pensait qu'avoir cinq doigts plutôt que quatre ou six c'était une question de commodité. En fait, ce nombre est le résultat d'un compromis avec la taille du sexe. Un sixième doigt eût été utile, après tout. Mais le prix à payer aurait été un raccourcissement du pénis ! Autre solution, sacrifier un ou deux doigts contre un sexe plus avantageux : est-ce la raison pour laquelle chevaux et ânes n'ont que trois doigts ? Difficile de répondre.

En tout cas, pour en revenir aux vieilles rumeurs, on peut liquider celle qui concerne le nez. Il n'a rien à voir, ni avec les HOX, ni avec les doigts, ni avec le sexe. Et au sujet de la proportionnalité entre doigt et pénis, les chercheurs refusent encore de se prononcer. Une seule chose est sûre : avec tous les HOX, sexe et doigts sont normaux, et avec la moitié des HOX ils raccourcissent. C'est tout. Remballez vos fantasmes. Impossible, pour l'instant, de gonfler les gènes pour accroître la taille de la bite. Rocco Siffredi chez les souris, ce n'est pas pour aujourd'hui.

A. F.

L'APPEL DU MÂLE

Pour séduire, la voix, ça compte. Imaginez *Love me tender* chanté par le timbre aigrelet de Philippe Candeloro (vous allez dire qu'Elvis Presley sur des patins à glace ce n'est guère mieux…). D'ailleurs, il n'y a pas qu'avec les femmes que ça marche. Avec les soldats aussi : si de Gaulle avait lancé l'appel du 18 juin avec la voix de Claude Piéplu, nul doute qu'on aurait cru à un sketch. On se doutait bien que les voix graves plaisaient davantage. Mais, grâce à une étude récente, c'est désormais une certitude[1].

Les chercheurs ont demandé à des femmes d'évaluer des voix masculines. Leurs jugements furent unanimes. Non seulement les femmes préféraient les voix graves, mais en plus elles imaginaient le locuteur d'autant plus musclé et velu que sa voix était caverneuse.

Les propriétaires des voix ont alors été examinés. Et les scientifiques sont formels : il n'y a pas de relation entre le physique et la voix. Les femmes avaient donc tout faux, tant sur les poils que sur les centimètres. S'il est vrai que chez les primates, un gorille pousse des cris plus caverneux qu'un ouistiti, il faut admettre que chez les humains, un nain peut avoir un coffre de basse, et un géant un timbre de fausset. Comparer différentes espèces, c'est une chose. Comparer différents hommes, une autre.

Mais alors, si la voix conduit à d'aussi piètres appréciations, pourquoi les femmes s'y intéressent-elles tant ? Ce qu'on appelle « beauté » ou « charme » est souvent le fruit de l'évolution biologique. Les hommes préfèrent les belles femmes parce qu'elles ont plus de chances de faire de beaux enfants ; et les femmes préfèrent les hommes puissants parce qu'ils sauront mieux les défendre. C'est très con, mais dans la savane c'était comme ça, et c'est un peu resté.

Bon, mais que vient faire la voix dans cette histoire ? Plusieurs hypothèses ont été proposées. Étant donné qu'à la puberté la testostérone provoque la mue vocale des garçons, il se pourrait que la différenciation de l'organe vocal soit inconsciemment associée à la différenciation d'autres types d'organes, si vous voyez ce que je veux dire. Ou bien peut-être que les femmes recherchent ce qui leur ressemble le moins : comme les hommes ont une voix plus grave, ce critère aurait alors pris une ampleur disproportionnée…

En tout cas, même avec une voix de casserole, on peut désormais combler sa partenaire. Ça n'a rien à voir, mais des toubibs américains viennent de breveter deux systèmes pour soigner les femmes frigides. Le premier est une sorte de soucoupe placée sur le clitoris. Elle est reliée à une petite pompe à vide, qu'on actionne par un bouton de façon à créer un afflux sanguin. Le second consiste à implanter une électrode en un point précis de la colonne vertébrale. Des décharges électriques sont envoyées par un boîtier inséré sous la peau des fesses. Orgasme instantané.

C'est ça, la dualité de l'amour au troisième millénaire : à la fois les résidus comportementaux de l'âge de pierre et l'ultratechnicité, qui permet de s'en affranchir. Au final, entre animalité et robotisation, la deuxième voie a quand même du bon.

A. F.

---

1. Men's voices and women's choices, *Animal Behaviour,* décembre 2000.

PORTABLE ET TESTOSTÉRONE

Que le portable soit un substitut phallique, on s'en doutait un peu. Mais cela restait à démontrer. D'où l'idée de John Lycett et Robin Dunbar, deux chercheurs en psychologie de l'université de Liverpool. Ils se sont simplement installés pendant quatre mois dans un bar de la ville, et ils ont observé les porteurs de portable.

Première découverte : les hommes se démarquent radicalement des femmes[1]. Oh, ce n'est pas qu'ils téléphonent davantage. Non, ce qui les distingue, c'est la visibilité de l'engin. Les hommes le sortent, le posent sur la table, le tripotent... C'est parce qu'on n'a pas de sac à main, rétorquent les machos. Faux prétexte, répondent Lycett et Dunbar : même si le portable est silencieusement niché au fond d'une mallette, les hommes l'en extirpent. À l'inverse, les femmes le rangent aussitôt après avoir téléphoné. Cet exhibitionnisme peut même se chiffrer : les portables visibles et non utilisés sont trois fois plus nombreux chez les mâles.

Deuxième résultat : plus il y a d'hommes dans le bar, plus ils ont tendance à sortir leur bidule. Signe typique d'un rituel compétitif, diagnostiquent les chercheurs. L'important n'est pas tant d'attirer le regard des femmes que d'écraser ses concurrents potentiels. D'outil de communication, le portable s'est ainsi mué en ornement culturel. En fait, il est au mâle du IIIe millénaire ce que l'étui pénien est au Papou. Ou plutôt, c'est au paon qu'il faut comparer l'utilisateur de portable : la fréquence avec laquelle ces oiseaux déploient leur queue augmente, en effet, avec le nombre de mâles dans le voisinage.

Mais si le pouvoir attrayant d'une queue colorée (chez le paon) semble évident, celui d'un téléphone portable (chez l'homme) l'est moins. Il n'est plus un signe de richesse – la proportion entre cadres et ouvriers est la même chez les abonnés à SFR que dans le reste de la population – ni de prestige professionnel – les deux tiers des appels s'adressent à la famille ou aux copains. Alors quoi ? En fait, être greffé à un portable, c'est se glorifier d'avoir plein d'amis et d'être « hyper demandé »... ce qui est censé – pense inconsciemment le mâlwe – plaire aux filles. D'autres médecins ont mis en parallèle la diminution du tabagisme chez les jeunes et la possession d'un portable : celui-ci remplacerait la clope dans le rituel d'intégration au monde adulte (avant, on jouait au grand avec un cylindre de tabac aux lèvres, maintenant c'est avec un bout de plastique à l'oreille).

Suggérons aux sociologues d'approfondir la fonction sociale – « babouinesque », dirait Albert Cohen (voir *Belle du seigneur*) – du portable. Que dire, par exemple, de l'impérialisme sonore des imbéciles qui,

n'ayant pas compris qu'il suffit de parler normalement, persistent à hurler dans leur portable : cette expression de puissance acoustique est-elle comparable au brame du cerf ?

Les travaux de Lycett et Dunbar montrent comment le portable remodèle l'archaïque concours de quéquettes. Toutefois, à cause de la miniaturisation, c'est désormais le plus petit appareil qui est le plus performant. Et ça, c'est une vraie révolution. Comment les machos vont-ils vivre ce bouleversement ?

A. F.

1. Les résultats sont publiés dans la revue scientifique *Human Nature*.

3

II. ... nous les bêtes

RATS ESCLAVAGISTES

Les blasés de la vie communautaire vous le diront, ce sont toujours les mêmes qui font les courses, et les mêmes qui attendent les pieds sous la table. Leitmotiv pessimiste ou règle biologique? Les expériences de Didier Desor et Anne-Marie Toniolo, au laboratoire de biologie du comportement de l'Université de Nancy 1, permettent d'y voir plus clair.

Six rats sont placés dans une cage. Pour se nourrir, ils doivent emprunter un tunnel menant à un distributeur de croquettes. Au fil du temps, le tunnel se remplit d'eau. Arrive donc un jour où, pour accéder à la nourriture, il faut nager en apnée, ce que les rats n'apprécient guère. De plus, comme il est impossible de manger sur place, il faut ramener le butin dans la cage commune, où d'envieux congénères vous attendent.

Le résultat, c'est que, systématiquement, les rats se spécialisent. Il y a ceux qui plongent et parviennent à défendre leur repas: ce sont les « autonomes ». Certains plongent aussi, mais se font toujours dépouiller au retour: ce sont les « ravitailleurs ». D'autres enfin passent leur temps au sec, attendent qu'un rat émerge du tunnel, pour lui piquer sa croquette: ce sont les « voleurs ». Dans un groupe de six, on trouve toujours en moyenne trois ravitailleurs, pour deux voleurs et un autonome. Structure étonnamment stable, qui se reforme spontanément, même si on regroupe des rats d'une même catégorie. Six ravitailleurs placés ensemble donneront, au bout de vingt-quatre heures, deux voleurs et un autonome. Cependant, chaque rat possède son propre « caractère », puisqu'en fonction de ses réponses à des tests préalables on peut prédire la spécialisation qu'il aura tendance à adopter.

Les chercheurs ont créé une situation similaire dans un groupe de six étudiants. L'expérience se présente sous la forme d'un jeu, style « Intervilles ». Un test d'habilité manuelle (équivalent de la plongée) permet de gagner des jetons (les « croquettes »). Il s'agit ensuite de les déposer dans une tirelire située à l'autre bout de la salle. Sur le chemin, un autre joueur peut piquer vos jetons en vous provoquant à une sorte de partie de morpion (le « combat »). Au début, tout le monde se marre dans tous les sens. Puis, et c'est là que les fans de *Mon Oncle d'Amérique* jubilent, des spécialisations apparaissent, comme chez le rat: trois « ravitailleurs » gagnent leurs jetons à l'épreuve manuelle, mais se les font piquer au morpion; deux « voleurs » ne passent jamais l'épreuve manuelle, se contentant de gagner les autres au morpion, tandis qu'un « autonome » sort vainqueur de toutes les épreuves.

Pour les chercheurs, ces expériences devraient permettre de mieux comprendre la genèse des conflits en situation confinée, comme lors d'une traversée en bateau. Mais elles illustrent surtout l'interdépendance de l'individuel et du social. Il ne faut pas y voir un quelconque déterminisme facho ou une apologie de l'exploitation. Le voleur n'est guère enviable. Ce n'est pas un dominant qui se la coule douce, mais un stressé qui vit sous la dépendance des autres, alors que les rats les mieux adaptés, compétitifs et persévérants, deviennent généralement autonomes. Mais, surtout, la pression sociale influe autant que les « prédispositions » individuelles, puisqu'un rat change de spécialisation, selon le caractère des autres membres du groupe. Conclusion: dans une communauté, même le plus fainéant finirait par faire les courses, s'il ne cohabitait qu'avec des plus fainéants que lui.

A. F.

DES FOURMIS FÉMINISTES

Ah, la société sans mâles… Ce fantasme qui relève d'une mythologie féministe ultra-radicale caricaturée par la goguenardise macho… Eh bien, une fourmi l'a mis en pratique. *Cerapachys biroi*, c'est son nom, vit au Japon et à Taïwan. Très rare, elle mesure 2 mm et vit sous terre. Si bien que ses mystères n'ont été dévoilés qu'en 1996. « J'ai dû percer 1 500 trous avant de trouver une colonie », raconte Pierre Jaisson, éthologue au CNRS.

On devine l'étonnement de ceux qui confondent duplication et copulation : comment se reproduire sans sperme ? *Cerapachys biroi* utilise pourtant une méthode classique, la parthénogenèse : la femelle pond des œufs

non fécondés, mais cependant viables. Des clones femelles, en quelque sorte. Environ 5 % des espèces animales s'y adonnent, dont certains lézards et poissons. Mais parmi elles, seule *Cerapachys biroi* vit en société.

Cependant, les deux sexes existent : on trouve des mâles, en Chine par exemple, où les colonies sont mixtes. Mais au Japon et à Taïwan, exit les porteurs de pénis. Sauf exceptions : « Nous en avons trouvé quatre ou cinq sur une colonie de 750 fourmis. Mais ce sont des accidents et ils ne vivent jamais longtemps », rapporte Pierre Jaisson. De toute façon, cela ne change pas grand-chose. Ces mâles sont totalement ignorés par les femelles qui, outre qu'elles ont une libido inexistante, ne sont pas « équipées » pour recevoir du sperme.

Elles se débrouillent seules et cela leur suffit. De plus, non contentes d'avoir viré les mâles, elles se passent également de castes ! En effet, chez la plupart des fourmis, seule la reine procrée. Mais chez *Cerapachys*, point de reine, tout le monde y va de son œuf, une fois toutes les six semaines.

Bon, c'est bien beau, ce féminisme libertaire… Mais quel intérêt biologique ? Là-dessus, Pierre Jaisson a sa petite idée : « En général, les fourmis se reproduisent lors du vol nuptial. Comme *Cerapachys biroi* vit dans un endroit sans cesse balayé par des typhons, ce n'est pas très pratique. » Renonçant au crac-crac voltigeur, trop risqué, les fourmis préféreraient vivre sous terre et se débrouiller entre femelles. (En fait, le principe est le même chez les lézards du désert qui ont opté pour la parthénogenèse : vue la rareté des lieux de drague, les femelles ont plus vite fait de se cloner.)

Cela dit, *Cerapachys biroi* ne fait que pousser à l'extrême le matriarcat ordinaire des fourmis, où les mâles ne sont que des sacs à sperme, tout juste bons à assurer le vol nuptial et à se faire dévorer en cas de disette. En tout cas, cette bestiole nous offre la plus féministe des sociétés animales (pour éviter l'anthropomorphisme, il faudrait plutôt dire « femelliste », suggère Pierre Jaisson). Elle venge ainsi tous les animaux qui subissent la domination mâle, et cloue le bec à ceux qui seraient tentés de faire du machisme un concept universel.

A. F.

DRAPEAU NOIR CHEZ LES ARAIGNÉES

Abolition des chefs et des classes sociales, autogestion des moyens de subsistance, sexualité communautaire, éducation collective des enfants : ce programme libertaire, s'il reste un rêve pour l'homme, est appliqué chez des animaux de 5 mm de long, les araignées sociales *Anelosimus eximius.*

Ces sympathiques bestioles vivent en Guyane, où elles cohabitent à plusieurs milliers dans des toiles mesurant 2 à 3 m. Tous les animaux jouent exactement le même rôle, dans une absence totale de hiérarchie. Ni dominants, ni dominés, ni oisifs, ni esclaves. Ce qui est éminemment original, puisque la plupart des sociétés animales sont très structurées. Voir les systèmes de castes chez les fourmis ou les termites.

En dépit de ses tendances libertaires, *Anelosimus eximius* fait preuve d'une redoutable efficacité. D'abord pour la construction de la toile. Sans architecte ni contremaître, sans pouvoir centralisé, des milliers d'araignées tissent des milliers de fils de soie, pour aboutir non pas à un joyeux entremêlage, mais à une structure cohérente d'une centaine de mètres cubes.

L'activité sexuelle fait l'objet d'une harmonie rare. Tout le monde copule avec tout le monde, sans compétition ni possessivité. La propriété de la descendance est abolie. Lorsqu'une araignée tombe nez à nez avec un jeune, elle le nourrit maternellement comme s'il s'agissait du fruit de ses propres entrailles.

Le plus impressionnant, c'est la chasse collective. Quand un insecte se piège dans la toile, les araignées accourent pour le tuer et l'enrober de soie. Puis, sans qu'à aucun moment quelque petit chef jaloux de ses prérogatives ne vienne brailler des ordres, oh hisse, plus à droite, du nerf, mauviettes, toutes les araignées tirent… miracle, dans la même direction !

Le secret de ce collectivisme libertaire, c'est la stigmergie : chaque araignée ne fait aucune différence entre sa propre activité et celle de ses congénères. L'une vient à tirer un fil de soie, puis l'abandonne ? La première venue reprendra à son compte le travail entamé. Il n'y a pas de plan préétabli ; les individus sont « idiots », dans le sens où aucun ne possède de vision globale de la tâche à accomplir. Mais la société dans son ensemble est « intelligente », puisqu'elle mène une activité cohérente.

La structure sociale de ces araignées évoque l'origine de la vie sociale. En effet, au cours de l'évolution, la société s'est développée en deux phases. Certains animaux ont d'abord quitté la vie solitaire pour la vie sociale.

Dans un second temps, règles de domination et spécialisations des individus sont apparues. *Anelosimus eximius* n'a jamais eu besoin de cette seconde phase.

Selon Bertrand Krafft, chercheur au CNRS de Nancy, cette société constitue « le plus bel exemple de société anarchique harmonieuse connu ». Elle est un magnifique contre-exemple à l'argumentation des thuriféraires du petit patronat qui comparent la société libérale à une jungle darwinienne, et des graines de dictateur qui, des chantiers de maçonnerie aux plateaux de cinéma, brament qu'« il faut un chef pour que ça avance ». Les araignées sociales nous enseignent que la loi de la jungle, ce n'est pas forcément l'alternative entre baiser ou se faire baiser, et que domination et propriété privée n'ont rien de « naturel » ni d'universel.

A. F.

DES LOUPS MAKHNOVISTES

Dans la nature, la dictature et les hiérarchies pleines de petits chefs ne sont pas obligatoires.

Ça faisait un bout de temps que je voulais vous parler des lycaons, ces chiens libertaires des savanes africaines, mais Fischetti m'a coupé l'herbe sous le pied avec ses araignées anarchistes (texte précédent). Il faut quand même parler de ces sympathiques toutous, parce qu'ils font vraiment tache dans la famille des canidés, une famille de sado-masos qui adorent les rapports dominant-dominé. Cet anar de lycaon a en effet comme proche cousin le loup, dont la société est l'une des plus hiérarchisées et des plus inégalitaires qui soient, où seul un super-chef adulé dirige toute la vie sociale. C'est tout le contraire chez les lycaons : ni chef ni domination.

Le lycaon (*Lycaon pictus*) vit en communautés nomades de 6 à 60 individus, le plus souvent pas plus de 20 potes. Les lycaons entretiennent entre eux des relations détendues, bienveillantes et égalitaires. Au placard les intimidations, hérissements et grognements propres aux loups. Tous les observateurs parlent d'une disponibilité permanente et mutuelle des individus, signifiée par des rituels de salut. Les tâches sont partagées par tous. Chaque année, seules une ou deux femelles mettent bas une portée d'en moyenne 10 petits, qui sont pris en charge par toute la meute. Les femelles allaitent indistinctement leurs petits et ceux des autres. Ils inventent la crèche : quelques adultes mâles ou femelles gardent tous les petits, pendant que les autres partent au turbin.

Les lycaons chassent en meute des gazelles, impalas, gnous et zèbres qu'ils épuisent dans une course endurante de moins de 30 minutes. Un leader de meute – nécessaire mais temporaire – choisit la cible alors que celle-ci est encore à une distance respectable. La poursuite est alors lancée à 55 km/h. Ils rattrapent la plupart de leurs proies dans les trois premiers kilomètres. Le leader tient la tête pendant que les autres s'étirent sur un bon kilomètre et se relaient. Lorsque la proie est saisie, tous l'immobilisent et la tuent en deux minutes. Lors de la mise à mort, les juvéniles ont la priorité (c'est l'inverse chez les loups ou les lions). Des gazelles sont tuées et dévorées en 10 minutes. Ils rentrent ensuite à la tanière pour régurgiter la nourriture aux jeunes, aux mères et à tous les adultes qui n'ont pas participé à la chasse. Le leader des opérations de chasse retrouve en temps normal sa place, égale à celle des autres. Les lycaons inventent la Sécu et l'assistance publique. Les malades, les boiteux, les vieux qui ne peuvent plus aller à la chasse sont nourris même lorsque la nourriture est rare. Chez eux, la solidarité est portée aux nues : des scientifiques observèrent

qu'une portée de neuf jeunes se trouva un jour orpheline à l'âge de cinq semaines. Elle fut prise en charge par les huit autres membres de la meute, qui étaient tous des mâles.

Reste-t-il alors chez les lycaons un peu de canidé ? Une légère division du travail existe, mais elle ne semble pas imposée. Par exemple, certains individus montent plus souvent la garde près de la tanière, d'autres assurent davantage la conduite de la chasse. Des zoologistes pensent qu'une hiérarchie existe tout de même, si subtile qu'elle est impossible à préciser. Pas de prérogatives, pas de privilèges, ni priorités. On ne peut s'empêcher de penser aux anarchistes « organisationnels » de la guerre civile russe de 1917-1921, et tout particulièrement à Nestor Makhno. Cet Ukrainien d'origine paysanne fut un redoutable stratège qui vainquit à plusieurs reprises les armées blanches et l'Armée rouge[1]. Makhno fut un homme charismatique soucieux de mettre en accord ses actes et ses idées égalitaires. Ce leader d'opérations guerrières, à l'image des lycaons, faisait sa corvée de chiottes sans prérogatives ni médailles, ni titre ni galons. Mais la comparaison s'arrête là. En effet, ce qui se passe dans la nature ne saurait justifier moralement nos actes. Le lycaon ne justifie pas plus l'égalitarisme que le loup ne justifie le totalitarisme.

G. L.

1. Un livre passionnant à propos du rôle des anarchistes russes durant la guerre civile : A. Skirda, *Les Cosaques de la liberté*, Jean-Claude Lattès, 1985.

ZOOPHILIE CHEZ LES BACTÉRIES

Par analogie avec ce qui se passe chez la majorité des espèces vivantes, on a appelé « sexualité bactérienne » la capacité à échanger leur matériel génétique. Mais si Bill Clinton avait été une vulgaire *Escherichia coli*, Kenneth Starr n'aurait rien eu de croustillant à mettre dans son rapport. Car la sexualité bactérienne se résume à la recombinaison, c'est-à-dire au transfert d'une bactérie à une autre d'un fragment d'ADN simple brin, lequel va s'implanter dans le patrimoine génétique de la bactérie réceptrice et éventuellement modifier ses capacités à répondre aux défis de l'environnement. La vedette des bactéries, l'*Escherichia coli* de notre tube digestif, passe le plus clair de son temps sans sexualité, à produire l'exacte réplique d'elle-même en incorporant ici ou là quelque rare mutation ponctuelle. On parle alors d'espèce clonale. Elle s'offre tout de même de temps en temps une petite recombinaison, histoire d'améliorer l'ordinaire. Celles-ci lui apportent l'essentiel de ses changements génétiques.

Ces dernières années, on a démonté les fins rouages de la mécanique moléculaire qui contrôle la recombinaison. Lorsqu'une bactérie acquiert un fragment d'ADN en provenance d'une autre, il n'est pas donné d'avance que la version du gène importé puisse s'implanter telle quelle dans son patrimoine génétique. En effet, si celle-ci diverge de plus de 20 %, son appariement avec le gène hôte correspondant n'a pas lieu. Si la version importée ressemble à la version résidante, un système corrige ceux des maillons de la chaîne d'ADN importée qui sont différents de la version résidante. C'est le SRM[1] qui, en « rectifiant » les ADN étrangers issus de la fornication de son propriétaire, joue le rôle de barrière entre espèces, et surtout efface toute trace de fornication. Le SRM maintient donc la stabilité du patrimoine génétique. Si les bactéries arrivent à renouveler leur patrimoine génétique en recombinant, c'est parce qu'un autre système, appelé « SOS », limite l'action du SRM.

On connaît des mutants qui ont le système SRM bousillé : l'un de leurs gènes *mut* (desquels dépend le fonctionnement du SRM) est inefficace. Il se produit alors une véritable révolution génétique. Les souches révolutionnaires copulent et intègrent dans leur patrimoine génétique à peu près n'importe quoi. Le système SRM n'efface plus les taches sur la robe de Monica, et la fréquence des recombinaisons porteuses d'un renouvellement génétique détectable est multipliée par mille. Les gènes changent très vite de version et la variabilité génétique croît. Mais la mortalité est énorme, car ces bouleversements ne sont pas toujours heureux et des fonctions vitales peuvent être endommagées. Lorsqu'une souche récupère

au hasard des recombinaisons le gène *mut* en bon état, le système SRM est réactivé et le nouveau génome stabilisé. La mortalité de cette souche baisse alors ; elle finit par l'emporter sur celles restées mutatrices. L'évolution d'*E. coli* ne serait donc pas régulière dans le temps mais elle se ferait par bouffées : le calme clonal est parsemé de brusques épisodes révolutionnaires. Ceux-ci produisent des « gènes mosaïques », à forte activité sexuelle. Mais il y a pis. On découvre grâce à ces mutants que la partouze est interspécifique, puisqu'on peut identifier au sein de leur ADN de l'ADN d'autres espèces bactériennes. On a détecté par exemple des échanges génétiques entre *E. coli* et la salmonelle. Et les cas se multiplient : on vient de découvrir chez les eubactéries *Aquifex* et *Treponema* (le germe de la syphilis) des gènes piqués chez les archéobactéries, pourtant séparées d'elles depuis plus de deux milliards d'années ! Cette sexualité bactérienne exubérante a pour résultat de brouiller complètement les arbres évolutifs que les chercheurs essaient de reconstruire en comparant les séquences d'ADN. Mais que fait Kenneth Starr ?

G. L.

1. Système de réparation des mésappariements.

LES HYÈNES FEMELLES SONT DES GARÇONS MANQUÉS

Depuis Aristote, de nombreux naturalistes et certaines populations africaines ont pris l'hyène tachetée *(Crocuta crocuta)* pour un animal hermaphrodite. On sait qu'il n'en est rien, mais il reste à comprendre l'extraordinaire masculinisation des organes génitaux externes des femelles. Il n'y a pas de vagin ouvert sur l'extérieur, mais un unique canal uro-génital traversant un clitoris hypertrophié de la taille d'un pénis. Les propriétés érectiles de ce super-clitoris ont semé le doute (et peut-être quelque fantasme) dans la tête de nombreux observateurs. À la place de la vulve, on trouve des bourses sans testicules, remplies de graisse. Les organes génitaux internes sont habituels, avec ovaires et utérus.

La femelle s'accouple avec le mâle par le clitoris et donne naissance à ses petits par ce même organe. Et c'est là que les choses se gâtent. Le trajet à parcourir par le petit, du col de l'utérus jusqu'au bout du clitoris, est coudé et mesure 60 cm, tandis que le cordon ombilical ne mesure que 12 à 18 cm. Celui-ci casse donc bien avant que le petit ne soit sorti. 60 % des premiers de portée (ceux qui « ouvrent la voie ») meurent par anoxie[1]. 9 à 18 % des femelles meurent lors de leur premier accouchement. Comment expliquer le maintien de ces bizarreries dans l'évolution des hyènes alors qu'elles provoquent de telles pertes? L'anatomiste ne peut pas en avoir l'explication à partir de sa seule table de dissection. Une nouvelle théorie associe l'étude des hormones et celle de l'organisation sociale de ces animaux.

L'hyène tachetée est une chasseuse de grands herbivores des savanes africaines. Sa densité[2] est très élevée pour un carnivore de cette taille. La compétition pour la nourriture est l'une des plus dures que l'on connaisse. Beaucoup de jeunes souffrent d'inanition. L'organisation sociale est fondée sur la domination de robustes femelles sur de petits mâles inoffensifs et sur une hiérarchie entre femelles établie par des rapports très agressifs. L'agressivité permanente permet à la femelle de nourrir ses jeunes et de maintenir ou améliorer son rang hiérarchique. Car sur une carcasse de gnou où se disputent une trentaine d'hyènes, ce sont les femelles dominantes, les plus agressives, qui mangent en premier et font manger leurs petits. On a pu prouver que le « rang social », que les petits héritent de leur mère, avait un effet déterminant sur le succès reproducteur d'une femelle, en partie parce que ses petits courent moins de risques de mourir de faim.

On sait depuis longtemps que les comportements agressifs sont déterminés par les hormones mâles, dites hormones androgènes. Chez l'homme, les testicules fabriquent la testostérone. L'ovaire de l'hyène tachetée produit une sorte d'hormone mâle qui est transformée en testostérone par une enzyme présente dans le placenta du petit en cours de développement. Ainsi, le bébé hyène subit *in utero* des taux de testostérone équivalents à ceux d'un mâle adulte. Il en résulte une masculinisation incomplète des organes génitaux externes des bébés femelles, mais aussi une programmation irréversible de comportements agressifs au niveau du cerveau. Celle-ci est si forte que les petits, à peine nés, commencent déjà à se battre entre eux dans la tanière, parfois jusqu'à la mort. L'anatomie génitale de l'hyène tachetée femelle n'a donc pas été sélectionnée pour elle-même, elle n'est qu'un « effet secondaire » de la sélection d'un système hormonal qui favorise l'agressivité de la femelle, dont dépendent son rang social et le nombre de ses descendants. Tout ce qu'on observe dans la nature n'est donc pas nécessairement le résultat d'une sélection directe…

G. L.

1. Carence en oxygène.
2. 1,7 individu/km^2.

L'HOMME DE NEANDERTAL EST UN SALE MÉTÈQUE

Svante Pääbo, de l'Université de Munich, détermina un fragment d'ADN long de 379 paires de bases[1] à partir d'un fossile. Mais pas n'importe lequel: ce fossile était l'homme de Neandertal trouvé près de Düsseldorf en 1856. Neandertal. c'est un peu le deuxième homme. Vous et moi, nous sommes tous de la sous-espèce *Homo sapiens sapiens*. Lui, à la fois loin et proche de nous, avec ses gros bourrelets sus-orbitaires, son gros pif, son chignon crânien, sa petite taille, sa musculature et sa carrure à détrôner les déménageurs, ses outils, ses rites funéraires, a été rangé dans la sous-espèce *Homo sapiens neandertalensis*. Après avoir cohabité avec nous en Europe durant 10000 ans, il s'est éteint voici 30000 ans, sans que l'on sache s'il s'est éteint à notre contact par compétition, ou bien si, à force de copuler avec nous, ses gènes se sont dilués dans la foule de nos ancêtres directs.

Je vous passe les détails de la formidable prouesse technique que constitue l'obtention de cette petite séquence d'ADN de Neandertal. La comparaison de cette portion de matériel génétique avec sa région homologue d'un échantillon de 986 populations humaines d'aujourd'hui indique que l'ADN de Neandertal présente à peu près trois fois plus de différences avec celui des hommes modernes que les ADN des hommes modernes n'en présentent entre eux. Neandertal n'est donc pas une branche du buisson humain, mais il en est le groupe frère. On a pu dater « moléculairement » le dernier ancêtre commun hypothétique à toutes les populations humaines actuelles entre — 120000 et — 150000 ans (ce qui est conforme aux données paléontologiques), et le dernier ancêtre commun hypothétique à Neandertal et aux hommes modernes entre — 550000 et — 690000 ans.

C'est alors que les journaux s'emparèrent de cette découverte pour faire des titres tapageurs. *Libération* titrait « Neandertal n'est plus notre ancêtre ». *Science* parle à propos de Neandertal de « cul-de-sac évolutif ». Quelle connerie! Tout ce qui ne mène pas à notre noble espèce est-il un cul-de-sac? Les journaux les plus sérieux ne sont pas à l'abri d'une vague de débilité. Souvent, ils en sont les instigateurs. En quoi ces titres sont-ils abusifs?

Bien que l'étude souffre de la ridicule petitesse de la portion d'ADN comparée et de l'inévitable absence d'évaluation de la variabilité génétique des populations néandertaliennes, elle est bien menée et permet des datations. Mais l'une des questions à laquelle l'équipe allemande tente abusivement de répondre est de savoir si Neandertal était ou non interfécond avec nos ancêtres directs, en d'autres termes s'il a contribué à notre patrimoine génétique. Devant un fragment d'ADN aussi différent, les auteurs concluent que non. Mais la position de Neandertal comme groupe frère de tous les humains actuels ne prouve rien : soit Neandertal est resté séparé de nos ancêtres depuis ses origines ; soit il est resté interfécond avec nous tout au long de son existence, mais nous aurions alors perdu nos gènes néandertaliens. En effet, beaucoup s'accordent à penser que la faible variabilité génétique des populations humaines actuelles pourrait être due à d'anciens « goulots d'étranglement » populationnels, des périodes de forte diminution du nombre d'humains durant lesquelles une bonne partie de la variabilité génétique aurait été perdue. En tout cas, si ce petit bout d'ADN ne démontre pas la participation de Neandertal au patrimoine génétique de l'humanité, il ne peut pas non plus l'exclure totalement. Mais scientifiques et journalistes n'ont voulu retenir qu'une seule possibilité de l'histoire. Il y a plein de discussions débiles sur le Net pour savoir s'il faut octroyer à Neandertal le statut d'homme… En fait, ils ne veulent pas de métèques dans la famille !

G. L.

1. Motifs constituant le matériel génétique.

LE PAPE ET LES CANARIS

Woody Allen disait que les seules espèces fidèles étaient les catholiques et les pigeons. Pour les catholiques, je ne sais pas. Mais pour les oiseaux, on a des exemples. Plutôt, on avait… Car les récents travaux scientifiques sont formels : même les animaux les plus fidèles (en apparence) pratiquent l'adultère.

Je ne parle pas des partouzeurs déclarés, nymphos de la savane ou Don Juan du baobab, qui tendent leur croupe et crachent leur sperme à tout vent. Mais des monogames reconnus : les canaris, par exemple. On a longtemps cru qu'ils vivaient en couples stables. Jusqu'à ce qu'un biologiste ait l'idée de faire des tests de paternité. De comparer, dans une même couvée, l'ADN des oisillons à celui du chef de famille. Et là, surprise : plusieurs petits avaient les gènes d'un autre mâle. En moyenne, un tiers de bâtards par couvée ! L'étonnant, c'est que les chercheurs n'avaient jamais vu la femelle découcher. Il a fallu la suivre à chaque seconde, pour découvrir qu'elle se faisait inséminer en douce par les voisins.

Du point de vue évolutif, les biologistes expliquent bien cette sexualité de porte cochère. En se cantonnant à un seul mâle, la femelle prend le risque de tomber sur du sperme de seconde zone. Mais, en multipliant les partenaires, elle multiplie aussi les chances de récolter des « bons gènes ». La survie de l'espèce en sort gagnante. Récemment, une autre hypothèse a été lancée : en répondant aux œillades des *latin lover* en goguette, la coquette obligerait son « régulier » à lui consacrer davantage d'attention. D'où un surcroît de protection.

À cela il faut ajouter que les animaux (eux aussi) ont des préférences. La femelle canari est une midinette qui mouille pour les chanteurs. Il suffit de passer un enregistrement sur un haut-par-

leur pour qu'elle offre ses fesses à l'enceinte (ce qui n'est pas encore le cas des fans de Patrick Bruel...). Michel Kreutzer, éthologue à l'Université de Nanterre, a étudié la capacité du chant à provoquer cette « posture de copulation » chez la groupie à plume: « Toutes les femelles préfèrent les mâles virtuoses, qui émettent des chants difficiles à produire. Le problème, c'est que, dans une structure monogame, une femelle n'a pas accès aux mâles qu'elle préfère, car ils sont déjà pris. Il lui faut alors se rabattre sur des copulations furtives. »

Sans compter qu'avec un régulier c'est pas tous les jours *L'Empire des sens* dans les sous-bois. On sait qu'un animal enfermé avec une femelle copule comme un taré au début, puis de moins en moins... pour finir par se lasser. Mais qu'on change la partenaire, ou même, seulement, la couleur de la cage, et voilà la libido qui redémarre... Comme quoi la lassitude ça existe même chez les bêtes.

Il serait bien sûr exagéré de voir dans ces recherches un pseudo-alibi pour l'adultère humain (surtout à l'approche de l'été). On peut juste en déduire qu'elles tordent le coup à l'imposture consistant à faire d'un nid duveteux l'allégorie de l'harmonie familiale, et de l'oiselle qui couve l'emblème de l'« instinct » maternel. N'en déplaise aux romantiques, l'infidélité joue un rôle dans la nature. Quant à la fameuse « unité du couple », elle n'a pas plus de fondement biologique chez les animaux que chez les humains. Catholiques ou pas.

A. F.

DES NEURONES DANS LE POULET

Lorsque, petit, j'étais triste de voir le poisson rouge tournoyer dans son bocal, on me répondait: « Un poisson rouge, ça ne s'ennuie pas. » Plus tard, des profs de philo m'expliquèrent que le bonheur dépendait de la conscience… Conscience de la liberté, du temps, des autres, etc. Bref, que pour se faire chier, il fallait un minimum d'intelligence. L'univers du poisson se réduisant au remplissage de son estomac et à la température de sa flotte, il n'avait pas les moyens de s'ouvrir au concept d'angoisse (Kierkegaard), à l'inconvénient d'être né (Cioran) ou à l'intuition de l'instant (Bachelard).

Pour la poule, c'est un peu la même chose. Avec son regard de starlette cannoise qui reçoit la biographie de Lénine en cadeau d'anniversaire, et sa démarche de pique-assiette se ruant vers les petits-fours d'un buffet de l'UMP, ce n'est pas facile de susciter la compassion.

La science remet en cause ces *a priori*. René Zayan, chercheur à l'université catholique de Louvain, a étudié les capacités intellectuelles des gallinacés. En montrant à des poules des diapositives d'autres poules, il a pu en déduire la façon dont elles identifient les images.

Première surprise: les poules s'identifient individuellement les unes les autres. Contrairement aux asticots, aux harengs et aux nazis, elles ne voient pas l'autre comme le pion anonyme d'une foule indifférenciée, mais comme un être à part entière.

Elles savent même reconnaître des poules qu'elles n'ont jamais vues auparavant. Et ça, c'est fortiche: même les macaques, nos cousins, ont besoin d'avoir vécu avec un congénère pour le reconnaître sur une photo.

L'univers des gallinacés étant structuré et hiérarchisé, on imagine les conséquences dans un élevage en batterie. Passer sa vie immobilisé, c'est déjà dur. Mais la passer à 2 cm de sa sœur, d'une copine ou d'une ennemie, cela change bien des choses…

L'intelligence des gallinacés va encore plus loin. Montrons à une poule le cou d'un congénère inconnu. Ensuite, montrons-lui les pattes de différentes poules… Eh bien, notre volatile sait associer la bonne patte au bon cou ! Ça n'a l'air de rien, mais imaginez qu'on vous montre l'oreille d'un inconnu. Et que, sans avoir jamais vu ce type en entier, vous le reconnaissiez grâce à son pied !

Cette prouesse demande plus que de la mémoire. Il faut, à partir d'un morceau de poule, élaborer la représentation mentale de la poule entière. Représentation abstraite, puisque la poule en question n'a jamais été vue dans sa globalité ! Ce qui fait dire à René Zayan que « tout se passe comme si les volatiles avaient l'idée de poule, c'est-à-dire le concept de poule ».

Alors peut-on continuer de considérer les poules comme de simples machines à pondre ? Vu qu'elles sont capables d'abstraction, il y a peu de raisons de leur dénier ce minimum de conscience préalable à la souffrance mentale. Nul doute que si elles avaient le physique de leur intelligence, elles nous arracheraient autant de compassion que le plus implorant des chatons.

A. F.

LA REVANCHE DU MOUTON

En une semaine, la nouvelle a fait le tour de la Terre. Les moutons sont intelligents. Si, si : ce sont des biologistes de Cambridge qui l'ont démontré. En utilisant un système de récompense, ils ont appris aux ovins à reconnaître des photos de leurs copains. Les bestioles ont ainsi mémorisé une cinquantaine de visages. De face, puis de profil. Même que le souvenir est resté plus de deux ans. Fastoche, pensez-vous. Eh bien, non. Pas sûr que d'autres animaux plus nobles, comme les chats et les chiens, en soient capables.

D'abord, l'expérience démontre que le mouton voit l'autre comme un individu à part entière. On peut donc supposer qu'il éprouve les émotions qui accompagnent la vie sociale : attachement, manque, solitude... Mais, en plus, les chercheurs ont découvert dans la cervelle de mouton, des neurones spécialisés pour la reconnaissance des visages. Et ça, c'est une chose que nous, humains, croyions partager avec les seuls singes. Balaises, donc, les moutons.

Dans un sens, on peut trouver ça naïf. Naïf qu'il ait fallu des millénaires pour découvrir que le mouton possède un cerveau. Et puis, naïf de vouloir toujours ramener l'intelligence à des références humaines. Pourquoi un animal serait-il moins con parce qu'il reconnaît des visages ? Regardez la blatte : elle n'en a rien à faire de nos gueules. Par contre, comme elle est ultrasensible aux courants d'air, elle est certainement capable de discerner chaque pièce de la maison les yeux fermés. Si les chercheurs vivaient au ras du sol, ils auraient sûrement défini autrement l'intelligence.

On trouve le même biais lorsqu'il s'agit d'évaluer la « conscience de soi ». Pour les scientifiques, le critère c'est « je me reconnais, donc je suis ». Ils estiment qu'un animal a conscience de lui-même, si face à un miroir, il est intrigué par la tache de peinture qu'on lui a plaquée sur le front. Ça veut dire qu'il a de l'ego. Ça tombe bien, à part nous, seuls les chimpanzés et les gorilles en sont capables, ce qui permet de rester en famille. Par contre, le mouton, qui n'en a rien à faire de son reflet, n'est pas près d'être admis au club.

Mais si on s'intéressait un peu au son ou à l'odeur, plutôt que de toujours se focaliser sur la vision, ça changerait bien des choses. Prenez la meilleure mère du monde. Bandez-lui les yeux. Amenez-la à la crèche. Pas évident qu'elle retrouve son gosse, uniquement à l'oreille. La brebis, elle, y parvient. L'ourse de mer fait mieux : elle conserve la mémoire auditive après quatre ans d'absence. Alors, la reconnaissance des visages comme critère d'intelligence, relativisons, s'il vous plaît...

Cela dit, c'est bien de s'intéresser aux moutons. Il fallait en finir avec l'injustice selon laquelle un même trait de caractère est perçu différemment selon la destination de l'animal. Par exemple, la soumission, interprétée par de la « stupidité » chez le mouton, et par de la « fidélité » chez le chien. Évidemment, l'un finit en côtelette, l'autre rapporte les pantoufles !

Seulement, tirons-en les conséquences politiques. Si les moutons ont une vie sociale sophistiquée, ne chipotons plus pour crier que les conditions de transport procurent d'intolérables souffrances psychologiques. Et pour jeter les négriers d'abattoir en prison. C'est vrai, quoi. En attendant de changer sa vie, rétablissons au moins l'honneur du mouton.

A. F.

DU SINGE FASCISTE AU SINGE COMMUNISTE

Il existe une différence entre un gorille du Front national et un chimpanzé : le second possède un sens moral et pratique l'altruisme. C'est du moins ce qui ressort du dernier livre de Frans de Waal, primatologue à l'Université d'Atlanta[1]. Les chimpanzés ne sont pas seulement de sales égoïstes. Ils partagent la nourriture, aident les copains dans les conflits, soutiennent les handicapés... Des actes de générosité qui relèveraient d'un « sens de la communauté » précurseur de la morale humaine.

Ce point de vue déboulonne les arguments des chantres de l'élitisme qui, des facultés de droit aux couloirs de Wall Street, justifient l'arrivisme par la « sélection naturelle » et le droit du plus fort. Selon Frans de Waal, la générosité et l'altruisme sont des produits de la sélection naturelle au même titre que la fourrure des ours polaires ou les pattes palmées des canards. Il est faux de voir la morale comme une invention culturelle destinée à contrecarrer la « mauvaise nature » de l'homme. Darwin déjà, dans « La Filiation de l'homme» (1871) avait vu l'entre-aide entre congénères comme produit de la sélection natuelle, jetant ainsi les bases d'une origine naturelle de la morale[2].

Pour comprendre la résurgence de ces conceptions, il faut savoir que depuis des décennies les éthologistes n'observaient le comportement animal qu'à travers la lorgnette de l'agressivité. Domination et défense des intérêts étaient érigées en leitmotiv. Il n'est pas anodin que Konrad Lorenz, le père fondateur de l'éthologie, se soit laissé tenter par le nazisme, avant d'écrire *L'Agression, Une histoire naturelle du mal* (Flammarion, 1969). Porté par des idées plus progressistes, Frans de Wall a eu le courage de nager à contre-courant. Il sait bien que les singes ne sont pas des enfants de chœur (par exemple lorsqu'ils s'amusent à arracher le bébé des bras de sa mère pour le manger). Mais il fait remarquer que la paix finit toujours par succéder à la bagarre. Cela afin de préserver la vie sociale. Alors quand ses collègues comptabilisent les morsures, lui s'intéresse aux gestes d'« amitié » : poignées de main, baisers, caresses et, réconciliations par excellence, les copulations[3].

L'entraide entre des animaux apparentés avait déjà été étudiée par les sociobiologistes, qui expliquent le comportement en termes génétiques. D'après la « théorie de la parentèle », on aide ses sœurs, frères ou cousins, pour favoriser la propagation de ses propres gènes. Mais Frans de Waal observe que les chimpanzés s'entraident même s'ils ne sont pas apparentés. Pour l'expliquer, il fait appel à la théorie de l'« altruisme réciproque ». Chaque chimpanzé tient un « livre de comptes » sur les actes de bonté qu'il donne et reçoit ; et lorsqu'il aide un copain, c'est dans l'espoir de bénéficier d'un « retour d'ascenseur ». L'animal n'est plus le simple représentant de ses gènes, mais il devient capable d'estimer les désirs et besoins de l'autre. Frans de Waal y voit un « *prototype du contrat social* ».

Certains primatologues déplorent l'anthropomorphisme de ces conceptions. Il est vrai qu'un soupçon de provocation n'est pas absent de ce discours. Mais il est bien comique d'imaginer, alors qu'on assiste chez l'être humain à un renouveau de l'individualisme sauvage, que le sens de la collectivité soit le fondement social de nos cousins primates. Cela dément les anarchistes de droite et autres aigris, qui claironnent que l'individualisme est viscéralement « naturel ». Et on peut considérer, à la limite, que Frans de Waal fournit un statut biologique à la notion marxiste de « communisme primitif ».

A. F.

1. *Le Bon Singe. Les bases naturelles de la morale*, Bayard, 1997.
2. *Traduction française chez Syllepse, 1999. Voir aussi Pierre Kropotkine : L'entre-aide, un facteur de l'évolution (1897)*
3. *De la réconciliation chez les primates*, Flammarion, 1992.

ANIMAUX ANTIFACHOS

Nous autres, humains, dès l'école maternelle, on nous rabâche que les chefs, c'est indispensable. Pour que l'usine fonctionne, faut un patron, c'est comme ça et discute pas. Naturel, qu'ils disent. Si c'est tant naturel, comment elles font, les bêtes ? On a longtemps dit que les sociétés animales fonctionnent grâce au dominant, qui file des roustes aux rebelles.

Pourtant, ce modèle facho est de plus en plus remis en cause. C'est en tout cas l'avis de Jean-François Gérard, chercheur à l'Institut de recherches sur les grands mammifères (IRGM), à Toulouse : « Dans la littérature scientifique, de plus en plus d'articles montrent qu'il n'y a pas de leader. C'est le signe d'un changement de regard. Auparavant, les éthologues étaient conditionnés par leurs *a priori.* »

Prenons les abeilles, qui lâchent leur nid pour former une nouvelle colonie. Les éclaireuses explorent les environs. À leur retour, chacune indique la direction de sa trouvaille, en dansant de façon adéquate. Or, la durée de la danse est proportionnelle à la qualité du site. Les abeilles restantes sont celles qui ont déniché le meilleur emplacement. Leurs collègues finissent par y jeter un œil, en reviennent conquises, et se rallient à la danse des plus motivées. Ça fait boule de neige et, à la fin, toutes les éclaireuses indiquent la même direction. Un consensus a été adopté, sans leader et sans baston.

Autre exemple : les colonies de fourmis. Comment font-elles pour décider d'aller chercher à manger dans telle direction plutôt que dans telle autre ? Chacune part à l'aventure en laissant une trace de phéromones. Mais elle s'évapore rapidement, si bien qu'une piste inintéressante est vite abandonnée. À l'inverse, plus une piste est fructueuse, plus elle est chimiquement renforcée par les passages successifs. À la fin, la meilleure trajectoire s'impose naturellement : là encore, le groupe s'est auto-organisé sans chef.

Maintenant, les oies. C'est beau, n'est-ce pas, quand elles volent en V. Mais qui pilote ? La plus forte ? La plus charismatique ? Eh non. D'ailleurs, celle qui est en tête se fait avoir, vu qu'elle fait tout le boulot pendant que les autres se la coulent douce en profitant du sillage. Quand l'oie de tête est fatiguée, une autre la relaie. Pas de chef permanent, et ça fonctionne.

Et les troupeaux de cerfs. Qui décide de leurs mouvements et des temps des pauses ? Georges Gonzalez, de l'IRGM, les a bien étudiés : « Les plus vieux deviennent indépendants du groupe. Ils ont davantage tendance à se déplacer sans tenir compte des autres. L'instinct grégaire pousse le trou-

peau à suivre celui qui prend des initiatives. » En somme, l'individu qui s'écarte de la norme devient leader. On est loin du schéma où une brute impose ses caprices. Selon le contexte, le groupe va suivre : le plus autonome, le plus peureux, le plus paresseux ou le plus rapide !

Là où je voulais en venir – parce que vous vous doutez bien qu'il y a une morale –, c'est qu'il n'est pas indispensable d'avoir un chef pour structurer un groupe. Visiblement, l'autogestion a du mal à s'implanter chez les humains – forcément, c'est le pouvoir qui les fait bander. Mais imaginons des groupes humains qui auraient la liberté de s'auto-organiser. Ils pourraient prendre modèle sur les abeilles et les oies. En virant les chefs, les décisions les plus pertinentes s'imposeront alors d'elles-mêmes.

A. F.

4

Quand science rime avec applications

La science vue à travers ses applications et leurs effets sur l'environnement

Pour nos grands-mères, la science c'était la machine à laver, l'homme sur la lune. L'une des confusions les plus courantes sur la science est son identification à la technologie. C'est scientifique quand il y a des grosses machines. Même chez les scientifiques eux-mêmes, et surtout chez leurs décideurs. Nous avons fait partie de conseils scientifiques d'institutions scientifiques et de musées. Dire ou faire quelque chose avec du papier et du crayon, c'est bof. Dire ou faire exactement la même chose avec un séquenceur automatique d'ADN à 96 capillaires, c'est génial. Les pires conneries peuvent sortir des grosses machines, on leur pardonnera toujours. Tout le monde en rigole, mais tout le monde vit sous cette contrainte absurde. Comme si c'était l'outil que l'on utilise qui donnait du sens à ce que l'on fait, et non la question que nous avions posée au départ. Comme si on se mettait à table pour utiliser ce superbe couteau électrique à huit lames et cette fourchette électronique multifonctions, et non parce que nous avons faim. Du coup, la compétition entre les nations ne se fait pas tant dans l'excellence des penseurs, mais dans les moyens injectés pour avoir la plus grosse… machine (le plus gros cyclotron, le plus gros dispositif de séquençage, le plus gros bidule). Les Américains sont très bons à ce jeu, et frappent très fort sur leurs poitrines velues lors des congrès. Il fallait voir leur tête lorsque, récemment lors d'un congrès, ils eurent compris qu'ils s'étaient fait dépasser par les Japonais, dont le gouvernement ne prend pas la technologie à la légère. Cette course technologique conduit à délaisser des pans entiers de la connaissance (ethnologie, psychologie, taxonomie…) parce qu'ils consomment peu de machines et paraissent de ce fait archaïques.

Les plus grands révolutionnaires de la science, les Galilée, les Darwin, les Carnap, les Popper, n'ont pas misé sur la technologie, mais sur une re-fonda-

tion des concepts de leur champ. Certes, ces exemples sont quelque peu sélectifs, et il ne faut pas tomber dans l'excès inverse qui irait jusqu'à nier l'importance des révolutions technologiques dans notre compréhension du monde. Que serait la biologie sans microscope, et l'astronomie sans télescope ? Ce qu'il faut critiquer, c'est l'effacement de l'intérêt des questions devant le spectacle des outils mis à disposition pour y répondre. C'est l'oubli de l'effort intellectuel dès que le plateau technologique assure le gîte et le couvert. Et pourtant… regardez l'image qu'offrent la plupart de nos moyens audiovisuels de la science ! Les décors des émissions « scientifiques » des grandes chaînes ! La qualité des articles scientifiques d'équipes ou de communautés entières qui ronronnent sur l'exploitation d'un « grand dispositif » ! On n'est pas sortis de l'âge de pierre ! Il faut montrer un gros bidule. Et celui qui a le plus gros (ou le plus beau) bidule attire l'admiration sans avoir à faire davantage d'efforts.

La science visible pour le quidam, c'est surtout les objets commercialisés à haute teneur technologique. Téléphones portables, téléviseurs à écrans ultraplats, voitures intelligentes, etc. Parmi les inventions techno-scientifiques, celles qui trouveront un débouché économique sont appelées innovations. Elles sont loin de représenter toute la science, et loin de refléter les questions propres à la science. Elle reflète les besoins des hommes, des plus fondamentaux (l'eau potable) aux plus futiles (le chien-robot, la congélation post-mortem). La réduction de la science aux innovations, et même seulement aux technosciences provoque le rejet massif de tout ce qui porte la couleur de science lorsque les technosciences débouchent sur des applications discutables comme les armes bactériologiques ou les bombes atomiques. On oublie que la science n'est pas réductible à ses débouchés, et que ceux-ci ont pu voir le jour précisément sous le jeu de contraintes externes à la science. La bombe atomique n'a pas été fabriquée dans le cabanon de mon oncle bricoleur, comme dans la chanson de Boris Vian. Elle est d'abord la volonté d'un État, et donc d'une politique. Les premiers responsables des applications de la science sont les acteurs politiques, sociaux et économiques qui infléchissent certaines contraintes sur la société des chercheurs. Ensuite, les chercheurs qui se prêtent au jeu sont également responsables. Mais rejeter la démarche scientifique, ou vouloir la « spiritualiser » (y mettre de la religion, ce qui revient à la corrompre) parce qu'il existe de mauvaises applications des technosciences consiste à se tromper de cible. C'est comme si vous rejetiez le principe du moteur à explosion parce que le chauffeur de taxi ne vous a pas emmené là où vous l'aviez demandé. En tant que citoyen, à vous de vous emparer du volant, mais foutez la paix au moteur !

Les technosciences qui nous sauvent la vie ou qui nous emmerdent font davantage parler d'elles lorsqu'elles nous inquiètent que pour ce à quoi elles nous servent. En particulier, les technosciences au service de l'industrie dans une société de consommation et de course sans frein aux profits produisent des nuisances de toutes sortes parce qu'elles ont été le plus souvent conçues dans l'ignorance de leur impact sur l'environnement. Ou plus cyniquement en connaissance de cause, mais les profits estimés sont passés avant toute chose. Il était donc logique que la rubrique « écologie » de Charlie Hebdo *accorde une place de taille aux effets nuisibles des technosciences quand elles sont au service du profit. Sans se tromper quant à la part réelle de la science dans ce jeu de contraintes.*

Cette rubrique « écologie » revêtait une importance toute particulière compte tenu du rôle de Charlie Hebdo *dans l'éclosion du mouvement écologiste au début des années soixante-dix avec les premiers papiers d'écologie de Pierre Fournier, à une époque où les écolos étaient pris pour de doux dingues. Ils ont eu sacrément raison de s'accrocher, et nous avec: aujourd'hui, il n'est plus un parti politique qui n'ait incorporé (plus ou moins hypocritement, d'ailleurs) des fragments de leur discours…*

4

I. La technoscience

MIKO À LA VIANDE

L'immortalité est un fantasme puissant. Il existe des riches qui ont tant de fric qu'ils ne savent pas quoi en foutre. Alors ils paient très cher des fantasmes de luxe. Ils se font arnaquer, mais je n'irais pas les plaindre. Il y a des naïfs qui ont proposé des sommes astronomiques à l'équipe écossaise de Ian Wilmut pour se faire cloner, croyant qu'un tel clonage les reproduirait à l'identique. Et il y a ceux qui, depuis quelques années, paient environ 100000 euros des sociétés spécialisées pour faire congeler leur corps ou simplement leur tête à - 196 °C après leur mort. La société Alcor-Life Extension conserve ainsi 13 corps et 19 têtes, et pompe le fric de 400 clients à qui ce service sera rendu le moment venu. On estime à plus de 70 le nombre de corps et de têtes congelés par six sociétés américaines et à plus d'un millier le nombre de personnes sous contrat. Les gogos espèrent que la médecine des siècles futurs saura les ressusciter. Ce qu'ils ignorent certainement, c'est que les techniques actuelles de congélation, malgré d'intenses recherches et de réels progrès, bousillent encore les organes. La résurrection risque de sentir mauvais…

Dans les deux minutes qui suivent la mort clinique du « patient », le corps est mis dans la glace et transféré au centre de conservation. Son sang est remplacé par une solution physiologique « antigel » à base de glycérol. Le corps est ensuite refroidi pendant une douzaine de jours jusqu'à - 196 °C et conservé comme tel. Lors de la congélation, les cellules se ratatinent et meurent par perte d'eau ou sont éventrées par les cristaux de glace[1]. Il faut donc protéger les structures cellulaires vitales de l'action destructrice de ces cristaux. Le glycérol « cryoprotecteur » ne fait que retarder leur formation, ce qui limite la casse: une solution à 40 % de glycérol gèle à - 15 °C. Mais en l'absence de battements cardiaques et de pression artérielle, le cryoprotecteur injecté n'imprègne pas la totalité du volume des tissus. De plus, certaines structures, pour être préservées, ne peuvent geler à la même vitesse que d'autres, et différents organes demandent différentes concentrations d'antigel. Impossible d'appliquer une vitesse optimale de refroidissement à un organe tout entier, *a fortiori* à un corps tout entier, à moins de le refroidir très lentement. Mais alors, il risque d'entrer en décomposition avant d'avoir pu figer ses réactions chimiques.

En admettant que l'on ait pu préserver toutes les cellules, ce qui relève déjà de la fiction, les cristaux de glace détruisent quand même une bonne partie des vaisseaux capillaires et de l'organisation extra-cellulaire des organes, en raison de la dilatation qu'ils produisent. Bref, c'est un vrai

casse-tête : il y aura nécessairement nécroses partielles et perte de certaines catégories de cellules.

On sait congeler et ramener à la vie des spermatozoïdes, des ovules, des embryons très précoces, de la peau, des tissus osseux, des cellules rétiniennes... Mais on ne sait pas encore le faire pour des organes tels le foie, le rein, le cœur[2]. On voit mal alors comment cela pourrait marcher pour un corps entier. La logique du libéralisme économique est ici d'exploiter une confiance aussi naïve qu'illimitée dans les pouvoirs de la technoscience. Pour faire du fric, on ment en présentant les progrès techniques plus avancés qu'ils ne le sont. Le techno-libéralisme va bientôt rattraper les religions sur le marché du mensonge de la résurrection.

G. L.

1. Certains animaux savent maîtriser leur congélation grâce à des processus vitaux fins et complexes, tant au niveau moléculaire et cellulaire qu'au niveau des organes (*Charlie* n° 212).
2. Pour le moment, on sait tout juste « maintenir » un organe à 5 °C : un cœur tient ainsi 6 heures, un foie 12 heures, un rein 72 heures. Certains spécialistes pensent que la réanimation après congélation d'un organe isolé réussira très bientôt.

GAZ À EFFET DE RIRE

Il se présente sous forme d'un préservatif gonflé à bloc. On se l'applique sur la bouche. Le temps d'une ou deux bouffées. Et hop. On ne sent plus de douleur et on plane un peu. Mais surtout on se marre. Pendant cinq secondes... Car après, il faut repayer, pour un nouveau trip.

Évidemment, ce petit plaisir ne va pas sans aléas. D'abord, parce que le gaz hilarant n'est pas en vente libre. Donc, il faut le voler. Soit dans les hôpitaux, où c'est un anesthésiant connu sous le nom de protoxyde d'azote. Soit dans le milieu industriel, où il est utilisé, par exemple, dans les propulseurs pour tube de crème Chantilly. Récemment, treize bonbonnes

de « proto » ont été retrouvées dans la région du Mans. Et depuis un an, une centaine ont été volées dans toute la France.

Mais, l'autre problème, c'est la santé. Comme tous les anesthésiques, le protoxyde d'azote débloque les inhibitions dans les instants qui précèdent l'endormissement : on est alors suffisamment conscient pour rester éveillé, mais pas assez pour respecter les barrières sociales. Du coup, les autistes du boum-boum synthétique osent parler à leur voisin. Mais le proto va encore plus loin : « Les autres anesthésiants produisent plutôt une décontraction sur le mode logorrhéique. Je ne connais que le gaz hilarant et le cannabis qui fassent rire de cette façon », note Georges Lagier, directeur du Centre antipoison de Paris.

Personne ne sait si le gaz hilarant désinhibe simplement, à l'instar du whisky-Coca ou de la fumette, ou bien s'il actionne des neurones spécifiques du rire. Pourtant, il est utilisé depuis plus de deux siècles : découvert en 1777, c'était l'un des premiers anesthésiants et il était déjà employé comme euphorisant dans les parties fines de la haute société du XIXe.

En tout cas, le proto n'est pas inoffensif. Passons sur les risques favorisés par un état euphorique, comme manger un verre à pied ou faire du funambulisme sur la balustrade. Mais il faut savoir que les accros qui s'envoient régulièrement plusieurs ballons par soirée risquent des troubles neurologiques. Et surtout, le principal danger, c'est l'asphyxie. Si un petit ballon ne présente aucun risque (sauf pour les asthmatiques ou ceux qui l'associent à d'autres produits), il serait suicidaire d'en diffuser dans toute une salle, ou pire, de se brancher directement sur une bouteille. La mort serait alors rapide : on a beau respirer, le corps manque d'oxygène et s'asphyxie en toute inconscience.

À part ça, à condition d'avoir un toubib sous la main, on pourrait profiter davantage du gaz hilarant. Après tout, il est bien utilisé dans les pays anglo-saxons pour soulager les coups durs, comme se faire arracher une dent ou pondre un gosse. Mais pas en France… Bien qu'il ne soit pas classé comme stupéfiant.

En tout cas, ce n'est pas une raison pour enrichir les petits margoulins qui gagnent plusieurs milliers d'euros par bouteille de gaz volée. Et puis, si vous êtes un raveur écolo, sachez que le « proto » contribue à transformer la couche d'ozone en bas résille. Ça fait au moins deux raisons pour chercher d'autres moyens de rigoler avec des préservatifs.

A. F.

LA MUSIQUE-LESSIVE

À la grande époque de Sheila, la fabrication d'un tube, c'était de l'artisanat. La technique a pris des airs plus officiels depuis la « Star'ac »…Et un nouveau pas vient d'être franchi par l'utilisation de l'informatique : la société espagnole Polyphonic Hmi vient de concevoir le logiciel Hit Song Science (HSS, la science des tubes, pour ceux qui boycottent la langue de Blair). Son but, évaluer « scientifiquement » la capacité d'un morceau de musique à devenir un succès commercial.

D'abord, le logiciel a analysé 3,5 millions de morceaux de musique (jazz, classique, variétés…) enregistrés depuis les années cinquante. Vous avez bien lu, 3,5 millions ! Pour chaque morceau, des dizaines de paramètres acoustiques ont été disséqués : mélodie, tempo, refrain, etc. Ça donne des graphiques où chaque morceau est représenté par un point. Là-dessus, les tubes sont concentrés dans vingt-deux « nuages ». Chacun d'eux cor-

respond à des formules mathématiques sous-jacentes à l'architecture musicale, mais qui ne sautent pas forcément aux oreilles. La preuve, d'après les créateurs du logiciel : « On trouve des caractéristiques communes entre U_2, Beethoven et les Beatles. » Vous êtes musicien. Vous rentrez votre morceau dans l'ordinateur. Le logiciel indique s'il correspond à un groupe de tubes répertorié. Si oui, tout va bien. Sinon, il vous dit ce qu'il faut modifier (rythme, mélodie ou chœurs...) pour en faire le succès qui va payer la villa de vos rêves.

On peut trouver ça absurde. N'empêche que Polyphonic Hmi déclare des contrats avec plusieurs labels : Universal (Angleterre), Sony ou RCA. En France, la démarche laisse sceptiques les pros du hit-parade. Pourtant, on ne peut nier que les tubes ont des points communs. La facilité de mémorisation, par exemple. Plus la mélodie est simple, avec de petits intervalles mélodiques, plus elle a de chances de nous squatter la tête à notre insu.

Mais, au fond, l'intéressant dans le logiciel HSS n'est pas tant sa technique plus ou moins hypothétique... que le fait même de son existence. Appliquer à la musique des techniques utilisées depuis longtemps par les publicitaires et les concepteurs de lessives, vous trouvez ça scandaleux ? Moi, je dirais que c'est de l'honnêteté intellectuelle. Et même un progrès, si ça peut aider les spectateurs de la « Star'ac » à cesser de prendre les maquignons du disque pour des « artistes ». Vivement la prochaine étape, quand l'ordinateur décidera du tour de poitrine des futures Nolween ou Jenifer. Il n'y aura alors plus aucune raison d'avoir des scrupules à placer leurs disques au rayon des lessives (à côté des produits à chiottes).

A. F.

CHEFS-D'ŒUVRE EN DÉCOMPOSITION

La production cinématographique des années soixante-dix regorge de bijoux oubliés, et c'est déjà une bonne raison de se précipiter pour la découvrir. Mais il y en a une autre: c'est que les films tombent en miettes.

Précisément, ce sont les films produits entre 1955 et 1980 qui sont les plus menacés. Pourquoi ceux-là, pensez-vous. C'est qu'avant on utilisait des films « au nitrate », une substance tellement inflammable (rappelez-vous *Cinéma Paradisio*) qu'elle a été interdite en 1955. Ces films ont pour la plupart été sauvés par un plan de conservation lancé dans les années quatre-vingt-dix. Quant aux pellicules d'après 1980, elles sont en polyester, matière qui ne souffre pas encore de l'âge. Le problème, c'est entre ces deux dates.

De 1955 à 1980, donc, les pellicules étaient en triacétate de cellulose. Des réactions chimiques en font aujourd'hui la proie d'un phénomène appelé « syndrome du vinaigre », une saloperie qui vous transforme un chef-d'œuvre du septième art en poussière aux senteurs de vin tourné. En stockant le film dans de bonnes conditions, ce processus irréversible peut être ralenti... Mais seulement ralenti, non stoppé.

Le syndrome du vinaigre n'est pas une malédiction divine, et l'homme y tient sa part de responsabilité, comme l'explique Éric Le Roy, des Archives du film: « Dans les années soixante-dix, la production est devenue industrielle, et on faisait les copies à toute vitesse. Pour faire vite, on rinçait rapidement les pellicules, sans prendre la peine de changer les bains. Les dégradations sont encore plus importantes pour les films en couleurs. »

Comme si le vinaigre ne suffisait pas, les films sont aussi mangés par des champignons. Cette fois, ce n'est pas la pellicule qui est attaquée, mais l'émulsion qui la recouvre. En effet, celle-ci est fabriquée à partir de gélose animale, particulièrement appréciée par les micro-organismes.

Mais là encore, la connerie humaine accentue les dégâts de la chimie. Normalement, chaque bobine est envoyée aux Archives du film, où elle est conservée dans des conditions optimales. Seulement, les producteurs préfèrent consacrer du temps aux nouveaux films plutôt qu'à la conservation du patrimoine. Nombre d'entre eux ont donc laissé traîner les bobines vingt-cinq ans dans des placards humides et chauds... alors qu'il faudrait une atmosphère sèche, froide et stable. Après des décennies de négligence, il est souvent trop tard quand ils apportent les pellicules aux Archives du

film. Les champignons ont commencé leur prolifération qui, tout comme celle du vinaigre, ne peut qu'être ralentie.

Si rien n'est fait pour transférer les films des années soixante et soixante-dix sur d'autres supports, on s'achemine donc à petit feu vers une catastrophe culturelle. Cela, à cause de la vision à court terme et de la course à la rentabilité.

A. F.

EN SIBÉRIE, LES RUSSES FONT LE JOUR ET LA NUIT

Si, l'une de ces nuits, vous voyez défiler au sol une grande tache lumineuse, ne cherchez pas : c'est encore un coup des Russes. En effet, ils ont décidé, ni plus ni moins, d'installer un miroir dans l'espace. C'est que, dans le cercle polaire, les nuits n'en finissent pas. D'où une méga-ardoise en électricité. Et, subséquemment, l'idée d'éclairer les villes sibériennes par réflexion du soleil.

Première phase du projet : un vaisseau part de Mir en tournoyant comme une toupie. Grâce à la force centrifuge, un miroir de 25 m de diamètre se déploie. La lumière solaire réfléchie découpe alors au sol un halo de 5 à 7 km de diamètre, lumineux comme dix fois la pleine lune ! Avant de plonger dans l'atmosphère en se consumant, le miroir tourne seize fois autour de la Terre. En fait, chaque lieu survolé (en Europe, ça sera la Belgique et l'Allemagne) ne reçoit le faisceau qu'une fraction de seconde. Mais, de la station Mir, les Russes ont 24 heures pour effectuer les mesures. À terme, il s'agit évidemment de concevoir une version géostationnaire[1].

Les spécialistes occidentaux sont quasi unanimes pour décréter le projet loufoque. Par exemple, Marcello Coradini, de l'Agence spatiale européenne : « Si le miroir se dérègle, il fera fondre les glaces du pôle Nord, ce qui inondera la Hollande. » Sans compter qu'en éclairant le ciel il aveuglera les observatoires astronomiques.

De plus, comme il suffit de le focaliser sur un point pour générer un faisceau incandescent, ce miroir fait irrésistiblement songer à un avatar de la guerre des étoiles. Ceci expliquant peut-être cela : « À l'origine, la station spatiale russe a été pensée comme un projet militaire, c'est pourquoi on se retrouve aujourd'hui avec des investissements absurdes. »

L'astrophysicien Jean-Pierre Bibring est l'un des rares optimistes : « Ce n'est pas forcément idiot de récupérer l'énergie solaire à partir de l'espace. Il n'y a pas de nuages et on peut s'orienter en permanence face au soleil. » Il est vrai que, si on en compare les risques à l'effet de serre ou aux déchets nucléaires, c'est peut-être l'une des formes d'énergie les plus écologiques.

Après tout, le miroir spatial est peut-être génialement futuriste. Mais dans un pays où il est presque plus facile de trouver un kilo de plutonium qu'une entrecôte de bœuf, on peut s'interroger sur la pertinence d'un projet aussi hypothétique.

Résumons la situation. Un million de personnes bossent dans le spatial russe. Or, les caisses sont vides. Les pays occidentaux flippent donc de voir les savants partir fabriquer des bombes chez Kadhafi ou les amis de Ben Laden. Donc ils raquent. Surtout les États-Unis, qui déboursent 150 millions de dollars par an.

Mais, comme chacun sait, la philanthropie n'existe pas dans le dictionnaire américain. Aussi, la contrepartie de l'aumône, c'est le pillage à bon marché du savoir-faire et des installations russes. En se taillant évidemment la part du lion. La synthèse d'un tel humanisme impose donc, comme l'exprime Marcello Coradini, de faire « travailler les Russes sur des projets innocents sans grande implication politique ».

Voilà pourquoi le miroir spatial, qu'il soit génial ou absurde, a peu de chances d'aboutir. C'est comme un joujou généreusement abandonné aux Russes par les Américains. Et quand ceux-ci n'auront plus de matière grise à pomper, ils n'hésiteront pas à transformer le cosmodrome de Baïkonour en Disneyland de l'espace, et à donner le nom de Youri Gagarine à un hamburger.

A. F.

1. Finalement, l'expérience a avorté car le miroir a refusé de se déployer. Mais les scientifiques russes n'ont pas baissé définitivement les bras.

CLONAGE : POUR QUOI FAIRE ?

Tu n'as pas la tête de ton frère et tu ne ressembles pas à ton voisin : chaque espèce contient toute une diversité d'individus, diversité qui lui permet de faire face aux aléas de l'environnement. Supposons, pour faire vite, que les traits physiques d'un individu soient inscrits dans un jeu de cartes. L'espèce est variable, parce que les individus mélangent leurs cartes (un peu aussi parce que ces cartes changent au cours du temps, mais laissons ça de côté pour l'instant). J'te donne un peu des miennes, tu me donnes un peu des tiennes, l'ensemble fait un nouveau jeu de cartes de combinaison originale. C'est cette sorte de loterie génétique qui fait qu'on ne peut pas savoir à l'avance la tronche du gamin qui va bientôt sortir du ventre de sa maman. Chez les bactéries, la « recombinaison » (échanger-mélanger des cartes) et la reproduction (se multiplier dans l'espace et dans le temps) sont dissociées. Si bien que nombre d'espèces bactériennes se clonent toutes seules, c'est-à-dire se multiplient à l'identique (en gros). La tronche de l'individu à naître est déjà connue. Puis, de temps en temps, elles échangent des cartes, ce qui se dit « échanger du matériel génétique » dans la langue des bactéries, et « sexe » dans la nôtre. Chez les mammifères comme les vaches, les brebis, les lapins et nous, l'échange de cartes est associé à la reproduction. Au moment de se reproduire, les deux parents mélangent leurs jeux de cartes et reconstituent au hasard un seul jeu, avec certaines cartes paternelles et d'autres cartes maternelles. L'individu à naître est toujours un être nouveau à découvrir.

Depuis plus de trente ans, on sait fabriquer des clones de lapins ou de vaches par fission d'embryons. Recette : prenez un ovule fécondé. Laissez-le se diviser. Au stade de huit cellules, séparez les cellules. Affolées, elles ne savent plus trop où elles en sont, alors elles repartent de zéro et chacune donnera finalement un organisme complet. Les huit seront des jumeaux vrais, des individus génétiquement identiques, des clones, quoi. Le tatou sait très bien faire ça tout seul. Chaque maman accouche naturellement et systématiquement de huit jumeaux. Quelle diffé-

rence avec le clonage, qui décoiffe aujourd'hui ? Avec la méthode de jadis, les traits du petit à naître n'étaient pas connus à l'avance, puisqu'on partait d'une fécondation naturelle. Avec celle d'aujourd'hui, on ne laisse plus les cartes des jeux parentaux se redistribuer au hasard. En effet, on va chercher le jeu de cartes d'un adulte dont on sait très bien à quoi il ressemble et on le transfère dans un ovocyte énucléé (dont on a ôté au préalable le noyau, c'est-à-dire le jeu de cartes résident), et puis, roule ma poule. La manipulation n'est pas la même : celle-ci permet de savoir à l'avance la gueule de ce qu'on va cloner, ce qui change toutes les perspectives d'utilisation.

Du point de vue des résultats pratiques, le clonage n'est pas pire que la domestication. En dix mille ans, l'Homme a fait du loup un teckel, jouant à sa guise sur la qualité des descendants en contraignant les accouplements. Le résultat est plus spectaculaire que deux brebis identiques ! Et puis, quitte à choisir, je préfère un clone de loup à un pitbull. Le vrai problème pratique, c'est que le clonage des mammifères par transplantation de noyau adulte patauge. Il y a beaucoup de casse au passage : pour une Dolly réussie, combien de centaines de morts embryonnaires, de malformations et de fausses couches ? Mais le pire, c'est que les individus obtenus vieillissent prématurément. Du point de vue des peurs, le clonage en tant qu'action sur le monde n'est pas plus « diabolique » que la domestication ou l'exploitation des animaux. Il faut savoir distinguer la charge morale et affective d'un acte possible des implications morales et affectives de ses fins. Cloner est un acte neutre qui n'est moralement répréhensible que s'il entraîne une souffrance ou s'il est destiné à des fins immorales. Les vraies questions sont donc, encore une fois, morale, éthique et politique. Nous sommes dans un monde où, dans les sciences comme chez les politiques, sévit une stupide fascination pour le « ça marche », qui nous fait oublier la question essentielle : du clonage, et *a fortiori* du clonage humain, pour quoi faire ? Pour qui ? Qui décide ? Et puis, la question la plus importante : est-ce que, dans une perspective de clonage humain, l'Homme est une fin ou un moyen ?

G. L.

LOBOTOMIE EN MINIATURE

Vous êtes déprimé ? Allez, on enlève une partie du cerveau. Dévoré par des rituels obsessionnels ? Quelques connexions en moins, et vous voilà guéri.

Ce genre de thérapie fait évidemment penser à la lobotomie. Dans les années cinquante et soixante, on soignait les malades mentaux en leur ôtant un tiers du cerveau. Évidemment, ça les calmait. L'ennui, c'est qu'ils étaient légèrement transformés en légumes. Après ce ratage historique, la chirurgie des troubles mentaux a senti le soufre quelques décennies. Et puis, dans les années quatre-vingt-dix, elle est réapparue d'une autre manière. Au lieu de trancher à la hussarde, les médecins se sont mis à

détruire des zones cérébrales très ciblées, de l'ordre de quelques millimètres. Les résultats : que des améliorations, et aucun effet secondaire, affirment toutes les études.

Ça se fait notamment pour les troubles obsessionnels compulsifs (les fameux TOC, dont les victimes se lavent par exemple les mains deux cents fois par jour). Grâce à l'imagerie cérébrale, on a découvert qu'ils étaient liés à une hyperactivité de certaines zones cérébrales. Il suffit d'enfoncer une pointe chauffée dans le cerveau pour détruire quelques millimètres de connexions cérébrales. De la sorte, le circuit neuronal qui s'emballait est interrompu (une autre méthode consiste à envoyer des rayons radioactifs, ce qui détruit les connexions en évitant d'ouvrir le crâne).

« 60 % des patients voient une amélioration de leur état. Il peut y avoir un inconfort local et des confusions passagères, mais pas d'atteinte cognitive majeure ni de trouble de la personnalité », assure le Dr Paul Cosyns, psychiatre à Anvers, et l'un des praticiens les plus actifs dans ce domaine. D'ailleurs, l'Association des malades de TOC soutient la thérapie : « Ça ne se fait que pour des malades sur lesquels tous les traitements ont échoué, il y a plus de bénéfices que de risques ou d'effets secondaires. »

La psycho-chirurgie lésionnelle (c'est comme ça qu'on l'appelle) est assez peu pratiquée en Europe. « En France, elle est mal vue, à cause du courant de l'antipsychiatrie, et en Allemagne, le sujet est sensible depuis les expérimentations des nazis. Mais ça se fait beaucoup aux États-Unis ou en Suède », rapporte Paul Cosyns. D'ailleurs, aux États-Unis, on opère même les dépressions réfractaires.

En France, on préfère implanter des électrodes dans le cerveau. Des stimulations électriques sont alors émises par une pile placée sous la peau : le résultat est similaire à celui d'une lésion, sauf que la technique est réversible. Utilisée depuis quelques années dans la maladie de Parkinson, la méthode va être prochainement expérimentée pour les TOC. Alim-Louis Benabid, directeur de recherches à l'Inserm, suggère même d'en « étendre les indications aux troubles alimentaires et notamment à l'obésité maligne ».

Bien sûr, ces trucs de psychiatres font bondir les psychanalystes. D'un côté, où est le problème si ça marche ? Mais de l'autre, opérer la pensée dans une approche purement physiologique des troubles mentaux, bref, remplacer Freud par des électrodes, il y a matière à débat, non ? Personnellement, je n'ai pas de dogme. Je disais ça, juste pour lancer un sujet de réflexion.

A. F.

LE RETOUR DE L'ÉLECTROCHOC

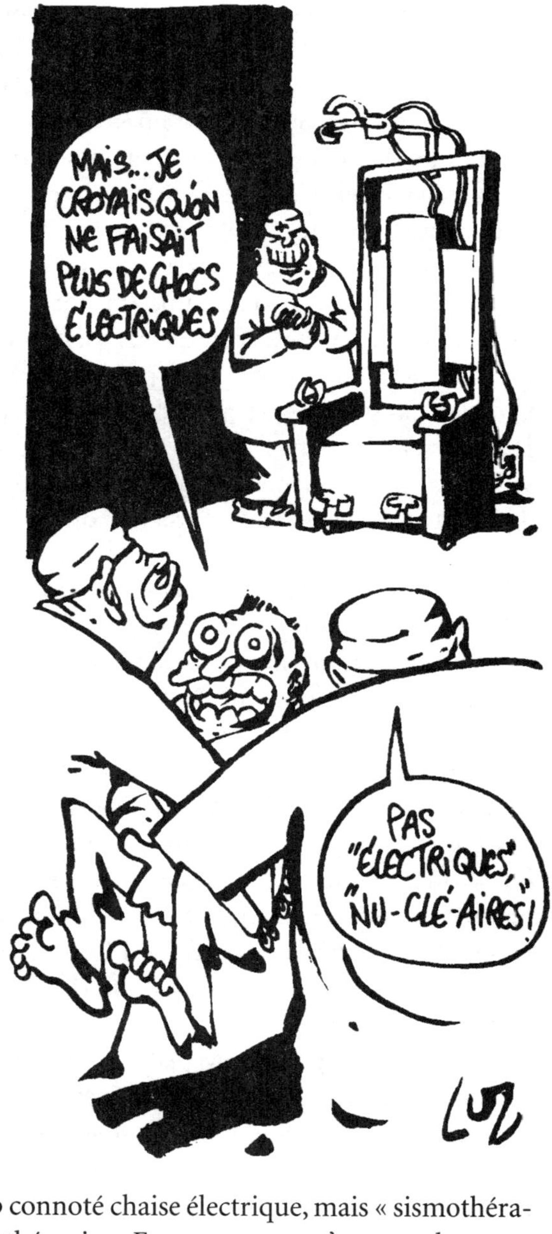

Après un long exil post-soixante-huitard, l'électrochoc, figure mythique de la psychiatrie en treillis, revient au goût du jour. À l'hôpital Sainte-Anne, à Paris, on en prescrit 1 500 par an, soit deux fois plus qu'en 1990. Et, dans toute la France, pas moins de 120 établissements le pratiquent quotidiennement.

C'est l'électrochoc qui, dans *Vol au-dessus d'un nid de coucou*, matait le mustang Jack Nicholson avant de le muer en poney de Disneyland lobotomisé. À ce moment-là du film, tout être normalement constitué a envie de taillader au rasoir ces psychiatres qui confondent *L'Introduction à la psychanalyse* de Freud avec les mémoires de Pinochet.

Mais, nous dit-on, les temps ont changé. Aujourd'hui, l'électrochoc est moins douloureux qu'un détartrage dentaire. D'abord on ne dit plus « électrochoc », trop connoté chaise électrique, mais « sismothérapie », ou « électroconvulsivothérapie ». En outre, on ne s'en sert plus pour museler les rebelles, mais pour éviter les suicides des grands « dépressifs mélancoliques », à qui les antidépresseurs font autant d'effet qu'une chanson de Barbara un soir d'automne à Nantes.

L'électrochoc s'effectue sous anesthésie générale. Le patient reçoit également une piqûre de curare, qui relâche totalement ses muscles, on verra pourquoi. Deux électrodes sont ensuite collées sur son crâne. Dans le cerveau, comme à l'ordinaire, les milliards de neurones émettent des décharges électriques, chacun dans leur coin et dans une saine anarchie. C'est alors qu'on balance dans les tempes une brève châtaigne d'une centaine de volts. Sur ce, les neurones se synchronisent et déchargent leurs volts tous en même temps. Le cerveau s'emballe alors en sécrétant une salsa de neurotransmetteurs. En fait, l'électrochoc a déclenché une crise d'épilepsie. Cette dernière reste purement cérébrale, grâce à la préalable injection de curare destinée à empêcher ces fameuses convulsions musculaires qui ont longtemps culpabilisé les médecins.

Ce qui se passe exactement, personne ne sait l'expliquer. On observe, c'est tout. Deux minutes plus tard, le dépressif s'éveille en se demandant qui sont ces types en blouse blanche qui le regardent bizarrement. Puis, au bout d'une dizaine de séances, il recommence à reluquer les filles, manger des gâteaux au chocolat et dévorer *Charlie*. Accessoirement, il risque d'oublier de temps à autre ses clefs de voiture ou le prénom de sa femme, mais enfin, il vit à peu près normalement.

Les opposants à l'électrochoc ont été emportés dans le dernier souffle de l'antipsychiatrie des années soixante-dix. On doute parfois de son efficacité à long terme, mais fini les questionnements éthiques. Les textes qui rendent obligatoires l'anesthésie et « le consentement éclairé du malade ou de sa famille » occulteraient presque les risques de dérives. Or, d'après Henri Grivoix, psychiatre à l'Hôtel-Dieu de Paris, « certains ont l'électrochoc facile et le prescrivent quand ils ne savent pas quoi faire ». Plus grave, la législation est parfois carrément bafouée. « En 1995, j'ai découvert des hôpitaux qui pratiquaient l'électrochoc sans anesthésie », rapporte Sophie Asquin, psychiatre au CHS de Dijon. « Cela existe sans doute encore actuellement. » Quelques Dr Moreau traînent certainement encore ici ou là, et même si l'électrochoc est efficace à sa manière, il est préférable d'être vigilant sur son application. La dérive vers des manipulations cérébrales forcées reste toujours possible…

A. F.

DE L'UTILITÉ DU PLACEBO

La substance placebo est un précieux outil expérimental, une efficace façon de soulager… et un tabou dans toutes les médecines. Pourtant, elle évite souvent des prescriptions risquées. Un livre récent tente d'évaluer l'éthique du placebo.

Nous sommes confrontés à deux réalités difficilement réconciliables. D'un côté, des gens sincères soulagés par les remèdes homéopathiques, indignés que l'on puisse remettre en cause les fondements de ces remèdes. De l'autre, des remèdes qui défient deux siècles de découvertes scientifiques… et qu'il serait regrettable et injuste, si efficacité il y a, de ne pas rendre intelligibles en termes scientifiques. Un livre de Patrick Lemoine (*Le Mystère du placebo*, Odile Jacob, 1996) dissout peut-être l'apparente contradiction entre ces deux réalités. Précisons tout de suite que le phénomène placebo concerne toutes les médecines.

Une substance placebo est un mime de médicament pharmacologiquement inactif. L'« effet placebo » est la disparition de symptômes par la prise d'une telle substance. Il existe dans la pharmacopée officielle d'énormes quantités de produits peu actifs, voire inactifs, qui représentent de 35 à 40 % des prescriptions. Dans le livre de Lemoine, on découvre à quel point l'effet placebo est puissant et répandu (y compris chez les animaux), mais aussi la force du tabou qui l'accompagne. L'effet placebo vient de notre conditionnement au rite maladie-consultation-ordonnance-médicament-guérison, mais surtout de la qualité de l'écoute du médecin, de son autorité et/ou de son

humanité, du protocole de la prescription, de la présentation du médicament (couleur, forme, nom, etc.). S'il est efficace, le placebo peut éviter, parfois sur une vie entière, les effets secondaires indésirables des substances qu'il simule, ou encore de dangereuses accoutumances dans le cas de certaines drogues psychotropes. Le placebo est indispensable pour l'évaluation de l'efficacité de médicaments dans le cadre des expérimentations en « double aveugle ». Pour qu'un médicament puisse être démontré pharmaco-actif contre placebo, les scores de guérison qui lui sont attribuables doivent être supérieurs aux 30 % généralement redevables à l'effet placebo.

Le placebo n'est efficace que s'il reste secret et pose un difficile problème éthique : sa prescription repose sur le mensonge du médecin, tout en remplissant très souvent son contrat de guérison. C'est la confiance entre le médecin et son malade qui est en question. Il y a donc tabou chez le médecin. Par ailleurs, une médecine qui abuserait du placebo perdrait son crédit auprès de ses patients. Car chez eux aussi le placebo est tabou. La révélation du placebo amène chez le patient « une blessure narcissique profonde », car il pense (à tort) qu'il est fou et que sa maladie est irréelle puisqu'un traitement inerte l'a guéri.

Quant aux mécanismes biologiques de l'effet placebo, ils restent pour le moment largement inconnus. L'origine embryologique commune entre le système nerveux et le système immunitaire, l'influence prouvée et très étudiée du premier sur le second, mais aussi le contrôle nerveux du système hormonal donnent quelques pistes.

Si le patient est soulagé par le comportement placebo-inducteur d'un médecin rassurant et attentionné, que la prescription soit homéopathique ou « allopathique », pharmaco-active ou non, le contrat n'est-il pas rempli ? À condition bien sûr que les médecins pratiquant des méthodes placébothérapiques (notamment les homéopathes) « soient capables de faire le tri entre le curable et le non-curable ». En fait, l'important, peut-être pas pour le patient mais pour la science en général, est de ne pas se leurrer sur l'exacte nature de nos connaissances et pratiques thérapeutiques, notamment sur leur scientificité. Et là, le livre nous laisse sur notre faim, car nous sommes loin de pouvoir décortiquer les fins mécanismes biologiques de l'effet placebo.

G. L.

PAS MOYEN DE POURRIR TRANQUILLE !

Savez-vous que la décomposition d'un cadavre est un processus digne de l'intérêt des scientifiques ? L'un de ceux que l'on consulte pour causer macchabées est l'entomologiste, c'est-à-dire un professionnel de la zoologie des insectes…

Dès que la rigidité cadavérique a disparu, l'état de décomposition ne permet plus au médecin légiste de dater précisément le moment de la mort. La décomposition d'un corps animal est influencée principalement par la température ambiante et l'accessibilité aux insectes et aux acariens, dont les nombreuses espèces se succèdent sur le cadavre en huit vagues. Ces éboueurs naturels déterminent et accélèrent la décomposition, jusqu'à la disparition totale de toute matière organique. En plein air, les conditions climatiques conditionnent l'arrivée de la première vague, la ponte des œufs et leur incubation, la croissance des stades larvaires, la nymphaison, l'éclosion des adultes et leur activité. Chaque vague est une combinaison précise d'espèces au sein de laquelle on peut distinguer quatre groupes écologiques. Les espèces nécrophages se nourrissent du cadavre et concernent plusieurs familles de mouches, de coléoptères, de papillons et d'acariens. Les espèces nécrophiles sont des prédateurs carnassiers ou parasites qui se nourrissent des nécrophages. Ce sont d'autres espèces de mouches, de coléoptères, d'acariens et d'hyménoptères (groupe des guêpes). Les espèces dites omnivores se nourrissent de tout, c'est-à-dire du cadavre, des nécrophages et des nécrophiles. Ce sont les fourmis, les guêpes et certains coléoptères. Enfin, les espèces opportunistes utilisent surtout le cadavre pour s'abriter, se réchauffer (la fermentation produit de la chaleur…). C'est le cas des collemboles et des araignées. Toute une planète, donc, où les habitants changent en fonction des ressources. Sans parler des nombreuses autres espèces qui contribuent au grand recyclage : bactéries, champignons, unicellulaires, vers, éventuellement chiens, vautours et autres hyènes…

La succession des huit vagues d'insectes est si précisément connue que leur identification permet de dater la mort de celui qui leur sert de gîte et de couvert. Ainsi, les services de recherche criminelle de la gendarmerie ou de la police et les médecins légistes ont de plus en plus recours aux entomologistes dans le cadre d'enquêtes compliquées. Les restes des insectes eux-mêmes (pupes vides, pupes non écloses, cocons…) permettent non seulement de dater le décès, mais aussi de savoir si le corps a été déplacé,

par exemple si l'on constate l'absence de traces de tout insecte des premières vagues. On saura que vous vous êtes sniffé un rail avant de trépasser, car certaines drogues (cocaïne), médicaments ou substances toxiques peuvent être identifiés dans les larves ou dans les pupes de certaines espèces de mouches, alors qu'il est impossible de le faire à partir du seul cadavre putréfié. Certaines espèces sont de véritables mouchardes: on a pu identifier le coupable d'un homicide par la présence d'un même acarien sur les vêtements de celui-ci et sur les lieux du crime.

Au cours de certaines affaires, des espèces d'insectes ont été qualifiées d'« indicateurs policiers », voire de « pièces à conviction ». Application inattendue du métier d'entomologiste, qui identifie et classe les insectes! Dans le domaine de la justice, la recherche de la vérité s'impose avec une exigence toute particulière, car toute erreur mettrait en danger l'honneur, la liberté, voire la vie des personnes. L'entomologie médico-légale peut parfois demander les compétences de plusieurs entomologistes spécialisés, lesquels se font de plus en plus rares. Cette raréfaction s'inscrit dans un mouvement général de recul des professions naturalistes.

G. L.

4

II. L'écologie

SI TU VAS À KYOTO, N'OUBLIE PAS DE POLLUER LÀ-HAUT

Pour comprendre comment on se fait baiser au sujet du protocole de Kyoto, il faut avoir deux choses en tête. D'abord, les objectifs pour la France : émettre, en 2012, la même quantité de CO_2 qu'en 1990 (Chirac s'est laissé emporter en annonçant une réduction de 75 % pour 2050, il avait encore forcé sur la Corona…). Par ailleurs, les sources d'émission de CO_2 sont grosso modo réparties de la façon suivante : un tiers est dû aux transports, un autre tiers aux logements et à l'agriculture, et le dernier tiers aux industries et à la production d'énergie.

Ce qui est entré en vigueur, c'est l'attribution de quotas pour ces deux dernières sources de pollution. En France, 1 300 entreprises sont concernées. Chacune d'entre elles reçoit des quotas d'émission. Si elle les respecte, tout va bien. Sinon, pan-pan sur la cheminée, et il lui faut acheter des quotas aux entreprises qui sont restées propres. Si ces fameux quotas sont faciles à obtenir, le droit de polluer vaudra des clopinettes et ça n'incite pas les patrons à faire dans le caniveau. L'efficacité du protocole de Kyoto présuppose donc une certaine parcimonie dans l'attribution des quotas. Et c'est là que tout foire.

Il faut savoir que depuis 1990 la pollution des industries a baissé de 0,5 % par an (grâce à des technologies plus propres). Pour anticiper l'échéance de 2012, il aurait fallu extrapoler cette diminution et, à partir de là, calculer la quantité de CO_2 qu'on peut se permettre de balancer dans l'atmosphère.

Mais voilà, les experts français ont eu peur. Peur des insupportables contraintes qui vont effrayer les entreprises. Alors ils se sont livrés à une petite astuce mathématique. Ils ont d'abord fait l'hypothèse que la production – et donc la quantité de CO_2 émise – allait considérablement augmenter dans les prochaines années. Et c'est à partir de cette augmentation supposée qu'ils ont demandé un tout petit effort aux entreprises (2,4 % d'émissions en moins).

Cette magouille permet de brandir une « réduction » de la pollution. Alors qu'il s'agit d'une « réduction »… par rapport à un accroissement imaginaire. « Dans la pratique, cela donne le droit aux entreprises d'augmenter les émissions de 15 % », a calculé Philippe Quirion, du Réseau action climat. Avec des quotas aussi généreux, les industriels sont sûrs de ne pas être gênés aux entournures… Mais question effet de serre, c'est l'efficacité zéro.

Si on veut, en 2012, revenir à la quantité de CO_2 de 1990, il faudra faire un effort titanesque sur les autres sources de pollution. Autant dire que la France est bien partie pour ne pas respecter ses engagements. Quant aux pollueurs, ils n'ont pas de raison de stresser. En 2012, il suffira que l'État français achète des quotas aux pays en excédent (Europe de l'Est notamment)… Et ainsi, c'est le contribuable qui financera le droit de polluer des entreprises.

Au final, revisitée à l'aune de la rentabilité libérale et abandonnée aux mains des patrons, la belle idée de Kyoto est en passe de devenir un leurre totalement inutile pour le sauvetage de la planète.

A. F.

LES FORÊTS, ALIBI DES POLLUEURS

L'annonce du ralliement de la Russie au protocole de Kyoto a été accueillie comme un heureux événement par toute la presse. Tant mieux. Seulement, l'instant d'euphorie passé, l'erreur serait de se laisser bercer par un optimisme béat qui consisterait à croire que le sauvetage de la planète est en bonne voie. Parce que, à bien y regarder, bon nombre des solutions envisagées pour contrer le réchauffement climatique ne serviront à rien du tout. Tiens, prenons l'exemple des « puits de carbone ».

Le principe est le suivant: étant donné qu'une forêt absorbe du dioxyde de carbone, un pollueur qui plante des arbres obtient ainsi des crédits d'émission de CO_2. En somme, je sème des eucalyptus en Afrique, et ça me donne le droit d'installer une usine polluante en Chine. La création de puits de carbone est généralement perçue comme une bonne chose. Ce qui permet, par exemple, à Peugeot de s'enorgueillir d'avoir créé sa propre forêt en Amazonie.

Mais ce qu'on ne dit pas, c'est qu'un arbre n'absorbe du CO_2 que pendant sa phase de croissance. Tout au long de sa phase adulte, il en émet autant qu'il en absorbe. Et quand il meurt, il rejette dans son intégralité le carbone absorbé dans sa jeunesse (soit en se décomposant dans le sol, soit en étant brûlé, ces deux stades finissant par survenir tôt ou tard, même si l'arbre est transformé en meuble). Le bilan de l'opération est donc parfaitement nul (et même négatif, si l'on tient compte du dioxyde de carbone dégagé par les camions nécessaires à la construction et l'entretien de la forêt).

Les puits de carbone ne représentent donc qu'une solution temporaire, au mieux efficace sur quatre ou cinq décennies… mais certainement pas à l'échelle du changement climatique.

À long terme, les conséquences peuvent même se révéler contraires à l'objectif annoncé. Supposons en effet que les sérieux problèmes de réchauffement commencent à se poser dans cinquante ans. C'est à peu près l'époque à laquelle les arbres plantés aujourd'hui vont relâcher leur CO_2… et la planète prendra alors un coup de carbone dans les bronches, précisément au moment où il s'agissait de la soulager.

En plus, il faut savoir que la plantation de puits de carbone ne manque pas d'effets pervers. Vu qu'ils sont placés dans les pays pauvres (où les terrains sont moins chers), et vu que les industriels privilégient les espèces à croissance rapide (eucalyptus, par exemple), un autre risque se profile: le remplacement de terres agricoles – utiles aux autochtones – par des ran-

gées d'arbres qui n'auront pas d'autre intérêt que de permettre aux industriels occidentaux de polluer davantage.

De toute façon, quand bien même les puits de carbone seraient efficaces, ils sont bien loin de compenser les immenses pertes dues à la déforestation. L'opération a tout d'une échappatoire permettant de continuer à polluer en toute bonne conscience.

Bien sûr, ça ne veut pas dire qu'il faut jeter aux orties le protocole de Kyoto. Mais seulement, au fil des ans, il a tellement perdu de sa substance que bon nombre des mesures qu'il contient, même si elles étaient appliquées, risquent d'être parfaitement inutiles.

À ce rythme, l'hypothétique réduction de pollution engendrée par le protocole risque d'être bien inférieure à la pollution réelle (dizaines de conférences planétaires, milliers de voyages en avion, centaines de milliers de tonnes de documents…) entraînée par sa mise en application.

A. F.

LA POLLUTION DES VILLES À LA CAMPAGNE

Citadins, méfiez-vous de la campagne ! Après avoir respiré toutes sortes de polluants ces derniers temps, vous songiez à une balade purificatrice en forêt. Vous risquez pourtant d'absorber un gaz très toxique : l'ozone. Presque inexistant au centre de Paris, il aime investir la forêt de Rambouillet, à 50 km de la capitale. Le 16 janvier, sa concentration y atteignait 61 microgrammes (µg) par mètre cube d'air contre 5 µg/m^3 dans le XIIIe arrondissement. Un peu de soleil, et la pollution peut rester largement inférieure à 100 µg/m^3 en centre-ville et dépasser 300 µg/m^3 dans les forêts avoisinantes ! Des valeurs non négligeables lorsqu'on sait que l'Organisation mondiale de la santé conseille d'informer la population pour un taux de 180 µg/m^3 pendant une heure.

Pourtant, l'ozone a généralement bonne réputation. On est pris de tendresse pour ce gaz qui, 10 km au-dessus de nos têtes, nous protège des rayons ultraviolets. On sait moins que, situé dans la basse atmosphère, il est parfaitement indésirable : outre sa toxicité pour les voies respiratoires, il contribue à l'effet de serre et aux pluies acides. Et la pollution, tout en altérant la couche protectrice en haute altitude, augmente le taux d'ozone au niveau des vaches. Sans aucune chance que le gaz d'en bas monte combler les trous d'en haut !

On trouve plus d'ozone à la campagne, car il s'agit d'un polluant « secondaire » : il n'est pas directement produit par les automobiles, mais résulte des réactions chimiques entre les polluants des gaz d'échappement, principalement les dioxydes d'azote et les hydrocarbures. En ville, l'ozone reste faible car il est détruit au fur et à mesure de sa création. Mais, portés par les vents, les polluants se retrouvent à la campagne. Et là, sans ces phénomènes compensateurs, la création d'ozone va bon train, facilitée par le rayonnement solaire.

Il y a encore plus vicieux. Les forêts produisent naturellement des hydrocarbures (responsables de la « bonne odeur » des forêts de résineux, par exemple). Si, au gré des vents, les oxydes d'azote survolent une forêt, ils réagissent immédiatement avec les hydrocarbures naturels pour créer de l'ozone. De fortes concentrations ont ainsi été mesurées dans les forêts des Landes !

Au pic du Midi, le taux d'ozone a été multiplié par cinq depuis le siècle dernier. Si l'on ajoute aux effets de la pollution les retombées naturelles d'ozone stratosphérique, les randonneurs n'avalent pas moins de 100 µg

d'ozone par mètre cube d'air. Soit la valeur admise par l'OMS seulement sur une durée de huit heures !

La pollution de fond est peu médiatisée par les journaux qui parlent essentiellement des pics de pollution. Logique donc, que les mesures antipollution visent plus le feu médiatique que le problème en profondeur. On réduit par exemple de 20 km/h la limitation de vitesse sur le périphérique parisien. Certes, la production de dioxyde d'azote diminue ; mais celle de monoxyde de carbone (CO) augmente ! Il est vrai que le CO se diffuse rapidement dans l'atmosphère et qu'il n'est pas intégré dans l'indice de qualité de l'air. Mais, à terme, ce gaz contribue aussi à l'augmentation du taux d'ozone. On peut ainsi écrêter les dépassements de seuil et occulter l'augmentation de la pollution de fond, plus pernicieuse mais omniprésente.

A. F.

LES SACRIFIÉS DU BENZÈNE

La prochaine fois que vous verrez un reportage sur les enfants cancéreux, au lieu de sortir votre chéquier, balancez un pavé dans une station-service. Le récent rapport d'André Cicolella, chercheur à l'INERIS[1], montre en effet que les cancers de l'enfant peuvent être imputés à l'action intra-utérine du benzène, un hydrocarbure craché par les pots d'échappement.

Dans l'ensemble de la population, André Cicolella évalue à 174 le nombre de personnes tuées chaque année par ce poison. Même en concentration infime, il est cancérogène avec un risque proportionnel à la dose : sur un million de personnes respirant 1 microgramme par mètre cube d'air ($\mu g/m^3$) de benzène pendant 70 ans, on trouve 6 morts de plus par leucémie que dans une population non exposée.

André Cicolella a donc évalué l'exposition moyenne des Français, en fonction de l'impact de chaque source de pollution : air extérieur (30 $\mu g/m^3$ à proximité du trafic, 10 $\mu g/m^3$ en fond), air intérieur (3 $\mu g/m^3$), tabagisme, etc.

Résultat, donc, 174 morts par le benzène. Et dans le match Peugeot-Marlboro, il n'y a pas de jaloux: 60 morts partout. Cela ferme le clapet des non-fumeurs qui crachent la semaine sur les accros de la clope, tout en bichonnant leur bagnole le week-end. André Cicolella montre que, en une heure de voiture, on avale la dose de benzène d'une cigarette. 2 heures de bouchon quotidien, c'est un paquet de clopes par quinzaine! Preuve qu'il serait temps d'indiquer sur les pare-brise « Nuit gravement à la santé », ou « Rouler en voiture provoque le cancer ».

Bien sûr, le taux de benzène dans l'essence doit théoriquement passer de 5 % actuellement, à 1 % en l'an 2000. Bien sûr, on attend une directive européenne sur le benzène (d'ailleurs promise pour décembre 1997). Bien sûr, il devrait être bientôt mesuré en continu, comme le sont actuellement le dioxyde d'azote, le dioxyde de soufre et l'ozone. N'empêche. Le benzène continuera de tuer pendant encore longtemps.

En effet, le Conseil supérieur de l'hygiène publique (CSH) a refusé de suivre le groupe d'experts qui proposaient de réduire à 2 $\mu g/m^3$ le benzène d'ici à cinq ans. Il veut bien, le Conseil, mais sans fixer de délai. En revanche, pour une valeur guide de 10 $\mu g/m^3$, il est d'accord, le Conseil. Pas étonnant, cela correspond à la pollution actuelle!

La France confirme ainsi son retard par rapport à l'Allemagne, l'Angleterre ou les Pays-Bas, qui ont déjà adopté des valeurs guides inférieures à 5 $\mu g/m^3$. Les stations-service allemandes sont même équipées de bouchons spéciaux pour éviter les émanations pendant le remplissage du réservoir.

On continue à nous amuser avec des pastilles vertes, quand l'heure est aux mesures radicales. À cet égard, une petite suggestion me tient à cœur. Favoriser le vélo, Voynet en parle beaucoup. Mais en plus des pistes cyclables, il faudrait aussi des lieux pour les garer, les vélos. Autrement dit, il serait temps d'anéantir l'inqualifiable dictature des concierges pitbulls et des syndics de propriétaires qui, pendant que les voitures dorment chaudement au garage, interdisent les cours d'immeuble aux cyclistes.

A. F.

---

1. « Évaluation des risques pour la santé liés au benzène ». Institut national de l'environnement industriel et des risques.

AUTO ÉCOLO

Imaginez une bagnole qui ne crache de son pot d'échappement que... de l'eau pure! Ce truc existe, c'est la voiture à hydrogène. Le principe de base repose sur un classique de la chimie, réalisé dans une pile dite « à combustion ». En présence d'hydroxyde de potassium dissous dans de l'eau, dans un compartiment de la pile on injecte l'hydrogène gazeux, qui réagit avec les hydroxyles pour donner de l'eau et... des électrons. Dans l'autre compartiment, on injecte l'oxygène qui, avec de l'eau, ne demande que des électrons pour donner des hydroxyles. Si les deux compartiments sont reliés entre eux à l'aide d'un fil en métal conducteur, les électrons surnuméraires du premier iront rejoindre le second. Il ne reste plus qu'à laisser la paroi séparant les deux compartiments suffisamment poreuse pour laisser passer l'excédent d'eau du premier vers le second et l'excédent d'hydroxyles du second vers le premier, et tout ça nous fait de l'électricité.

La voiture à hydrogène, c'est donc une voiture électrique, non polluante et silencieuse. Ces dernières années, bon nombre de difficultés techniques ont été surmontées. La pile était trop grosse, faisant des prototypes des deux-places sans coffre. La miniaturisation de la pile, condition

majeure de la viabilité économique de ce type de véhicule, est quasiment maîtrisée. La dangerosité du carburant fait des sceptiques. L'hydrogène s'enflamme spontanément à l'air: souvenez-vous du zeppelin Hindenburg. On a amélioré la sécurité des dispositifs d'injection d'hydrogène liquide dans le réservoir, lequel donne à des prototypes une autonomie de 180 kilomètres. C'est pas encore la traversée du Sahara mais, pour un véhicule citadin, c'est acceptable.

Alors, la bagnole propre est-elle pour demain? En matière de technologies alternatives, les vrais problèmes n'ont jamais vraiment été technologiques mais économiques. Quand un gadget remet trop d'intérêts économiques en cause, on l'enterre. Ainsi, la pile à combustion est un vieux truc de plus d'un siècle qui ressort des tiroirs à chaque hausse du prix du pétrole. Cependant, une brochette internationale de grands constructeurs automobiles ont regroupé leurs forces à Sacramento, en Californie, dans un centre commun de recherche et développement, où l'expérience de chacun sert à améliorer les prototypes existants. Il semblerait donc que l'industrie automobile dans son ensemble prenne au sérieux les débouchés économiques de ce type de véhicules. Leur objectif est de sortir le bijou sur le marché en 2004. Les municipalités les plus polluées du monde ont déjà fait savoir qu'elles l'achèteraient. Des prototypes de bus sont à l'essai. Plusieurs États prévoient des incitations à l'achat. Reste une ombre au tableau: la compétition. Les ingénieurs des différentes firmes se font des cachotteries, ne partagent pas tout de leur savoir. Ce qui fait dire aux économistes que le projet est mort-né: l'innovation technologique affichée comme concertée échoue lorsqu'elle ne l'est pas vraiment. Si l'auto écolo voit le jour, il restera encore à gérer l'encombrement des villes. Et puis, la bagnole propre reste une bagnole, avec son équation bagnole = liberté, alors qu'elle n'est qu'aliénation. Que vivent le train et le vélo!

G. L.

À LA CASSE !

Le ministère de l'Aménagement du territoire a déclaré la journée du 22 septembre « En ville sans ma voiture ». Dans les villes participantes, des zones sont interdites à la circulation automobile. Une journée par an sans voitures peut-elle faire prendre conscience qu'on pourrait se passer de ces dernières ? Les municipalités et divers sondages enregistrent un changement dans les mentalités des citadins, qui voudraient se réapproprier l'espace urbain, souhaité plus festif, au détriment des parkings. Les sondages montrent que l'absence soudaine de voitures révèle d'abord à nos sens le soulagement d'une ville sans bruit. Plus théorique est notre sensibilité à la baisse de pollution, surtout si celle-ci ne se manifeste qu'un seul jour. Et puis, quand tout est fini, chacun reprend ses petites habitudes... hé, faut pas déconner, on n'a pas acheté une bagnole pour qu'elle reste au garage ! D'ailleurs, après les attentats de New York, l'opération « En ville sans ma voiture » a été annulée dans six villes pourtant engagées. En effet, l'opération nécessite des barrages gardés par des agents municipaux volontaires ou, à Paris, par la police. Officiellement, à Paris, le plan Vigipirate ayant réquisitionné toute la police disponible pour la garde des bâtiments publics, il n'y aurait plus eu assez de képis pour les barrages. Frilosité non obligatoire : ces villes auraient pu suivre l'exemple de Lyon, qui a maintenu l'opération malgré Vigipirate.

Cette manifestation avait concerné 71 villes françaises en 2000, 62 villes en 2001. Cette baisse s'expliquerait par le gel des décisions provoqué par les élections municipales de mars. Pour mettre en place tout le dispositif, les mairies n'auraient plus disposé que de trois mois, sachant qu'en juillet-août tout est gelé, et qu'en septembre il ne reste que trois semaines pour les derniers préparatifs. 62 villes sur quelque 36000, c'est tout de même peu. Sur la quarantaine de villes de plus de 100000 habitants que compte la France, seule une douzaine a suivi la danse. Peut mieux faire ! En fait, tout ça n'a que peu de rapport avec une réelle volonté de diminuer la pollution atmosphérique. Suivre l'opération « sans ma voiture » implique le respect d'une charte que les communes signent d'abord pour leur communication. Réduire un seul jour le nombre de bagnoles circulantes, c'est se donner à peu de frais une image de qualité de vie, un peu comme la « ville fleurie » de jadis. Le vrai est peut-être ailleurs : d'autres villes, non signataires de la charte, comme Strasbourg, Bordeaux, Grenoble, Rennes, Toulouse, poursuivent sans tapage une politique pérenne de développement des transports urbains non polluants.

Ça sert à quoi, tout ça? À soigner l'image des municipalités, certes, et accessoirement à tester de nouveaux modes de transport, de nouveaux circuits, dessertes, comme à Nevers ou à Cagnes-sur-Mer. Le 22 septembre 2001, on aurait enregistré, selon les communes, une hausse de 300 % à 900 % des déplacements à vélo, et une augmentation de 10 % de la fréquentation des transports publics. Petit à petit, les écoles participent aux opérations. Le non au « tout-bagnole » pourrait passer par les mômes qui, eux, n'ont pas encore un moteur à la place du cerveau, par exemple à Lorient ou à Montreuil. Les commerçants, qu'un rien effraie et que l'opération rendait grincheux, commencent à voir l'affaire d'un bon œil depuis que les mairies les autorisent à envahir le trottoir, comme à Rouen. Malgré le bénéfice de com'qu'elles en tirent, trop peu de villes suivent. Et l'on attend toujours que tout ça se traduise par un réel changement dans les comportements quotidiens: 50 % des trajets automobiles citadins restent inférieurs à trois kilomètres! Français, encore un effort!

G. L.

L'AUTOROUTE ET LE SCARABÉE

Il était une fois une autoroute qui, pour aller du Mans à Tours, s'apprêtait à ravager un pays de châtaigniers centenaires. Cela faisait des mois que les écolos se battaient car, eux, ils n'en avaient cure, de la concurrence au TGV. Lorsqu'un jour, dans une manif, un type a débarqué sur sa Mob. C'était un postier, venu par hasard. Mais c'était surtout un entomologiste amateur, vous savez, un de ces types qui passent leurs loisirs la truffe au ras des herbes.

« Il y a un scarabée dans le coin. Il s'appelle pique-prune et il est protégé par l'Union européenne », déclare le postier en Mob. « C'est pas vrai ? », répondent les écolos, tout contents de découvrir cet allié ailé.

« Si, il est invisible, mais il y en a des milliers », répond l'entomologiste. Ce petit scarabée de rien du tout (2 cm) sent la prune « piquée » (d'où son nom vulgaire), ou le cuir (d'où son nom latin : *Osmoderma*). Comme il ne sort jamais (trois ans de vie larvaire dans un trou d'arbre, pour deux mois de vol), on l'appelle donc *Osmoderma eremita.*

Aussitôt, les écolos écrivent à l'Union européenne. Et, en 1997, au grand dam des marchands de béton, d'essence et de repas sous cellophane (qui ont baptisé le scarabée *Osmoderma calamita*), ils parviennent à bloquer les travaux.

C'est qu'il est délicat, le pique-prune. Jean-Marie Luce, expert au Muséum national d'histoire naturelle, est formel : il ne survivrait pas à l'autoroute.

Il est si délicat qu'il n'aime que les feuillus de plus de 150 ans. Et, s'il vous plaît, proches les uns des autres, car *Osmoderma* ne vole pas au-delà d'un kilomètre. Le remembrement, en détruisant un tiers de son habitat et en morcelant le reste, le couperait irrémédiablement de ses copains et copines. « C'est peut-être triste, mais cela vaut-il la peine de stopper l'avancée du progrès économique ? », répondent les gens dits responsables.

Il est vrai que le pique-prune n'est pas un pilier essentiel de la diversité biologique. Mais c'est un précieux baromètre biologique. Car, pour creuser les cavités où nichent ses larves, il a fallu des bataillons de piverts, de souris et de chouettes… Si bien que, « lorsqu'on trouve un pique-prune, on est sûr qu'il y a 700 autres espèces dans le coin », explique Christophe Beurois, chargé de mission chez les Verts. Et si ce scarabée mérite la protection européenne, c'est qu'il ne survit qu'en trois lieux : le sud de la Suède, le Pays basque… et Le Mans.

Bien sûr, un tel conte de Noël ne va pas sans nuages. Jean-Marie Luce a été gentiment remercié fin août, et son rapport de 80 pages favorable au

pique-prune calé sous le pied d'une armoire du Muséum… tandis que son successeur, Patrick Blandin, se fendait d'une note favorable à l'autoroute. Ces deux chercheurs refusant aujourd'hui de s'exprimer, difficile d'en savoir plus. Cependant, pour Christophe Beurois, l'explication est simple : « Blandin est membre du RPR et ami de Fillon, le président de la Région et député de la Sarthe. » Depuis, c'est un cabinet privé qui a hérité de l'expertise biologique : le même cabinet qui travaille déjà pour le constructeur de l'autoroute ! C'est dire si le pique-prune a du souci à se faire…

N'empêche, l'autoroute a bel et bien été bloquée[1]. Fortiche, non, pour un petit scarabée de rien du tout ?

A. F.

1. Finalement, les travaux ont redémarré en 2002, après cinq ans d'interruption. Des précautions ont toutefois été prises pour préserver l'habitat du pique-prune.

VROUM-VROUM CONTRE CUI-CUI

Quand on est un piaf, entre la pollution, le déboisement et les chasseurs, ce ne sont pas les raisons de crever qui manquent. Et, pourtant, en voilà une nouvelle: le bruit.

Sachez que l'oiseau ne chante pas que pour ravir les Parisiens en week-end. Non, plus prosaïquement, c'est pour niquer. Son chant, et seulement lui, permet à un mâle d'attirer et de séduire une femelle. Dame oiselle s'intéresse en effet, aux mélodistes les plus virtuoses. Une fois l'acte consommé, c'est encore le chant qui permet au père de famille d'éloigner les concurrents du nid. Bref, à chaque moment de la vie, l'oiseau ne vit qu'à travers sa musique.

Quand l'environnement est trop bruyant, imaginez les conséquences. Les oiseaux s'entendent moins… Ils ont du mal à se rencontrer… Donc, à se reproduire. Et l'espèce décroît.

À ce sujet, les biologistes commencent tout juste à lancer des études. L'une d'elles, qui a porté sur quarante-trois espèces, comparait les populations d'oiseaux selon le niveau de bruit dans lequel elles baignent. Conclusion : chez 60 % des espèces, le nombre de volatiles est bien plus faible (souvent divisé par deux) en milieu bruyant.

Évidemment, les piafs peuvent adapter leur chant. En poussant le volume, par exemple. Mais ils se fatiguent davantage, draguent moins, se reproduisent plus difficilement, et dépérissent. Certaines espèces ont trouvé une autre parade : chanter plus aigu, afin de se démarquer du trafic routier, qui est surtout composé de sons graves. Une troisième solution consiste à simplifier le chant. Fini les inutiles fioritures qui seront couvertes par le vacarme ambiant ! Dans quelques générations, le chant du rossignol ne sera plus qu'une variation à deux tons incapable de ravir le moindre couple d'amoureux !

Mais tous les oiseaux ne sont pas capables, physiologiquement parlant, de modifier leur chant. Et quand bien même le sont-ils, ce n'est pas sans risques pour l'espèce. Si le pinson niché près d'une autoroute transpose son chant dans l'aigu, sera-t-il toujours compris par la virginale pinsonne venue d'un bosquet tranquille ? À terme, le pinson des villes pourrait ne plus s'unir au pinson des champs.

D'aucuns trouveront cela exagéré. Certes, le bruit est moins dévastateur que les pesticides. Mais il vient se rajouter aux autres causes de massacre avicole. À ce rythme, un jour viendra peut-être où les routes de campagne seront comme le périphérique, bordées de murs antibruit destinés à protéger la tranquillité des derniers oiseaux survivants.

A. F.

POLLUTION SONORE EN BAS-FOND

On sait que, sous caution de recherche scientifique, les baleines finissent en sushis dans les restos japonais. Mais on sait moins que les survivantes meurent par surdité.

En effet, chez les baleines et les dauphins, le son c'est la vie. D'abord, grâce au sonar: les cétacés émettent des ultrasons qui, en se réfléchissant sur les obstacles, permettent à l'animal de se diriger. C'est comme un radar, mais dans l'eau. Et puis, il y a aussi d'autres sons, utiles pour la communication: ce sont les claquements, sifflements ou « chants » qui attirent les femelles pour la reproduction.

Or, le problème, ce sont les bateaux. Eux aussi font du bruit. En copiant sur les cétacés, ils explorent la mer avec un sonar: même principe, sauf que les niveaux sonores n'ont rien à voir avec ceux des animaux. Car le sonar dépasse 200 décibels à côté du navire. Pour comparaison, un marteau-piqueur, c'est 120 décibels. Un avion à réaction, 150. Alors, 200 décibels, c'est l'équivalent d'une explosion. Il s'agit de sons brefs – moins d'une seconde – mais très fréquents – toutes les dix ou vingt secondes. Et puis, on ne les entend pas seulement à proximité du bateau, car ils se propagent sur plusieurs centaines de kilomètres! Et particulièrement ceux émis par les navires militaires, qui cherchent à traquer le sous-marin ennemi.

Alors, mettez-vous à la place de la baleine. Elle reçoit des explosions dans la tronche. Elle essaie de fuir. Pour ça, elle actionne son sonar. Mais comme elle n'entend plus ses échos, masqués par les sonars des

bateaux, elle se perd ! Ce n'est pas une hypothèse gratuite. L'année dernière, aux Bahamas, juste après une série d'exercices de sonar effectués par des navires militaires américains, une dizaine de baleines ont été retrouvées mortes !

Même en temps ordinaire, les exemples foisonnent. On trouve des baleineaux abandonnés parce que leur mère s'est perdue. Sans parler des migrations, qui deviennent dangereuses pour les baleines. Quant à la survie de l'espèce, c'est pire : comme les femelles ne perçoivent plus les « chants » des mâles, l'accouplement devient impossible ! Mais le summum, c'est qu'à force de se prendre des détonations dans les fanons les cétacés deviennent carrément sourds. La preuve, c'est qu'on découvre des lésions auditives sur les animaux échoués.

Bien sûr, on objectera que la mer est grande, et que ces bestioles n'ont rien à faire à côté des bateaux. Oui, mais la tranquillité devient rare. Des chercheurs américains ont estimé que les zones de calme sonore ont diminué de 25 % depuis la Seconde Guerre mondiale !

Malgré ça, la pollution sonore a du mal à trouver un écho, si l'on peut dire (souvenons-nous de l'ignare Cousteau, qui affirmait dans l'un de ses films que la mer était « le monde du silence » !). La moindre des solutions serait de réglementer le passage des navires dans les zones où vivent des cétacés. Pour ça, on pourrait solliciter Yves Cochet. Quelques semaines avant d'être nommé au remplacement de Voynet, il avait fait voter une loi pour réduire le bruit des avions au-dessus des aéroports. Il y a peut-être moins d'électeurs dans les fosses sous-marines que dans la banlieue de Roissy. N'empêche que la survie des cétacés vaut bien qu'on s'attaque aux lobbies maritimes.

A. F.

LE DÉCIBEL, BOUC ÉMISSAIRE

Les bars-concerts sont en train de crever. La loi leur impose de ne pas émerger de trois décibels par rapport au bruit de fond ambiant. Trois décibels, ce n'est rien. Le moindre rossignol nocturne les dépasse. C'est pourquoi de nombreux bars, à défaut de pouvoir s'offrir des travaux d'isolation, en viennent à stopper leur programmation musicale.

Certes, il est louable de protéger le sommeil du travailleur. Mais cette noble intention est pervertie. Car la loi prétend réduire le concept de gêne sonore à la mesure du décibel. Ce qui est commode pour les flics et les juges. Mais scientifiquement absurde.

La preuve : un robinet qui fuit peut donner des envies de meurtre, alors que le bruit qu'il fait reste très inférieur à la limite réglementaire ; et pendant ce temps, le métro qui fait trembler les vitres vingt fois par heure n'est même plus remarqué. Il faut l'admettre, la notion de bruit échappe à toute définition scientifique. Logique, puisque ce n'est pas au bruit qu'on en veut, mais à sa cause. En témoigne cet exemple cité par Yves Chalas, sociologue au Centre de recherches et d'études sur l'espace sonore de Grenoble : « Un habitant avait déposé une plainte pour bruit. Quand il s'est aperçu que ce bruit n'était pas dû à une machine mais au chuchotement de l'Isère qui s'écoulait à proximité, il ne l'a plus perçu comme une gêne mais s'est mis à le valoriser comme un attribut positif de son environnement. »

Les sociologues savent bien que l'obsession de l'isolation est une spirale paranoïaque : « Quand on isole parfaitement la cour, on commence à entendre le voisin. Puis, si on isole le voisin, on entend la chasse d'eau. » Pour éviter l'impasse d'une culture du silence, les chercheurs ont donc changé de tactique : « Il y a vingt ans, on voulait à tout prix réduire le bruit : c'était le registre des physiciens. Ensuite les sociologues se sont demandés : « Qu'est-ce qu'un bruit nuisible ? » Et depuis quelques années, on se pose plutôt la question : « S'agit-il encore de bruit ? » C'est le registre de l'action concertée. »

Pourtant, la loi reste figée dans un dogme coercitif. Au lieu de prendre en compte le rôle social du bar musical (lieu de rencontre, vivier de jeunes talents...), elle persiste à n'en voir que les aspects « nuisibles ».

Le décibel a bon dos. Il permet de virer les fêtards pour les remplacer par des familles de cadres sup'qui se lèvent à sept heures. C'est vrai qu'il est plus facile de fermer un bistrot que d'imaginer une ville où se conjuguent harmonieusement, et avec une réelle possibilité de choix, des zones de « silence » et de « bruit ». La pollution sonore est une affaire de classe sociale : vu le prix du mètre carré, les habitants de quartiers comme

Bastille ou Saint-Michel ont les moyens financiers de choisir un autre quartier ou d'isoler leurs fenêtres ; ce qui n'est pas le cas des banlieusards qui subissent les avions et leurs voisins de cité. Je ne veux pas dire que les riches méritent les nuisances. Mais il faut préserver des quartiers de vie dans une ville (et aussi des zones de silence...). Or, depuis quelque temps, les rues traditionnellement populaires de Paris se voient colonisées par de nouveaux bourgeois qui veulent la peau des amateurs de musique. Ceux qui choisissent d'habiter près des bars de nuit doivent en accepter les conséquences plutôt que d'imposer leurs critères mortifières à tout le monde !

Supprimer les accords de guitare qui ruissellent d'un bar à musique est aussi socialement suicidaire que d'éliminer le roucoulement des pigeons, les cris du marché ou les cloches des villages (encore que sur ce point il y aurait davantage à redire...). Tout se passe comme si, après avoir viré les pauvres des centres-villes, on voulait maintenant en virer les jeunes. Pour ça, ce n'était pas la peine de s'abriter derrière la caution pseudo-scientifique du décibel.

A. F.

L'ARNAQUE DE LA BIODÉGRADABILITÉ

« Biodégradable à 90 % ». Comme elle est rassurante cette mention figurant sur tous nos paquets de lessive… Elle nous ferait presque croire à la réconciliation entre industrie et écologie. Malheureusement, la biodégradabilité est à la pollution ce que la fermeture du bois de Boulogne est à la lutte contre le sida : un artifice qui rassure le peuple, mais ne résout pas le fond du problème.

Les lessives contiennent des produits « tensio-actifs ». Ce sont eux qui se déposent sur les surfaces des tissus, s'accrochent à la saleté dans un premier temps, et l'arrachent ensuite. Or, dans la nature, les surfaces des plantes et les branchies des poissons, qui n'ont pas besoin d'être lavées, n'apprécient guère.

En théorie, les tensio-actifs sont digérés par les bactéries présentes dans l'eau – c'est la biodégradation. La norme européenne exige qu'une lessive soit dégradée à 90 % au bout de dix jours. Seulement voilà, cette norme repose sur des conditions totalement irréalistes. Premièrement, les tests en laboratoire sont effectués avec une eau à 30 °C. À cette température, les bactéries sont au mieux de leur forme. Mais il fait généralement un peu plus froid dans nos rivières, et à 15 °C la biodégradation chute considérablement. De plus, les tests sont réalisés dans de l'eau douce. Lorsque les eaux usées sont rejetées dans la mer, la biodégradation est à mille lieues des valeurs mesurées en laboratoire.

Dans la mer, les tensio-actifs se concentrent essentiellement à la surface de l'eau, avant de se retrouver dans les embruns. Transportés par le vent, ils se collent alors aux feuilles des arbres. Jean-Claude Sigoillot, chercheur à l'Université de Marseille, a trouvé dans la Méditerranée 1 milligramme de tensio-actifs par litre d'eau, et une concentration 500 fois plus grande dans des embruns recueillis à 300 m du rivage ! Cette pollution pourrait être la cause du dépérissement de certains pins du front de mer. La preuve : Béatrice Richard, de l'Inra de Nancy, est parvenue à tuer des arbres en les exposant à des tensio-actifs un million de fois plus dilués !

On pourrait penser que ces polluants, s'ils ne sont pas biodégradés dans la nature, sont au moins traités dans les bassins biologiques des stations d'épuration. Mais toutes n'en disposent pas. C'est le cas de celle de Marseille, qui relâche dans la mer 70 % des tensio-actifs qu'elle reçoit.

Passons maintenant aux tensio-actifs effectivement biodégradés. Jean-Claude Sigoillot a montré qu'en se dégradant ils donnent des produits

acides, hautement toxiques pour la faune et la flore. Évidemment, cette pollution secondaire n'est pas prise en compte dans la législation. Le résultat, c'est qu'à la pollution des années soixante-dix, qui ornait les cours d'eau d'une mousse peu esthétique, les détergents biodégradables ont substitué une pollution qui ne se voit pas, ne se mesure pas… et dont on ne parle pas.

À l'heure actuelle, en France, toutes les recherches sur les effets polluants des tensio-actifs ont été interrompues, faute de financement. Jean-Claude Sigoillot et Béatrice Richard ont dû changer de sujet d'étude. Voilà comment on apaise les soucis écologiques du consommateur tout en préservant les affaires des industriels. Ce qui est d'autant plus facile que les comités de législation sont noyautés par les marchands de lessive. Pour ces gens-là, la pollution est surtout gênante lorsqu'elle se voit ; il est donc logique de ne pas chercher à la supprimer s'il suffit de la masquer par une réglementation adaptée.

A. F.

L'OR MARRON

Quatre cents litres d'urine et 50 kg de merde : c'est la quantité produite par un adulte chaque année. Ces déchets sont d'immenses pollueurs de flotte. En effet, la chasse des toilettes représente 20 % de la consommation en eau. Mais, pensez-vous, il y a ces miraculeuses usines situées aux abords de nos villes, qui transforment tout ça en belle eau claire ! Première

désillusion : en France, 68 % des eaux d'égout débouchent dans une station d'épuration. Seconde : une station n'élimine que 73 % de la pollution. Un calcul simple – 73 % multipliés par 68 – montre que 50 % des merdes sont éliminées. Comme si la moitié des Français chiaient directement dans la rivière.

Dans les pays pauvres, c'est pire. 90 % des effluents y sont déversés tels quels dans la nature. Les maladies qui en résultent tuent des milliers de gosses par jour. D'où l'utilité du recyclage des excréments (depuis la découverte du fumier d'aurochs, on sait que la merde, c'est de l'engrais).

Aujourd'hui, une méthode simple permet de recycler les déjections : les toilettes sèches, avec séparation de l'urine et des matières fécales (ça peut se faire grâce à un système de plans inclinés). L'urine, lorsqu'elle n'est pas mélangée à la merde, n'est pas nocive et même utile aux plantes (si votre voisine vous surprend en train de pisser sur ses géraniums, répondez-lui que vous les alimentez en azote). Donc, l'urine est réutilisée pour arroser les cultures – ce qui est bien utile en terrain désertique. Quant aux excréments, on les recouvre de sciure, on les garde au sec durant un an afin d'éliminer les germes, puis on les met dans les champs. Double utilité : ça évite de polluer l'eau, et aussi d'utiliser des engrais chimiques.

Recommandées par l'Organisation mondiale de la santé, les toilettes sèches sont répandues dans certains pays du Sud. Dans les contrées industrialisées, la Suède et la Norvège en sont les principales utilisatrices. Faut de la motivation, vu que les matières fécales sont stockées dans un tiroir à vider. Mais, après tout, une fois dépassés les tabous sociaux, ce n'est pas pire que de vider la poubelle. Verra-t-on un jour des bacs à merde dans les cours d'immeuble ?

On aurait tort de considérer le recyclage des excréments comme un gadget pour écolos fanatiques. Il intéresse aussi les technologies de pointe. Dans les futurs vols pour Mars, les spationautes vivront durant des mois en huis clos. Un système est à l'étude, qui leur permettra de récupérer leur urine (qu'ils boiront) et leurs excréments (qu'ils ne mangeront pas, mais utiliseront comme engrais dans de petites cultures). Il y aura peut-être des retombées sur Terre, si l'on peut dire. Ça serait alors marrant qu'il ait fallu la conquête de Mars pour réhabiliter l'ancestral recyclage de la merde.

A. F.

LE CAC 40 DES POISSONS PARISIENS MONTE

On croyait que tout était foutu, que la Seine parisienne n'abriterait plus que des gardons difformes. Et puis non. Il y a du mieux. La qualité des peuplements de poissons de la Seine dans l'agglomération parisienne a été étudiée sur huit ans par Romuald Berrebi Dit Thomas, Jérôme Belliard et V. Cassigneul, du Conseil supérieur de la pêche. Dans Paris, en amont et en aval, ils ont procédé à des pêches électriques régulières. De quoi s'agit-il? On fait passer un courant électrique contrôlé dans l'eau, pour attirer les poissons. Ils sont attrapés à l'épuisette, mesurés sous toutes les coutures et remis à l'eau. Pas de bobo.

Vingt-trois espèces fréquentent actuellement les eaux de la capitale, ce qui représente la moitié du nombre d'espèces que l'on trouve naturellement sur le bassin de la Seine. Sur les huit années, les gardons restent les plus nombreux, suivis de près par les ablettes. Suivent les chevaines, rotengles, perches, anguilles, goujons, tanches et brèmes. Les autres sont beaucoup plus rares. Pour déterminer l'état des peuplements de poissons, on mesure la richesse en espèces, l'abondance de chacune, la proportion des groupes alimentaires, l'état de santé des poissons, la proportion entre les espèces sensibles et les espèces tolérantes, le nombre de classes d'âge des carnivores. Tous ces paramètres sont comparés à des milieux de référence. Thierry Oberdorff, du CSP, les a résumés en un « indice poisson », sorte de CAC 40 qui donne la mesure globale des dégâts subis par l'environnement aquatique. Comme on s'y attend pour un fleuve qui serpente dans un plat de nouilles de dix millions d'habitants, cet indice est plutôt faible par rapport à celui de rivières du département de la Manche. Mais entre 1990 et 1998, il est globalement à la hausse sur l'ensemble de l'agglomération.

Pourquoi les poissons n'aiment-ils pas nos villes? Bien sûr, l'aménagement des berges et la viabilisation des cours d'eaux ont déjà détruit l'habitat naturel d'un bon nombre d'espèces. Mais il reste encore des pollutions, accidentelles ou permanentes. Lorsque de fortes pluies s'abattent en zone urbaine, les eaux de ruissellement perdent leur oxygène au contact des poussières. En été, c'est pire en raison de la chaleur des surfaces. De grands volumes d'eau déficiente en oxygène dissous sont donc brusquement déversés dans le fleuve, ce qui fait crever les poissons par anoxie. Les pollutions permanentes viennent du fait que les réseaux d'assainissement ne sont pas encore complètement séparatifs.

Normalement, les eaux usées devraient être traitées en station d'épuration. Mais l'eau de pluie, très volumineuse, se mélange encore trop souvent aux petits volumes de nos merdes et de nos détergents, surtout lors des gros débits par temps d'orage. Au total, ça fait beaucoup d'eau merdeuse. L'eau du fleuve se charge donc en matières organiques, ce qui diminue l'oxygène disponible et augmente la teneur en ammonium. Pour que plus de brochets viennent habiter Paris, il faut poursuivre des efforts d'assainissement, notamment en perfectionnant la séparation des réseaux. Il faut aussi réduire les rejets des eaux de ruissellement urbaines par temps de pluie, en les stockant dans de vastes réservoirs pour décantation. Que vivent les poissons ! Comme dit Val, savoir qu'ils sont là, sous la surface de l'eau, suffit à mon bonheur.

G. L.

LES HARPONS MAJORITAIRES

La chasse commerciale baleinière a mené nombre d'espèces de baleines à fanons au bord de l'extinction. Après La Seconde Guerre mondiale naquit la Convention baleinière internationale (CBI), dont la première tâche fut d'établir et de répartir des quotas de chasse. Elle devint au fil des années un organe de protection aux pouvoirs limités. La CBI réunit sa trentaine de pays membres une fois par an en séance plénière. Tout pays dispose d'une voix lors des votes. Première faille, tout pays a le droit d'objecter à une décision prise par la majorité. Seconde faille, la CBI ne peut prendre aucune sanction contre ses membres. Les quotas ne sont donc pas respectés, et la chasse-pirate continue de sévir aux quatre coins du globe en toute tranquillité. En 1994, l'ex-URSS avouera même officiellement ne pas avoir déclaré la moitié de ses prises dans les années soixante ! En 1982, un moratoire stoppant toute chasse commerciale fut enfin adopté après

des années de rudes négociations, et appliqué en 1986. Malgré ce moratoire, la baleine bleue et les baleines franches sont toujours dans une situation critique. Le Japon et la Norvège s'attribuent unilatéralement des quotas et poursuivent la chasse.

Un rôle positif de la CBI fut pourtant la déclaration de sanctuaires. En 1982 était adopté pour dix ans le sanctuaire baleinier de l'océan Indien (il a été reconduit en 1992), et en 1994 celui des mers australes proposé par la France. Cette année, le Brésil proposera à Londres un sanctuaire baleinier couvrant tout l'Atlantique Sud, tandis que l'Australie et la Nouvelle-Zélande présenteront leur proposition de sanctuaire dans le Pacifique Sud. Autant pisser dans un violon si le Japon continue à chasser dans ces sanctuaires, sous prétexte de « chasse scientifique » ! D'ailleurs, le Japon ne cesse de foutre le bordel à la CBI. Il chasse sans tenir compte des quotas, expose ses données de manière si peu claire qu'il déclenche des protestations des autres pays membres, réclame à grands cris depuis plusieurs années le vote à bulletin secret de manière à atténuer la honte des pays dont il a acheté les votes. En effet, ce n'est plus un secret pour personne, depuis des années, le Japon opère ouvertement une stratégie d'achat de votes, en favorisant politiquement et économiquement l'entrée dans la CBI de petits pays dont les votes lui sont acquis. Le Japon contrôlait récemment les votes de six États caraïbes, de la Guinée et du Maroc. Fruit de la stratégie japonaise, la CBI a voté cette année la reprise de la chasse baleinière commerciale, pourtant interdite depuis 1982.

G. L.

VENDREDI, JOUR DE LA FARINE DE POISSON

La diversité des espèces et la taille des poissons marins consommés subissent un déclin inexorable. D'ici quelques décennies, vous ne verrez plus un seul poisson entier sur l'étal des poissonniers, mais... du « produit marin » en barre!

Les ministres européens de la pêche sont habitués aux rapports scientifiques alarmants: « Quelle que soit la zone, bon nombre de stocks font l'objet d'une surexploitation qui se traduit par une mortalité dépassant parfois de beaucoup les maxima compatibles avec une pêche rationnelle et durable » (*Le Marin*, 26 avril 1996). La liste des espèces en difficulté est longue. En mer Baltique, les captures de cabillauds devraient être réduites de 40 % et la pêche au saumon fermée. En mer du Nord, la situation est critique pour le cabillaud, l'églefin, le lieu noir, le hareng, la plie et la sole. Dans l'Atlantique, des réductions de pêche devraient s'étendre de 10 % à plus de 40 % selon les espèces et concernent surtout les poissons plats (sole, plie) et les petites espèces de haute mer (hareng, sardine, anchois). Cette année, Bruxelles est parvenue à bloquer momentanément les prises de hareng dans l'Atlantique Est; ce qui fait hurler les petits pêcheurs, mais qui permettra peut-être aux stocks de se reconstituer. Et plus une seule raie dans le golfe de Gascogne. On pourrait continuer comme cela pour de nombreuses mers du globe.

Quelles sont les méthodes permettant d'évaluer l'état des populations de poissons? Des statistiques sur la quantité et la qualité des captures sur de longues années permettent l'analyse des structures démographiques des espèces. Des modèles mathématiques sont alors utilisés pour évaluer l'état actuel des stocks et faire des prévisions. Mais il y a un problème de fiabilité des statistiques annuelles de capture, notamment lorsqu'elles proviennent des carnets de pêche. Par exemple, en France, le taux de retour des livres de bord dans certains ports est inférieur à 50 %. D'autre part, pour ne pas dépasser les quotas, les pêcheurs ont tendance à rejeter à la mer leur surplus... de poissons morts. Or, on ne connaît jamais l'ampleur des rejets. Ces statistiques permettent tout de même de réglementer la pêche zone par zone en termes de quota pour chaque espèce et de techniques de pêche. Amendes et saisies des prises tentent de faire respecter ces décisions. Mais, comme pour les pétroliers pollueurs, l'amende est insuffisante. Lorsque celle-ci ne représente que 10 % de la valeur de la prise, certains pêcheurs ne sont pas dissuadés de frauder.

L'histoire de la pêche au XXe siècle est une triste course aux captures, surtout depuis l'après-guerre. Malgré une volonté de gestion des stocks, l'effort de pêche va croissant pour la capture d'une même masse d'individus de plus en plus petits. Toutes les eaux du globe sont maintenant exploitées (y compris arctiques et antarctiques), sillonnées par plus d'un million de bateaux de pêche, deux fois plus qu'en 1970. Des technologies de pêche et de repérage des stocks de plus en plus performantes laissent de moins en moins de chance aux poissons d'en réchapper. Un navire-usine engrange en une journée ce qu'un pêcheur traditionnel péchait durant sa vie entière pour sa consommation. Pour conserver la même rentabilité, on pêche de plus en plus profond, parfois avec des filets « ramasse-tout » qui bousillent les écosystèmes.

Lorsqu'une espèce est trop pêchée, les adultes, de moins en moins nombreux, n'ont plus le temps d'atteindre la taille capable de fournir des filets commercialement intéressants. D'ici une dizaine d'années, les grands stocks traditionnels à valeur marchande ne donneront plus de filets mais probablement de la farine. On se rabat déjà sur des espèces nouvelles, dont, pour certaines, la biologie n'est pas encore bien connue. Et la pisciculture marine n'en est qu'à ses balbutiements. L'avenir est aux « pâtes marines » en barres, mixture de protéines reconstituée à partir de tout ce qui aura bien voulu se laisser attraper… À moins qu'une crevette folle ne s'y glisse!

G. L.

FUMÉE AUTOUR DU SAUMON

En sciences, on a généralement besoin de s'entendre précisément sur la définition des noms que l'on donne. Cette rigueur se dissout lorsque les industriels trouvent rentable de faire de la fumée autour de certaines applications de la science. Ils n'ont pas toujours intérêt à rendre claire et explicite l'origine de leurs produits. Déchiffrons ensemble le dialecte des étiquettes apposées sur le saumon fumé. La norme Afnor du 5 mars 1995 prétend définir le « saumon fumé ». Elle autorise l'appellation « saumon fumé » pour trois espèces, le saumon atlantique *Salmo salar* et deux espèces du genre *Oncorhynchus.* Les saumons sauvages « doivent être exclusivement pêchés à la ligne ». Or, le vrai saumon sauvage, *Salmo salar*, cesse de s'alimenter quand il quitte ses zones de croissance. Il ne mord donc pas à l'hameçon et ne peut être pêché qu'au filet. La norme exclut d'emblée de l'ensemble des saumons susceptibles d'être fumés les saumons sauvages pour ne garder que les saumons d'élevage du genre *Oncorhynchus.* Les saumons d'élevage sont nourris par des granulés à base de farines animales truffées de pigments de synthèse pour les colorer en rose crevette. Ils peuvent contenir des substances toxiques comme le dichlorvos et l'ivermectine, pesticide et antiparasitaire destinés à lutter contre les crustacés copépodes qui infestent les élevages surpeuplés. La norme définit également la teneur en eau et en graisse à ne pas dépasser. Après le fumage, la teneur en eau des poissons diminue au profit des graisses: on dépasse la proportion autorisée des 18 % de matière grasse. Pour respecter la norme, il faudrait réinjecter de l'eau dans le poisson, mais celui-ci ne se conserverait pas. On injecte alors de la saumure, solution saline contenant sucre, polyphosphates et nitrites comme conservateurs. La norme oblige donc à vous faire bouffer de la saumure au prix du saumon fumé.

La date de pêche doit être mentionnée « pour des produits qui n'ont subi aucune congélation ». Or, les saumons sauvages doivent être obligatoirement assainis par congélation, afin de détruire un parasite nématode dont ils pourraient être porteurs. La mention « date de pêche » est donc réservée aux poissons d'élevage, les seuls à n'être jamais pêchés. La mention « ne pas recongeler » trahit la présence d'un *Oncorhynchus* sauvage.

Récapitulons. Les marques qui apposent fièrement sur leurs paquets « non congelés » signent l'origine de leurs poissons: il s'agit d'un saumon d'élevage nourri aux farines animales, bourré de colorants, pesticides et saumure. Ah, la langue subtile des industriels! En revanche, un saumon sauvage fumé « proprement » est hors norme. Remarque, tant mieux pour les saumons sauvages! Cette norme a été définie par une commission de

36 membres dont 28 sont des industriels, dont Casino, Promodes, Saupiquet. Non seulement ils vous font bouffer de la merde, mais ils tentent d'imposer leur mode de production à tous. Et font crever la poissonnerie traditionnelle. À qui les élevages profitent-ils ? Plus besoin de déchiffrer la langue des étiquettes : foutons la paix aux saumons sauvages, refusons un saumon d'élevage fumeux. Boycottons le saumon fumé.

G. L.

LE DOPAGE DES POULETS

La vie est rude pour les éleveurs. À peine remis de la vache folle et du veau aux hormones, voilà qu'on leur cherche des noises à propos d'une vieille tradition, le gavage aux antibiotiques.

C'est que, mine de rien, ça bouffe, un poulet. Alors vous comprenez, un peu d'antibiotiques chaque jour, cela aide. En langage médical, on perturbe la microflore de la bestiole. Qui, en clair, produit, à poids égal, moins de merde et plus de viande. On économise alors 12 % de granulés. « Sans les antibiotiques, la viande serait 5 à 10 % plus chère, révèle Denis Corpet, directeur du laboratoire de Sécurité des aliments à l'Inra de Toulouse. On en donne à tous les poulets, tous les veaux et environ un tiers des bovins. Aucun éleveur ne peut s'en passer, sous peine de ne plus être compétitif. » Le portefeuille de l'éleveur étant rarement proportionnel à la santé du consommateur, on peut s'interroger sur l'innocuité de la combine. D'après Denis Corpet, « les antibiotiques ne se retrouvent pas dans la viande, car le traitement est stoppé quelques jours avant l'abattage ». De fait, le risque est ailleurs, plus subtil.

Dans son tube digestif, le poulet abrite, comme vous et moi, des bactéries. Non pathogènes, elles font bon ménage avec l'organisme. Mais, à force de baigner dans les antibiotiques, que se passe-t-il ? Des souches plus résistantes éclosent, voir le principe de la sélection naturelle. En 1997, des chercheurs danois ont découvert de telles bactéries ultracoriaces.

Un jour, le poulet atterrit dans notre assiette. S'il n'est pas suffisamment cuit, il contient encore de ces « super-bactéries ». Qui, rappelons-le, sont inoffensives. Mais prenons maintenant un type en soins intensifs dans un hôpital. Bardé de tuyaux, il est, lui, sensible au moindre micro-organisme. Jusqu'à présent, le problème, bénin, était résolu par un puissant antibiotique, la vancomycine. Or, dans les hôpitaux, on succombe de plus en plus aux agressions bactériennes. Et pourquoi ? Parce que la vancomycine est devenue inefficace. Et qu'est-ce qu'on découvre ? Que la vancomycine est « cousine » d'un antibiotique très utilisé en alimentation animale, l'avoparcine. L'hypothèse, donc, prend forme : des bactéries résistantes auraient pu être avalées avec la viande de notre poulet. Elles auraient aussi pu transmettre leur résistance à d'autres bactéries du corps humain. Ce qui pourrait expliquer, par exemple, mesdames, vos infections urinaires à répétition. Mais rien n'est encore démontré, et la résistance bactérienne peut aussi s'expliquer, plus simplement, par l'accoutumance aux antibiotiques prescrits par les médecins.

Quoi qu'il en soit, il est désormais interdit de nourrir les animaux à l'avoparcine. Reste que les éleveurs utilisent encore une flopée d'antibiotiques semblables à ceux des toubibs. Sans attendre, les pays nordiques (Suède, Danemark, Finlande) les ont quasiment supprimés de l'alimentation animale. Pour ne pas être pénalisés, ils demandent désormais leur interdiction auprès de l'Union européenne. Reste à connaître la réaction de l'opinion publique, seule capable de rivaliser avec les lobbies des éleveurs.

A. F.

APRÈS LA NOURRITURE, LA MERDE TRANSGÉNIQUE

Les écolos vont peut-être devoir réviser leur jugement. Le transgénique pourrait devenir le fer de lance de la lutte anti-pollution. C'est ce que suggère l'expérience de chercheurs canadiens. Ils ont fait naître des porcelets dont le purin est deux fois moins polluant que celui d'un porc normal.

Si l'expérience est concluante, elle pourrait résoudre une cause majeure de pollution. La France compte 24 millions de porcs, dont la moitié en Bretagne. Ça nous fait douze millions de tonnes de lisier par an. Ce lisier est épandu sur les cultures, où il agit comme un engrais. Mais il imprègne aussi le sol. Et, à forte dose, l'azote et le phosphore qu'il contient pourrissent tout: les nappes phréatiques qui deviennent imbuvables, les rivières, et la mer où les algues se développent à outrance, au point d'étouffer l'environnement marin.

Tout vient d'un problème de digestion, car le porc assimile mal le phosphore. Les agriculteurs sont donc obligés d'en rajouter dans sa nourriture. Le phosphore se retrouve alors dans le purin où, combiné à l'azote, il agit comme un polluant. À part produire moins de porc, il n'y a que deux solutions: la station d'épuration, qui transforme un lisier noirâtre en eau potable. Efficace mais cher. Ou bien des levures qui aident le porc à assimiler le phosphore, ce qui réduit de 25 % le phosphore excrémentiel.

Les porcs transgéniques fonctionnent sur le même principe, à la différence que le problème est traité à la source: l'estomac du porc. Les chercheurs ont d'abord fabriqué un gène en croisant des cellules de souris et de bactéries. Puis ils l'ont injecté dans les embryons de porcelets. Avec ce gène, le cochon digère son phosphore tout seul. Du coup, plus besoin d'en rajouter dans sa nourriture. Les chercheurs espèrent ainsi diviser par deux le phosphore du purin.

Malgré l'originalité de la découverte, elle déclenche peu d'enthousiasme en Bretagne. Jean-Yves Dourmad, chercheur à l'Inra de Rennes, pense que « cela ne résoudra pas tout, car le porc n'est responsable que de 15 % de l'azote breton. Les poules en produisent autant, les engrais chimiques et les ruminants deux fois plus ».

Bon, mais pour être efficace, il n'y a qu'à appliquer la technique à d'autres animaux. Les vaches, par exemple, multiplient les pollutions. En effet, en rotant et en pêtant, elles dégagent du méthane, un gaz qui contribue à l'effet de serre. Pour chaque litre de lait, la vache en émet quarante litres, par la respiration (80 %) et les pets (20 %). Au niveau mondial, les bovins

contribuent ainsi à 2,4 % du réchauffement de la planète. C'est faible mais pas négligeable. Alors, pourquoi ne pas implanter un gène de rose dans une vache, pour lui faire exhaler des fragrances de Channel n° 5 ?

On pourrait, dans la foulée, imaginer des solutions aux déjections animales dans les villes. En injectant des gènes de lapin dans les pigeons, les fientes éclaboussantes seraient-elles remplacées par des crottes dures et sphériques qui rouleraient proprement dans les caniveaux ? Et les chiens, dont les étrons couleur de trottoir – 10 tonnes par jour à Paris – sont responsables de tant de fractures… Un gène de ver luisant les rendrait-il fluorescents et faciles à éviter ? Grâce au transgénique, il serait enfin possible d'avoir les avantages des animaux sans s'en coltiner les inconvénients.

A. F.

LIBÉREZ LES TRUIES !

Cette semaine, au Salon de l'agriculture, le visiteur peut voir de bien belles truies. Ah ! elles sont heureuses, ici. Ce n'est pas tous les jours qu'un ministre leur caresse le groin. Pour quelque temps, elles ont quitté leur prison. Et, à les voir, on en oublierait presque leurs congénères coincées dans des stalles de 1,5 m^2. Heureusement, cette torture va peut-être disparaître, à la suite d'une récente proposition de la Commission européenne.

On sait ce qui leur plaît aux cochons. Un minimum d'espace vital, des copains (le porc est un animal social), un sol à explorer et, pour les mères, la possibilité de faire un nid. Or, confiné dans une stalle étroite, le corps dépérit, l'animal passe son temps à mâchonner les barreaux, et les truies deviennent folles de ne pouvoir lécher leurs petits.

Pour se défendre, les éleveurs disent qu'il faut isoler les cochons car ils se battent (ils leur coupent même la queue, sans anesthésie, pour éviter qu'ils se la mordent : raisonnement absurde, puisque les bagarres sont justement dues à la promiscuité). Ils disent aussi que les stalles permettent de

nourrir à l'identique chaque bête. Mais les alternatives existent (par exemple, une puce électronique placée dans l'oreille du porc, qui mesure le temps passé dans la mangeoire et referme celle-ci quand l'animal a eu sa dose). Les éleveurs disent aussi qu'il faut bloquer la truie, pour éviter qu'elle écrase ses petits. Mais ces accidents surviennent dans un espace de 1,5 m^2 – pas dans 50 m^2. Alors, plutôt que de donner davantage d'espace aux truies, les éleveurs préfèrent les bloquer dans une camisole métallique. Enfin, ils justifient l'absence de paille par des questions de propreté. Mais c'est oublier que, s'il a suffisamment de place, le porc défèque toujours au même endroit, ce qui facilite d'autant le nettoyage.

En résumé, les éleveurs justifient la souffrance animale en s'appuyant sur des conditions déjà stressantes, et leurs arguments s'effondrent dans un contexte plus confortable. D'ailleurs, même d'un point de vue commercial, ils gagneraient à avoir des porcs heureux, qui seraient en meilleure santé et reviendraient moins cher. Le problème, comme le dit Barbara Dias Pais, de la Protection mondiale des animaux de ferme, c'est qu'« on veut adapter l'animal à l'élevage, alors qu'il faudrait adapter l'élevage à l'animal ».

Voilà pourquoi la proposition de la Commission européenne est un grand pas. Si elle est adoptée, le porc aura droit à une vie sociale, des espaces séparés pour déféquer et manger, et de la paille pour s'y rouler. Auparavant, cette proposition devra être votée par les ministres de l'Union européenne. Mais on peut avoir bon espoir, puisque les stalles sont déjà interdites dans plusieurs pays (Royaume-Uni, Suisse et Suède) et vont bientôt l'être aux Pays-Bas et en Finlande.

On voit qu'après avoir été si longtemps méprisés, les défenseurs des animaux de ferme commencent à obtenir des résultats. Profitons de l'actuel débat sur l'agriculture pour avancer sur la question du confort animal; il est temps d'admettre qu'on puisse être carnivore sans être sadique.

A. F.

L'INVASION DES ESSAIS TRANSGÉNIQUES

Imaginons qu'on découvre un nouveau virus. Et que, pour étudier sa contagion, on le propage dans la population... C'est un peu ce qui se passe avec les plantes transgéniques. La Commission du génie biomoléculaire vient de publier son rapport 1997 (la « transparence » avec deux ans de retard, bien joué pour contrer les râleurs!). Dans toute la France, 432 champs expérimentaux d'OGM (organismes génétiquement modifiés) ont été cultivés. Le record revient à l'Ille-et-Vilaine, qui compte 30 essais, devant l'Eure-et-Loir (17 essais). La plupart des autres départements en ont reçu moins de 10. Il n'y a guère que le Massif Central et les Alpes qui aient été épargnés.

On connaît le principal danger des plantes transgéniques: la dissémination des graines dans la nature. Prenons un champ d'OGM résistant aux herbicides. Le pollen se balade. Il tombe sur une herbe sauvage. Cela donne un hybride qui résiste aussi aux herbicides. D'où le risque qu'il devienne envahissant, au point de bousiller l'équilibre écologique.

Pour le maïs, il paraîtrait – je dis bien paraîtrait – que le risque est faible. C'est pourquoi 12 espèces ont été autorisées à la culture. En revanche, pour le colza et la betterave, c'est une autre histoire. Il est établi que ces plantes peuvent se croiser avec des espèces sauvages. En 1998, elles ont donc fait l'objet d'un moratoire de deux ans. Deux ans pour faire des expériences.

Théoriquement, afin d'éviter la dissémination des graines dans la nature, on isole le champ. L'idéal serait un filet étanche. Dans la pratique, on se contente de border la culture OGM de quelques rangs non transgéniques, supposés recueillir le pollen qui se balade dans les environs. Et on évite de planter des OGM trop près d'autres cultures. En général, la distance minimale est de 200 à 500 m.

Mais comment être sûr que les insectes, qui n'ont pas étudié la biologie, respectent bien ces limites? « Les insectes restent généralement sur le champ », affirme-t-on au ministère de l'Agriculture. Comme ça, le pollen resterait cantonné au périmètre officiel? Voilà qui rappelle l'optimisme avec lequel certains affirmaient naguère que les nuages radioactifs respectaient les frontières. D'ailleurs, des recherches ont démontré que le pollen peut s'envoler à plus de 1 km du champ d'OGM.

De toute façon, même si les distances de sécurité étaient suffisantes, encore faudrait-il qu'elles soient respectées. Ce qui est loin d'être évident:

en Angleterre, Novartis a été condamné pour avoir planté des OGM à 2 m d'autres cultures.

Jusqu'ici, en France, personne n'a été sanctionné pour non-application des règles. Cependant, même au ministère de l'Agriculture, on admet l'insuffisance des contrôles: « Il y a 70 contrôleurs pour toute la France. Il faudrait plus de monde, mais ce n'est déjà pas mal, par rapport à l'Angleterre où il n'y a qu'un seul contrôleur. »

Mais le pire serait que ces essais, en plus d'être dangereux, soient inutiles. On peut se poser la question, vu que seulement cinq d'entre eux ont été effectués par l'Institut national de la recherche agronomique. Tous les autres l'ont été par des groupes comme Monsanto ou Rhône-Poulenc. Ce sont encore les marchands d'OGM qui prétendent en étudier les dangers!

Ce qui fait dire au généticien Pierre-Henri Gouyon que « la plupart des recherches concernent les moyens de produire des OGM. Mais il n'y a pas de véritable programme de recherche public sur les risques. On risque d'arriver à la fin du moratoire et de ne guère en savoir plus qu'au début ». Qui plus est, des OGM auront été disséminés dans la nature. Et comme d'habitude, on attendra qu'il soit trop tard pour en mesurer les conséquences.

A. F.

LE SCANDALE DES DIOXINES

Il ne s'agit pas de parano. Mais, à ce rythme, la dioxine risque bientôt de décrocher le cercueil d'or au hit-parade des saloperies. Le CNIID[1] vient en effet de tester cinq échantillons de viandes provenant de supermarchés parisiens. On y trouve environ 3,5 picogrammes de dioxine pour 100 g de viande[2].

Pour comprendre les enjeux de ces mesures, un petit topo s'impose. La dioxine est crachée par les incinérateurs d'ordures ménagères[3] et les usines sidérurgiques. Par le nez, on en absorbe très peu. Mais elle se dépose sur l'herbe. La vache mange l'herbe. Les dioxines se réfugient dans ses graisses, lait et viande. La vache est mangée par l'homme. Ce dernier chope des cancers, des malformations fœtales, et produit moins de spermatozoïdes. Là-dessus, tout le monde est quasiment d'accord. Seuls les chiffres varient : on polémique pour savoir si, en France, la dioxine tue 1800, 3000, ou 5200 personnes par an. Peu importe, à ce stade, la comptabilité a des relents d'obscénité. (Rappelons toutefois que l'amiante a été interdit pour avoir tué 2000 personnes en 1996.)

Reste à définir une dose maximale admissible. Elle résulte d'une analyse des travaux scientifiques, mâtinée de compromissions industrielles (pots-de-vin, contrats juteux, etc.). Ce qui explique ses variations géopolitiques : 1 pg par kg de poids corporel et par jour (1 pg/kg/j) selon les toubibs français ; 160 fois moins selon leurs confrères américains (0,006 pg/kg/j).

En additionnant les valeurs contenues dans la viande et les produits laitiers, le CNIID estime donc à 102 pg la consommation quotidienne de dioxines d'un adulte, et à 85 pg celle d'un enfant. Soit respectivement 1,5 et 3 fois plus que la norme !

Et encore, on ne parle pas des nourrissons. Car – beau cadeau de l'ère industrielle, n'est-ce pas? – le téton maternel est plus pollué que le lait conditionné d'un trust de l'agro-alimentaire. En effet, la vache produisant beaucoup de lait, ses dioxines sont plus diluées. Mais la femme, qui accumule des dioxines pendant 20 ou 30 ans, les recrache d'un coup en allaitant. D'où une méga-concentration. En 1991, des mesures avaient révélé une concentration de 20 pg/g dans le lait maternel. Quatre fois la norme admissible!

Certains pourraient soupirer que s'empoisonner à petit feu est la rançon du progrès. Triste fatalisme, qui n'a que le mérite d'enrichir encore plus les industriels. Car les solutions existent. En Irlande, pays sans incinérateurs, le lait contient six fois moins de dioxine qu'en France. Facile: chez nous, 90 % des incinérateurs ne respectent pas la future norme européenne sur les émissions de dioxine. Et une quinzaine la dépassent de plus de 100 fois! Pour être soulagé de la plupart des dioxines, il suffirait pourtant de rénover les installations, d'installer des filtres ou de trier les déchets... Voilà pourquoi, lorsque Vivendi prétend, à grands coups de pub, nous faciliter la vie tout en exploitant des incinérateurs ultra-polluants, cette attitude ne mérite qu'un nom: l'assassinat de masse.

A. F.

1. Centre national d'information indépendante sur les déchets.
2. 1 picogramme (pg) = 10^{-12} g.
3. Voir *Charlie* n° 309, « L'incinérateur qui fait peur ».

SNIFFE, C'EST DE L'AMIANTE

L'amiante aura tué en 1995 au minimum 1950 personnes selon l'Inserm, entre 2000 et 3000 selon d'autres sources. Ses méfaits continueront bien au-delà de son interdiction totale, le 1er janvier 1997. Mais quel est ce « minéral magique », comme l'appelaient les Américains d'avant la guerre?

Le terme d'amiante regroupe une variété de substances minérales, des silicates tels que les amphiboles, le chrysotile. Une opération mécanique appropriée les transforme en fibres minérales exploitables industriellement. Ces fibres ont des propriétés physiques et chimiques remarquables. Elles ne brûlent pas. Elles résistent à la chaleur, au froid, à l'humidité, aux agents atmosphériques, aux bactéries, aux moisissures, à la traction, à la plupart des agents chimiques, notamment aux bases fortes. Elles constituent un excellent isolant thermique et phonique. Au milieu du XIXe siècle, l'ère industrielle triomphante s'enthousiasme pour ce « *magic mineral* » aux bienfaits multiples. Les fibres d'amiante sont utilisées dans presque tous les secteurs de l'activité industrielle. Plus de la moitié du tonnage mondial d'amiante extraite se retrouve sous forme d'amiante-ciment (90 % de ciment, 10 % de fibres). Quant aux fameux « flocages », il s'agit d'enchevêtrements de fibres d'amiante agglomérées par un liant (ciment, plâtre). Ce mélange est projeté et collé contre une structure dont il épouse la forme, lui conférant résistance au feu, isolation thermique et phonique. Lorsque le liant s'altère, des poussières riches en fibres sont larguées dans l'air… si bien que les niveaux d'exposition à l'amiante se mesurent en fibres par litre d'air. Ces fibres ont un diamètre compris entre 0,02 et 2,5 microns[1] et une longueur pouvant aller jusqu'à 5 microns et plus, selon les variétés minérales. On a

démontré *in vitro* qu'elles pouvaient être incorporées par les cellules, provoquer leur transformation cancéreuse et entraîner, à court terme, par action mécanique, des anomalies chromosomiques. L'amiante est reconnu comme cancérogène complet depuis 1955.

Le lien entre l'amiante et le cancer du poumon est connu depuis 1935, prouvé depuis 1950 ; celui avec le cancer de la plèvre ou du péritoine (mésothéliome) depuis 1960. Les périodes de latence de la maladie sont respectivement de 10 à 20 ans et de 30 à 40 ans. Quant aux maladies non cancéreuses, l'amiante est clairement identifié comme cause de fibrose pulmonaire (ou abestose) dès 1906. Les fibres se fixent durablement dans les bronchioles et dans les parois alvéolaires, entraînant leur épaississement. Le poumon se sclérose, si bien que, à terme, les difficultés respiratoires entraînent la mort. Cette maladie correspond à des niveaux d'exposition très élevés. Les méfaits de l'amiante tant sur la santé des travailleurs que sur celle du public sont bien connus au moins depuis les années soixante. Cela n'a pas empêché la France de plonger dans l'amiante tous azimuts entre 1950 et 1980, tandis que l'amiante était déjà proscrit (ou presque) dans de nombreux pays voisins. Une fois de plus, la santé publique a été sacrifiée aux intérêts de quelques-uns, appelés aussi « intérêts économiques » (voir le livre de Roger Lenglet, *L'Affaire de l'amiante*, La Découverte, 1996).

En matière de mortalité, le rapport de l'Inserm prévient qu'il donne les estimations les plus basses. Le nombre global de décès attribuables à l'amiante cette année-là en France est de 1 950 (750 par mésothéliome et 1 200 par cancer du poumon). Mais le nombre de décès par mésothéliome est sous-estimé. Voyons les risques : votre bureau est floqué ? Une exposition passive à 0,02 F/ml[2] durant 45 ans provoque 6 décès pour 10 000 personnes (souvenez-vous du lycée de Gérardmer). Entre 1960 et 1980, on a construit et floqué en amiante des crèches jusqu'aux universités… une exposition passive scolaire de 5 à 20 ans à 0,02 F/ml provoque 3 décès pour 10 000 personnes. Dans la cohorte des 614 439 candidats au bac de cette année, ça nous fait au maximum 184 victimes. Personne n'est à l'abri.

G. L.

1. Un micron = un millionième de mètre (1 μm = 10^{-6} m).
2. f/ml = fibres par millilitre.

EDF, LE CANCER TOUT ÉLECTRIQUE

Ellen Imbernon est médecin du travail à EDF. En 1996, elle cosigne une publication scientifique qui analyse le taux de cancers et de leucémies chez les employés de la compagnie[1]. On y apprend que l'exposition à un champ électrique triple le risque de cancers du cerveau et du côlon. Marcel Goldberg, directeur de recherche à l'Inserm, propose d'approfondir l'étude en incluant les travailleurs à la retraite. À EDF, c'est la panique. On imagine déjà les guichets assaillis par des cohortes de retraités cancéreux. Alors on agit: Ellen Imbernon est virée pour « insubordination caractérisée » et Marcel Goldberg démis de la responsabilité des recherches épidémiologiques.

Comme ils ne se sentaient pas l'âme d'un Giordano Bruno (vous savez, celui qui a été brûlé pour avoir remis en cause la cosmogonie de l'Église), les scientifiques sont rentrés dans le rang. Ceux de l'Inserm ont changé de sujet de recherche. Et Ellen Imbernon, qui retrouve timidement son bureau après un an de procédure, ne veut plus faire de vagues. La voie est libre pour marteler la lénifiante version officielle: aucun effet nocif des champs électromagnétiques n'a jamais réellement été démontré.

Il est vrai que, dans ce marais polémique, les consensus scientifiques ont du mal à émerger. Un jour des chercheurs montrent une augmentation de leucémies sous les lignes à haute tension; le lendemain, une autre équipe dément le résultat. Quand on découvre que des rats soumis à un champ magnétique produisent moins de mélatonine, une hormone qui inhibe les tumeurs cancéreuses, c'est pour s'empresser d'affirmer que ce n'est pas vrai chez l'homme... Laboratoires à la solde des compagnies électriques contre militants écolos, le citoyen compte les points. Seule certitude, à la longue: si le risque était vraiment nul, le match serait fini depuis longtemps.

Pour obliger EDF à s'intéresser à la santé des abonnés, il ne reste que la bagarre. À Coutiches, dans le Nord, les habitants jouaient au

cerf-volant pour empêcher l'hélicoptère d'installer une ligne à haute tension. EDF a donc fini par accepter l'idée d'un suivi médical. Modique concession, qui a tout de même révélé, selon Jean-Marie Provincial, président du comité de riverains, que « 45 % des gens qui vivent sous les lignes ont des problèmes de fer. Il est réparti n'importe où dans l'organisme au lieu d'être localisé dans la rate, le foie et la moelle osseuse ».

Autre village rebelle, Mondelange, près de Strasbourg. À la suite d'un projet de ligne à haute tension, le maire, Paul Jaman, réclame une expertise médicale: « EDF a fait annuler mon ordonnance. Deux mois plus tard, elle embauchait l'expert soi-disant neutre nommé par le tribunal. »

Ce n'est pas avec ces combines de technocrates triomphants que l'on nous convaincra de l'innocuité des champs électriques. Trop d'indices suggèrent que leur danger ne relève pas d'une parano d'écolos shootés aux yaourts macrobiotiques. Le principe de précaution devrait interdire d'habiter sous une ligne à haute tension, comme le demandent les Verts au Parlement européen. Cette législation est d'ailleurs appliquée au Luxembourg, et discutée en Italie. Et surtout, il faudrait lancer de véritables études épidémiologiques à long terme. Mais on préfère étouffer les recherches ou les laisser aux mains du lobby de l'électricité. Pour EDF, les gens peuvent crever, du moment qu'ils paient leur facture.

A. F.

---

1. American Journal of Epidemiology, vol. 144, n° 12, 1996.

CENTRALES NUCLÉAIRES : LES JOIES DU DÉMANTÈLEMENT

Exit le nucléaire triomphant, bienvenue dans l'ère du nucléaire vieillissant ! EDF n'en finit pas de marteler ses spots lénifiants qu'il faut déjà penser à démanteler les centrales. C'est qu'elles ne vivent pas plus de quarante ans, les délicates. Bientôt, il faudra les dévisser, boulon par boulon, et trier et répertorier jusqu'à la moindre rondelle. Ça sera cher, long et dangereux.

Logique donc pour EDF, de jouer la montre. La tactique adoptée consiste à démonter le plus gros de la centrale en quatre ou cinq ans. Puis à attendre cinquante ans. Le temps que la radioactivité soit 1 000 fois plus faible. Un demi-siècle de miradors et de télésurveillance antitagueurs… Avant de s'attaquer au démontage du réacteur.

Stratégie pour le moins critiquable. D'abord, EDF considère la radioactivité d'un seul élément, le cobalt 60. Mais, comme l'affirme un rapport du député Claude Birraux, « après une cinquantaine d'années, le cobalt n'est plus l'élément dominant de la radioactivité globale ». En tenant compte de tous les produits radioactifs. « Le gain radiologique que l'on peut attendre d'une période de décroissance de trente ans environ est plu-

tôt égal à un facteur 4 ». À ce rythme, ce n'est plus cinquante ans, mais cinq mille ans qu'il faudrait attendre avant de démanteler !

Pour les Verts et les Amis de la Terre, autant en finir au plus vite. En démantelant tout de suite, on limite les risques : fissures du béton, attentats terroristes… Et on garde la mémoire de la centrale : en cas de pépin, on peut toujours quérir les techniciens qui l'ont construite. Enfin, on peut savoir immédiatement combien coûte l'opération.

Car les prévisions financières d'EDF sont plutôt douteuses. Plein de sollicitude pour les générations futures, l'établissement public ne veut pas leur laisser la facture du démantèlement (délicate attention, en regard de la désinvolture avec laquelle on leur confie les déchets). Aussi, un tiers de l'argent payé par le consommateur pour son électricité va à la provision pour le démantèlement des centrales nucléaires. Pas de quoi, *a priori*, en faire un plat.

Le problème, c'est qu'en un demi-siècle des tas de bricoles peuvent chambouler ce budget. Par exemple, une grève des intérimaires du nucléaire, obligeant à de subséquentes augmentations de salaire ! Ou une privatisation d'EDF… En effet, la provision n'est pas une tirelire, un compte ou des actions qu'il suffirait de pomper le moment venu. Mais une simple ligne sur un budget. Du fric virtuel. Qui peut disparaître d'un coup de crayon si les futurs patrons le décident.

Autre raison de douter de l'efficacité de la provision : EDF utilise dans ses calculs un taux d'actualisation de 8 % (c'est en quelque sorte l'inverse de l'intérêt). Alors que les autres pays européens adoptent 5 %. Et justement, avec 8 %, le coût estimé est trois fois plus faible qu'avec 5 % !

Même les experts de l'Agence pour l'énergie nucléaire reconnaissent qu'il est « improbable que les évaluations utilisées pour constituer le fonds soient exactes ». Avec tout ça, on peut douter que la tactique d'EDF – avancer des chiffres rassurants, et demander d'attendre cinquante ans pour les vérifier – parvienne à masquer les surprises que nous réserve le démantèlement du parc nucléaire.

A. F.

DES MENSONGES QUI TUENT

Mai 1986: les nuées radioactives issues de la catastrophe de Tchernobyl survolent la France. Les pluies contaminent ponctuellement mais gravement le sol en « taches » éparses. Les ministres de l'époque et le SCPRI[1] nient et mentent. Si tout le monde rigole encore d'un nuage qui se serait arrêté aux frontières, sait-on ce que ce mensonge a coûté en vies humaines gâchées? Le livre très bien documenté de Jean-Michel Jacquemin, *Ce fameux nuage... Tchernobyl* (Sang de la Terre, 1998), décortique les chiffres et met le nez du SCPRI et ceux des gouvernements successifs dans leur vilain caca radioactif. En mai 1986, 80 % de la contamination des Français s'est faite par consommation de denrées contaminées, notamment par l'iode 131. L'iode est naturellement concentrée et durablement stockée dans la glande thyroïde, qui ne fait pas la différence entre l'iode 127 « normale » et l'iode 131 radioactive. En l'espace d'un mois, 94 % des atomes d'une quantité donnée d'iode 131 se sont désintégrés en bombardant la thyroïde de leurs particules destructrices. La précaution la plus simple est de proscrire pour un mois la consommation de produits frais potentiellement contaminés.

Le livre de Jacquemin montre que bien avant la fin mai 1986 tous savaient: le SCPRI détenait les résultats alarmants de contrôles effectués sur divers produits alimentaires. Mais le SCPRI a tout bonnement laissé consommer ces denrées. Ainsi, pendant que Pierre Pellerin (directeur du SCPRI à l'époque) bafouillait sur les plateaux télévisés, un enfant corse de dix ans ingérait, en buvant son litre de lait quotidien, l'équivalent de six fois la dose admise par la loi pour un an. Pellerin protégea l'image de marque du nucléaire, et le gouvernement le tourisme et la production agricole. Ils sont donc les vrais responsables de l'augmentation des cancers et dysfonctionnements de la thyroïde enregistrée depuis. Le seul registre des cancers de la thyroïde qui soit exhaustif est celui de Champagne-Ardennes, qui existe depuis trente ans. Il enregistre dans la période 1986-1996 une hausse de 30 % des cancers de la thyroïde chez les femmes, de 100 % chez les hommes et de 300 % chez les jeunes de douze à dix-neuf ans. Que disaient donc alors les registres (prétendument perdus!) des zones les plus touchées, ceux des régions PACA-Corse et Alsace?

Jacquemin établit un parallèle avec l'affaire du sang contaminé. On reproche à Laurent Fabius, Georgina Dufoix et Edmond Hervé d'« avoir contribué à créer des conditions qui ont rendu possibles » un certain nombre de contaminations par le virus du sida. Michèle Barzach, Alain Madelin, Alain Carignon et Pierre Pellerin, entre autres, n'ont-ils pas

« contribué à créer des conditions qui ont rendu possible » la contamination de milliers d'enfants à l'iode 131 ? On comprend pourquoi le dossier reste tabou. Face aux demandes réitérées par divers acteurs, il n'existe aucune volonté politique de réaliser une véritable enquête épidémiologique, ni de se doter d'outils qui permettraient de vérifier l'impact de nos installations nucléaires sur la santé publique. C'est aussi ce qui ressort de la lecture du livre de Michèle Rivasi[2] et Hélène Crié, *Ce nucléaire qu'on nous cache* (Albin Michel, 1998). Ce livre alerte épluche plusieurs affaires de ce type, et montre l'incompétence et la flagrante malhonnêteté du SCPRI. Un livre à lire qui révèle à quel point nous sommes mal informés, à quel point les administrations chargées de nous protéger sont liées au club nucléocrate et se foutent de la santé publique. Le nucléaire est un pustule sur la face de la démocratie française. Pour cette raison, le site Internet « InfoNucléaire[3] » s'efforce de « forcer le débat » en diffusant des documents officiels qui sortent rarement des milieux avertis.

G. L.

1. Service central de protection contre les rayonnements ionisants (devenu l'OPRI en 1994).
2. Fondatrice de la CRII-Rad.
3. www.dissident-media.org/infonucleaire/

NOUVELLE-ZEMBLE, DESTINATION TOURISTIQUE

Une légende veut que les éléphants aillent mourir au cimetière des éléphants. Le *Koursk*, en toute logique, est allé mourir en mer de Barents. Il aurait aussi bien pu mourir en mer de Kara, toute proche. Car l'océan Arctique russe est une des plus grosses décharges nucléaires au monde. On y coule des déchets mal conditionnés, des réacteurs nucléaires « retirés » des sous-marins nucléaires et du brise-glace *Lénine*, et des sous-marins nucléaires réformés. L'un d'entre eux, en mer de Kara, repose par seulement 40 mètres de fond[1]. En cette zone interdite à la navigation internationale, on sait de source russe que le niveau d'activité globale des produits immergés était de l'ordre de 3 milliards de gigabecquerels au milieu des années quatre-vingt-dix. Et d'autres réacteurs nucléaires réformés issus de sous-marins attendent à Mourmansk qu'on se décide où les stocker. Bon, la Russie était signataire de la convention de Londres interdisant l'immersion en mer de déchets nucléaires, mais c'était pour rigoler. On sait – toujours de source russe – que ce sont 500 000 m^3 de containers contenant des déchets de type A qui sont immergés chaque année en mer de Barents. Les familles des disparus feraient mieux de rester pleurer chez elles.

Mais parlons un peu de cette île baignée par ces flots charmants, la Nouvelle-Zemble, bordée à l'ouest par la mer de Barents et à l'est par la mer de Kara (sortez votre atlas). Vous pouvez vous y balader à poil, vous serez peinards. Personne sur la côte. Et puis, comme nous sommes au-delà du cercle polaire, l'été, vous pouvez bronzer doucement, même à trois heures du matin. N'ayez pas peur des UV, vous avez de toute façon déjà chopé un cancer. En effet, la Nouvelle-Zemble a été vidée de ses habitants et promue centre secret d'essais atomiques dès 1955. Des essais atomiques atmosphériques vont se succéder à un rythme effréné entre 1955 et 1962 : 36 essais rien qu'en 1962 ! Puis des essais souterrains de 1964 à 1990, à seulement 500 mètres de profondeur. Des émanations de gaz radioactifs s'échappaient du sol durant l'explosion ! Avec 132 essais d'une puissance globale de 273 mégatonnes, la Nouvelle-Zemble concentre 94 % de tous les essais d'armes nucléaires soviétiques en tonnage. Elle gagne au passage un look *destroy* : paysage désolé avec ruines de maisons soufflées. Créateurs de jeux vidéo glauques, vous avez là un théâtre d'opérations plus sinistre encore que les plus gores de vos scénars : une nuit d'hiver de cinq mois par - 30 °C dans des ruines radioactives. Méga-fun, non ?

En fait, c'est toute la Carélie et la Sibérie du Nord qui sont contaminées au strontium 90 et au césium 137. Au-delà du 60e parallèle, le chemin habituel lichen-renne-homme fait que la dose moyenne d'incorporation du césium 137 est dix fois plus élevée que la norme. La boum de Nouvelle-Zemble n'est pas la seule cause: on a utilisé des explosions atomiques dans les travaux publics entre 1969 et 1988 (ne riez pas), grâce à l'industrie nucléaire, nombre de rivières sibériennes crépitent, sans oublier les mines d'uranium... Le Grand Nord sibérien industriel est peuplé et importe des travailleurs en provenance du Sud. Pour eux, la mortalité par cancer a augmenté de vingt fois entre 1978 et 1991. Les 118 gugusses du *Koursk* ne sont qu'une goutte d'eau à côté des centaines de milliers de vies gâchées ou perdues, passées, présentes ou à venir, surtout à venir, à cause de l'inconséquence nucléaire.

G. L.

1. Sources: Infonucléaire.

LES PETITS POUCETS DU NUCLÉAIRE

Après des années de patientes économies, vous achetez à crédit un pavillon en proche banlieue, style début de siècle. Votre DRIRE[1], l'OPRI[2] ou votre mairie vous signale alors que l'ANDRA[3] a effectué une enquête historique préliminaire indiquant que vous habitez dans une maison hantée. Pas par les fantômes, mais par le radon 222, gaz radioactif émanant de la désintégration du radium 226[4]. Vous apprenez qu'une activité liée au radium a été menée dans votre habitation dans la première moitié du xxe siècle et qu'une « levée de doute » est nécessaire. Elle consiste à mesurer les excès de radon qui émane du sol, en des lieux confinés tels que les caves et les sous-sols. Ce scénario est également possible pour une maison plus récente construite sur le terrain de l'un des premiers sites industriels d'extraction et de concentration du radium. C'était le cas de la fameuse école maternelle et primaire de Nogent-sur-Marne construite en 1969, dans laquelle les gamins ont nagé dans les vapeurs de radon jusqu'en 1998. C'est le cas aussi à Clichy et à L'Île-Saint-Denis, également à Gif-sur-Yvette en un lieu-dit qui avoue tout: « Chemin du Radium ». Il est actuellement occupé par un lotissement, après plusieurs opérations d'assainissement entre 1969 et 1984. Scénario également possible si vous êtes sur le site d'un ancien atelier de raffinage et/ou de conditionnement. Votre terrain peut en avoir gardé une mémoire tenace sous forme de « taches » radioactives.

Tel celui du petit Poucet, le trajet des époux Curie d'un labo à l'autre, du labo à l'usine, est émaillé de sites radioactifs qui restent parfois à assainir: quai de Javel, rue Lhomond, l'usine d'Armet de Lisle, à Nogent-sur-Marne, où l'on passe à l'extraction industrielle du radium dès 1904, L'Île-Saint-Denis, Fort d'Aubervilliers... L'Institut du radium construisit au début des années trente un labo à Arcueil pour Marie Curie, qui n'en profitera pas (elle mourut d'une leucémie en 1934). Ces locaux de l'Université Paris-VI détiennent le record des gros dégueulasses: désertés en 1978, ils sont presque totalement contaminés et déclarés zone interdite, où les arbres environnants, la terre et les réseaux enterrés sont devenus de véritables déchets radioactifs!

Pendant les Années folles, on attribua au radium tout un tas de propriétés miraculeuses. Pommades, aiguilles, tubes, gaines, applicateurs, paratonnerres et même appâts pour la pêche au radium sont produits par de petites usines, sans compter celles de l'horlogerie, qui utilisent les peintures radioluminescentes. Il faut croire que les patrons de ces usines se sniffaient du radium 226 le soir après le boulot: même leurs maisons par-

ticulières restent contaminées ! À Nogent-sur-Marne, il a fallu couler une dalle en béton en 1995 dans la cave de l'ancienne maison (construite en 1894) du directeur de l'usine d'Armet de Lisle. À Colombes, c'est jusqu'aux réseaux enterrés que la baraque reste contaminée au radium 226 pour n'avoir été que le siège social de la société LUMINA dans les années cinquante et soixante. Après de multiples enquêtes destinées à réactiver la mémoire industrielle, l'ANDRA a ainsi répertorié plus de quatre-vingts adresses dans cinq régions en France, dont la plupart sont en région parisienne. Il y a encore du boulot pour sortir du XXe siècle !

G. L.

---

1. Direction régionale de l'industrie, de la recherche et de l'environnement.
2. Office de protection contre les rayonnements ionisants.
3. Agence nationale pour la gestion des déchets radioactifs.
4. Le radium 226 va vous balancer une particule alpha pour devenir le radon 222 gazeux, qui à son tour va vous en balancer une autre pour donner le polonium 218… La moitié d'une quantité initiale de radium 226 met 1600 ans à se désintégrer en radon, ce qui vous met dans la merde pour longtemps. En revanche, pour le radon 222, c'est 3,8 jours, ce qui vous laisse des chances d'inhaler un max de particules alpha.

OVERDOSE DE FAIBLES DOSES

L'industrie nucléaire française génère chaque année quelque 200 tonnes de déchets faiblement radioactifs. Ces déchets sont plus volumineux et moins dangereux que les autres. On va donc tenter de les banaliser. Les propagandistes du nucléaire ont développé un argumentaire pas très rigoureux aux allures de bon sens : les contaminations sont faibles, donc inoffensives ; et elles sont inoffensives parce qu'elles sont en dessous de la radioactivité naturelle. De plus, l'homme est naturellement radioactif, donc toute radioactivité à laquelle il serait exposé serait inoffensive dès lors que sa quantité par unité de masse est inférieure à ce qu'on trouve chez l'homme. Cette sauce est destinée à accréditer l'idée selon laquelle on pourrait sans problème rejeter dans l'environnement des déchets faiblement radioactifs, c'est-à-dire dont la radioactivité par unité de masse est inférieure à celle trouvée dans la nature.

Ainsi, le député PS Jean-Yves Le Déaut se demandait en avril 1992 dans un rapport sur la gestion des déchets faiblement radioactifs : « Serait-il raisonnable de s'imposer des limites plus contraignantes que celles que la nature nous a déjà fixées ? » Vaste connerie destinée à justifier le projet de loi remis à l'époque par la commission Desgraupes visant à promulguer des seuils d'exemption pour des déchets radioactifs dont la contamination aurait été inférieure à 20 becquerels par gramme (et 2 bq/g pour les plus radiotoxiques). En dessous du seuil d'exemption, les exploitants et producteurs de déchets légèrement contaminés allaient pouvoir évacuer leurs résidus vers des décharges ordinaires, moins chères. Les ferrailles radioactives allaient être recyclées dans les aciéries, et les gravats de démolition d'installations nucléaires dans les remblais d'autoroutes. Vous auriez pu retrouver ces métaux faiblement radioactifs recyclés dans vos casseroles si une campagne initiée par la CRII-Rad n'avait poussé Le Déaut à s'abstenir de proposer sa loi.

Délit d'amnésie : on oublie tout simplement d'additionner. La radioactivité, même si ça décroît, ça s'additionne ! Ce n'est pas parce que l'environnement est radioactif qu'il faut en toute bonne conscience le rendre davantage radioactif ! Ainsi, la Creuse, département français le plus radioactif en raison de sa géologie, devrait-elle accueillir plus de déchets que les autres ? De plus, et surtout, on ne connaît pas de faibles doses inoffensives ! On ne connaît pas de seuil en deçà duquel il existerait pour la population un risque zéro. Les effets d'une exposition sont retardés sur dix à vingt ans, dépendent de l'histoire et des vulnérabilités de chacun, si bien que les effectifs qu'il faut manipuler pour trouver des réponses fiables sont énor-

mes. En fait, il faut développer des études épidémiologiques à la hauteur des difficultés, ce qu'on ne fait pas.

L'établissement de seuils est un compromis entre une politique énergétique, des contraintes économiques et un prix à payer en termes de santé publique: combien de cancers suis-je prêt à tolérer pour tout le reste? À terme, combien de morts? Le seuil n'exprime pas une limite objective en deçà de laquelle on pourrait se sentir totalement protégé. Le seuil n'exprime qu'un rapport de force entre l'intérêt d'une caste technocratique verrouillée, ceux des industriels, les scientifiques indépendants, l'opinion publique, le tout à l'échelle maintenant européenne.

G. L.

DES POUBELLES NUCLÉAIRES DÉJÀ PLEINES POUR L'AVENIR

Les sociétés industrielles génèrent une grande diversité de déchets radioactifs. La nocivité potentielle des radioéléments est très variable d'un élément à l'autre. Elle dépend de quatre facteurs : 1. le type de particules émises lors de la désintégration de l'atome radioactif ; 2. l'énergie véhiculée par cette particule ; 3. la période caractéristique du radioélément, c'est-à-dire le temps nécessaire pour que la moitié des atomes initialement présents se soient désintégrés ; 4. le circuit que suit cet élément dans le corps humain si celui-ci est contaminé, et qui dépend de sa nature chimique.

Ainsi, l'un des radioéléments les plus utilisés dans les laboratoires de biologie, le phosphore 33, est très facile à gérer en tant que déchet. La particule émise lors de sa désintégration en soufre 33 (stable) est petite (de la masse d'un électron) et d'énergie faible. Les risques liés à l'irradiation sont quasi nuls. Le stockage de déchets souillés au phosphore 33 s'effectue dans une simple bouteille de verre, dont la paroi arrête cette particule. Quant à la période, elle est de 25 jours, si bien qu'un stockage d'une dizaine de mois dans un placard suffit à faire diminuer d'un facteur de plus de 1 000 l'activité initiale. Comme les concentrations utilisées sont souvent faibles, les déchets souillés peuvent alors partir à la poubelle : la radioactivité a disparu d'elle-même.

Mais les problèmes sont d'une tout autre dimension pour les déchets radioactifs artificiels dérivés de l'industrie nucléaire et accumulés depuis 1942. Il s'agit le plus souvent d'éléments qui nous balancent continuellement de véritables « boulets de canon » pour plusieurs siècles. Quel que soit le pays, les politiques économiques ont traduit un choix de société de consommation énergétique débridée et de surarmement nucléaire, choix qui implique une scandaleuse hypothèque sur l'avenir. En effet, nous laissons aux générations futures, pour des centaines de milliers d'années, la gestion de déchets d'une dangerosité inouïe. Cette gestion – et celle de nos vieilles centrales – est d'une telle sophistication technologique qu'elle dépend étroitement de la formation et de l'entretien d'une élite technocratique, laquelle ne peut être maintenue sans une certaine stabilité politique. Les récents dérapages dans l'ex-URSS font figure d'apéritif avant le banquet. Quelle naïveté, quel aveuglement, ou quelle hypocrisie, que de croire que nous serons capables de gérer ces déchets sur plusieurs centaines de milliers d'années !

Pour la France, l'ANDRA[1] prévoit que les volumes de déchets B (moyenne activité, faible dégagement de chaleur, période supérieure à trente ans) et C (haute activité, fort pouvoir calorifique, longue période, par exemple plusieurs millénaires) à stocker en 2020 seront respectivement de l'ordre de 110 000 m^3 et de 6 400 m^3.

Pour le moment, les déchets de ce type sont stockés dans l'attente des résultats des trois voies de recherches définies par la loi Bataille de 1991 : la première voie concerne les recherches sur le recyclage ; la deuxième voie, l'étude des possibilités de stockage souterrain dans des couches géologiques stables et imperméables ; la troisième voie, l'étude des procédés de conditionnement et d'entreposage de longue durée en surface.

G. L.

1. Agence nationale pour la gestion des déchets radioactifs.

DES POUBELLES NUCLÉAIRES DÉJÀ PLEINES POUR L'AVENIR (SUITE ET FIN)

La France a opté pour le « tout-nucléaire » sans s'être sérieusement posé la question du devenir des déchets. L'industrie électronucléaire produit 75 à 80 % de notre électricité mais aussi plus des trois quarts des déchets. EDF essaie de faire croire que son électricité est « propre ». En fait, le devenir des déchets nucléaires n'a toujours pas de solution !

La France produit environ 1 kg de déchets nucléaires par habitant et par an. Les déchets de types B et C, de forte radioactivité et vie longue, ne représentent que 10 % du volume total mais plus de 95 % de la radioactivité globale. Il s'agit des « cendres » et « produits de fission » issus de la « combustion » de l'uranium au cœur des réacteurs. Plusieurs propositions cocasses ont été jugées trop dangereuses, comme l'évacuation des déchets dans l'espace ou vers le Soleil, le stockage sous la banquise polaire, la dissolution dans les océans, ou encore l'enfouissement dans les sédiments marins. La convention de Londres de 1982 interdit l'immersion de déchets. Trois voies de recherche ont été retenues par la loi Bataille de 1991.

La première voie concerne les recherches sur la séparation et la transmutation des déchets en vue, d'une part, de leur recyclage en tant que combustible et, d'autre part, de la réduction de leur durée de vie. La France retraite déjà une partie de son combustible irradié. La transmutation consiste à détruire les noyaux radioactifs à vie longue en les bombardant de neutrons, afin d'obtenir des noyaux à vie plus courte. Comme une réaction de transmutation est spécifique à un élément particulier, il faut commencer par trier les déchets. Mais, malgré des progrès dans la séparation chimique, on ne sait pas encore séparer entre eux certains radionucléides déterminants.

Quant à la transmutation, il faudrait un réacteur à neutrons rapides : le seul qui existe, Superphénix, a fermé. Le rendement n'étant jamais de 100 %, il resterait de toute manière des déchets appelant une autre solution. Mais le plus gros problème reste en aval. La transmutation fournit du plutonium, considéré comme combustible recyclable. Or, il n'est en réalité que très partiellement recyclé, car rentabilité économique, efficacité et rendement techniques ne sont pas au rendez-vous. La doctrine du « tout-recyclage » n'est qu'intoxication médiatique. EDF qui, rappelons-le, est un

marchand d'électricité, préfère acheter de l'uranium en provenance directe des mines (donc toujours plus de radioactivité), moins coûteux qu'un combustible de recyclage.

La deuxième voie est l'étude des possibilités de stockage souterrain dans des couches géologiques épaisses, stables et imperméables. En mai 1997, l'ANDRA[1] a reçu le feu vert du gouvernement pour la création de trois laboratoires souterrains destinés non pas à stocker des déchets, mais à étudier à partir de 2001 les conditions d'un stockage profond des déchets B et C. En fonction des résultats, le Parlement devra, en 2006, décider de la création d'un centre de stockage profond sur l'un des sites de recherche, stockage qui n'interviendrait pas avant 2015. La CEDRA[2] estime que les générations futures ont droit à une Terre non contaminée et qu'il appartient aux responsables actuels de fournir le maximum de moyens pour le développement de solutions contemporaines, par exemple de rendre le recyclage viable techniquement et économiquement. Quant à la troisième voie, l'étude des procédés de conditionnement et d'entreposage de longue durée en surface, elle suit son cours et sera toujours utile car le stockage profond n'est de toute façon pas pour tout de suite.

G. L.

1. Agence nationale pour la gestion des déchets radioactifs.
2. Coordination nationale contre l'enfouissement des déchets radioactifs.

Source des textes

Les dessins originaux ont tous été repris, certains ayant été refaits. Les autres dessins (plus d'un sur deux) sont inédits.

EXTRAIT DU CATALOGUE VUIBERT

WWW.VUIBERT.FR

HISTOIRE DES SCIENCES

Sous la direction d'Évelyne Barbin et d'Anne Boyé,
François Viète. Un mathématicien sous la Renaissance, 288 pages

Bruno Belhoste, Hélène Gispert et Nicole Hulin (coordinateurs),
Les sciences au lycée, 336 pages

Sous la direction de René Bimbot,
Les 100 plus belles découvertes d'Orsay (1955-2005), 160 pages

Sous la direction de Jean-Claude Dupont,
Histoires de la mémoire. Pathologie, psychologie & biologie,
préface de Michel Meulders, 336 pages

Coordonné par Sébastien Hauger,
Nature, société, technologie. Le décryptage du réel par les nouveaux chercheurs,
préface de Jean-Marc Monteil, 208 pages

Nicole Hulin,
L'enseignement et les sciences. L'exemple français au début du siècle,
préface de Dominique Julia, 272 pages

Véronique Le Ru,
Voltaire newtonien. Le combat d'un philosophe pour la science,
coédition ADAPT/SNES, 128 pages

Philippe Morod-Broca,
Paul Broca, un géant du XIXe siècle, préface de Jean-Didier Vincent, 320 pages

Catherine Paquot,
Henri Sainte Claire-Deville. La chimie au service de l'industrie,
préface d'Alain Plessis, postface d'Ivan Grinberg, 240 pages

MATHÉMATIQUES

J. Arndt et C. Haenel,
Le nombre Pi,
traduit et adapté de l'anglais par Henri Lemberg & François Guénard,
coédition Springer

Jean Baudet,
Nouvel abrégé d'histoire des mathématiques,
postface de Jean Dhombres, 336 pages

Jean-Pierre Boudine,
– *La géométrie de la chambre à air.*
39 mystères mathématiques de Science & Vie Junior,
illustré par Yves Guézou, 192 pages
– *Homo mathematicus. Les mathématiques et nous*,
préface de Michel Demazure, 208 pages

Claude Bouzitat et Gil Pagès,
En passant par hasard... Les probabilités de tous les jours,
illustré de 35 gags par Yves Guézou, 288 pages

René Descombes,
– *Les carrés magiques. Histoire, théorie et technique du carré magique, de l'Antiquité aux recherches actuelles,* 496 pages
– *La magie du carré,* 608 pages

Ahmed Djebbar,
L'algèbre arabe. Genèse d'un art,
préface de Bernard Maitte, coédition ADAPT/SNES, 224 pages

Albert Ducrocq et André Warusfel,
Mathématiques : plaisir et nécessité, 384 pages

Pierre Dugac,
Histoire de l'analyse. Autour de la notion de limite et de ses voisinages,
préface de Jean-Pierre Kahane, texte édité par Bernard Bru et Roger Laurent, 432 pages

H.-D. Ebbinghaus, H. Hermes, F. Hirzebruch, M. Koecher, K. Mainzer, J. Neukirch, A. Prestel et R. Remmert,
Les nombres,
traduit de l'allemand par François Guénard, 464 pages

Olivier Keller,
Aux origines de la géométrie : le paléolithique,
préface de Denis Vialou, 240 pages

Henri Lebesgue,
Les lendemains de l'intégrale. Lettres à Émile Borel,
préface de Gustave Choquet, 240 pages

François Lo Jacomo,
Visualiser la quatrième dimension,
préface de Henri Delekta, illustré par Daniel Muller, 128 pages

Claudine Robert,
Contes et décomptes de la statistique. Une initiation par l'exemple,
illustré par Yves Guézou, 208 pages

Société mathématique de France,
Où en sont les mathématiques ?
sous la direction de Jean-Michel Kantor, avec le concours de Claude Sabbah, 448 pages

JEUX MATHÉMATIQUES

Henri Berna,
– *Cryptarismes, graphes et autres énigmes mathématiques,* 144 pages
– *Palindromes, monotypes et autres bizarreries numériques,* 144 pages
– *Jeux numériques et magiques dans la troisième dimension,* 176 pages

Henri Berna, Alexandre Desmarest,
Graphes magiques, mosaïques et autres fantaisies numériques, 128 pages

Alexandre Desmarest,
Grilles logiques. Énigmes logiques sans les maths, 2e édition, 128 pages

Émile Fourrey,
– *Récréations arithmétiques,*
édition originale augmentée d'une étude de Jean-Louis Nicolas, 288 pages
– *Curiosités géométriques,*
édition originale augmentée d'une étude d'Évelyne Barbin, 448 pages

André Sainte-Laguë,
Avec des nombres et des lignes,
édition originale augmentée d'une étude de Claude Berge et d'André Deledicq, 384 pages

SCIENCES PHYSIQUES

Jean Baudet,
Penser la matière. Une histoire des chimistes et de la chimie, 400 pages

Istvan Berkès
– *Entre atome & astrophysique : la nouvelle physique*, 192 pages
– *La physique de tous les jours*, 5e édition mise à jour,
illustré par Yves Guézou, 464 pages

Danielle Fauque,
Lavoisier et la naissance de la chimie moderne, 240 pages

Pierre Juhel,
Histoire de l'acoustique sous-marine,
préface de Pierre Alais, coédition ADAPT/SNES, 240 pages

Claude Lécaille,
L'aventure de la chimie jusqu'à Lavoisier,
préface de Jean Rosmorduc, coédition ADAPT/SNES, 320 pages

Jean-Marc Lévy-Leblond,
La physique en questions : Mécanique,
illustré par Yves Guézou, 136 pages

Jean-Marc Lévy-Leblond et André Butoli,
La physique en questions : Électricité et magnétisme,
illustré par Yves Guézou, 144 pages

Jean-Pierre Maury,
– *À l'origine de la recherche scientifique : Mersenne,*
avec le concours de SylvieTaussig, 320 pages
– *Une histoire de la physique sans les équations,*
illustré par Marianne Maury-Kaufmann, 240 pages

Bernard Pourprix et Jacqueline Lubet,
L'aube de la physique de l'énergie. Helmholtz, rénovateur de la dynamique,
176 pages

Jean et Vinca Rosmorduc, Françoise Dutour,
Les révolutions de l'optique et l'œuvre de Fresnel,
préface de Michel Blay, coédition ADAPT/SNES, 176 pages

Valerio Scarani,
Initiation à la physique quantique,
préface de Jean-Marc Lévy-Leblond, 128 pages

Arkan Simaan,
L'image du monde de Newton à Einstein,
préface de Jean-Claude Pecker, coédition ADAPT/SNES, 160 pages

GÉOLOGIE, ENVIRONNEMENT

Collectif,
Y-a-t-il une éthique de la gestion des déchets radioactifs ?
préface de François Jacq, coédition ANDRA, 144 pages

Claude Babin,
Autour du catastrophisme.
Des mythes et légendes aux sciences de la vie et de la Terre,
coédition ADAPT/SNES, 176 pages

Ouvrage coordonné par Patrick De Wever,
Le volcanisme. Cause de mort et source de vie,
avec Cl. Jaupart, M. Guiraud, J.-Ch. Komorowski, V. Sautter, G. Boudon, G.-C. Parodi, H. Leyrit, J.-Fr. Lénat, J.-M. Bardintzeff,
coédition Muséum national d'histoire naturelle, 352 pages

Ouvrage coordonné par Patrick De Wever,
Le temps mesuré par les sciences. L'homme à l'échelle géologique,
coédition Muséum national d'histoire naturelle, 160 pages

Jacques Fontan
Les pollutions de l'air. Les connaître pour les combattre, 2e édition, 224 pages

Alain Foucault,
– *Des mammouths et des hommes. Deux espèces face aux variations du climat*, 256 pages
– *La Terre, planète vivante*, 208 pages

Jean-Claude Gall,
Les métamorphoses de la Terre... ce que racontent les paysages,
préface de Maurice Mattauer, 128 pages

Gabriel Gohau,
Naissance de la géologie historique. La Terre, des « théories » à l'histoire,
coédition ADAPT/SNES, 128 pages

Michel Petit,
Qu'est-ce que l'effet de serre ? Ses conséquences sur l'avenir du climat,
postface de Robert Dautray, 128 pages

ASTRONOMIE

Bernard Authier,
Entre terre et ciel. À la découverte des sciences de l'atmosphère et de l'espace,
préface de Georges Courtès, coédition ADAPT/SNES, 208 pages

André Brahic, *Planètes et satellites,* 2e édition

Patrick Brassier,
Navigation astronomique. Manuel pratique, 2e édition, 208 pages

Michel Crozon,
Quand le ciel nous bombarde... Qu'est-ce que les rayons cosmiques ?, 256 pages

Gilles Dodray,
Arpenter l'univers. Comment observer, photographier et filmer le ciel en direct,
préface de Dominique Proust, 272 pages

Fabrice Drouin, *L'astronomie en questions*, 208 pages

Marie-Françoise Serre, *Les constellations et leurs légendes grecques,*
préface de SylvieVauclair, 160 pages

Thierry Lehner,
L'État de plasma, le feu de l'univers, préface de Jean-Pierre Pharabod, 288 pages

Christophe Marlot,
Les passages de vénus. Histoire et observation d'un phénomène astronomique, 400 pages

Sous la direction de Philippe Morel,
Au plus près de la planète Mars,
avec le concours de G. Dawidowicz, P. Bourge, J.-Ch. Dalouzy, A. Dollfus, J. Dragesco, R. Ferlet, O. de Goursac, R. Heidmann, J. Meeus, H. Reyss, F. Rocard, M. Salameh, A. Souchier, J. Texereau et R. Verseau,
préface d'Audouin Dollfus, coédition Société astronomique de France, 304 pages

Sous la direction de Philippe Morel,
Au plus près de Saturne,
préface d'André Brahic, coédition Société astronomique de France, 296 pages

Société astronomique de France, sous la direction d'Audouin Dollfus,
Un siècle d'astronomie, préface d'Hubert Curien, 528 pages

Arkan Simaan, *La science au péril de sa vie,*
préface de Jean-Claude Pecker, coédition ADAPT/SNES, 208 pages

Ouvrage coordonné par Arkan Simaan,
Vénus devant le soleil. Comprendre et observer un phénomène astronomique,
avec J. Blamont, G. Cannat, Y. Delaye, M. Laudon, J.-P. Luminet, D. Sellers et S. M. Van Roode, coédition ADAPT/SNES, 208 pages

Jean Texereau, *La construction du télescope d'amateur,*
préface d'Alain Couder, 336 pages

André Van der Elst, *Guide du matériel d'observation de l'astronome*, 160 pages

BIOLOGIE

Jean Baudet,
Penser le vivant. Une histoire de la médecine et de la biologie, 400 pages

Jean-Pierre Gasc,
Histoire naturelle de la tête. Leçon d'anatomie comparée, 176 pages

Goulven Laurent,
La naissance du transformisme, coédition ADAPT/SNES, 160 pages

Bernard Marty, Henry Monin,
Le premier âge de l'ADN. Histoire d'une molécule de l'hérédité,
préface de Paul Mazliak, coédition ADAPT/SNES, 176 pages

Paul Mazliak,
– *Descartes, de la science universelle à la biologie*, 224 pages
– *Avicenne et Averroes.*
Médecine et biologie dans la civilisation de l'Islam, 256 pages
– *Les fondements de la biologie.*
Le XIXe siècle de Darwin, Pasteur et Claude Bernard, 352 pages
coéditions ADAPT/SNES

Jean-Claude Roland, *Des plantes et des hommes,* 176 pages

John Stewart, *La vie existe-t-elle ? Réconcilier génétique et biologie,*160 pages

Patrick Tort, *Fabre, le miroir aux insectes*, coédition ADAPT/SNES, 368 pages

Achevé d'imprimer sur les presses de
l'Imprimerie France Quercy à Cahors
N° d'impression : 52191/
Dépôt légal : septembre 2005

N° d'éditeur : MJ 338

Imprimé en France